通信与信息工程综合实验原理与方法

朱秋明　陈小敏　杨建华　徐大专　编著

科学出版社

北　京

内 容 简 介

本书分四篇：第一篇是实验平台介绍，包括通信原理综合实验箱和软件无线电实验箱的两个硬件平台介绍；第二篇是基础实验，包括通信原理重要知识点的实验，以及基于 MATLAB 的模拟和数字通信传输实验；第三篇是基于 MATLAB 或 FPGA 的课程设计实验，包括通信系统综合仿真实验、模拟通信系统综合实验和通用数字调制系统实验；第四篇是综合课程设计实验，包括衰落信道的模拟及其对无线通信系统的性能评估及验证。

本书可作为高等院校电子信息类专业本科生的实验教材，也可供参加电子竞赛的学生使用，还可供相关专业的工程技术人员参考。

图书在版编目(CIP)数据

通信与信息工程综合实验原理与方法/朱秋明等编著. —北京：科学出版社，2018.12

ISBN 978-7-03-059265-1

Ⅰ. ①通… Ⅱ. ①朱… Ⅲ. ①通信工程-实验②信息工程-实验 Ⅳ. ①TN91-33

中国版本图书馆 CIP 数据核字(2018)第 246730 号

责任编辑：余 江 张丽花 高慧元/责任校对：王萌萌

责任印制：张 伟/封面设计：迷底书装

科学出版社出版

北京东黄城根北街 16 号

邮政编码：100717

http://www.sciencep.com

北京九州迅驰传媒文化有限公司印刷

科学出版社发行 各地新华书店经销

*

2018 年 12 月第 一 版 开本：787×1092 1/16

2025 年 1 月第六次印刷 印张：11

字数：268 000

定价：45.00 元

(如有印装质量问题，我社负责调换)

前　言

“通信原理”是通信与信息工程类专业的重要专业基础课程，在整个课程体系中起着承上启下的关键作用。该课程课堂理论教学较为抽象，给学生的直观感受不强，导致学生较难理解。目前，大部分学校开设了通信类实验教学课程，通过实际操作让学生理解抽象的通信理论，同时培养学生的工程实践和创新能力，这也符合国家对“新工科”人才培养的宗旨。

本书在2007年出版的《通信原理实验指导》(杨建华编著，国防工业出版社)基础上，对原有实验进行了优化整合，新增了基于MATLAB和FPGA的通信系统仿真及综合课程设计实验，并在实验案例设计中引入了课题组的科研成果。全书分四篇：第一篇是实验平台介绍，包括通信原理综合实验箱和软件无线电实验箱的两个硬件平台介绍；第二篇是基础实验，包括通信原理重要知识点的实验，如码型变换实验、调制/解调实验和编码/译码实验等，以及基于MATLAB的模拟和数字通信传输实验；第三篇是基于MATLAB或FPGA的课程设计实验，包括通信系统综合仿真实验、模拟通信系统综合实验和通用数字调制系统实验；第四篇是综合课程设计实验，包括衰落信道的模拟及其对无线通信系统的性能评估及验证。各部分实验的学时安排建议如下：基础实验为2学时/实验，课程设计为1周/实验，综合课程设计为2周/实验。

本书主要由朱秋明和陈小敏规划、统筹定稿，杨建华编写基础实验的实验1～实验7，陈小敏编写基础实验的实验8、实验9以及课程设计的实验10，朱秋明编写课程设计的实验11、实验12以及综合课程设计的实验13，徐大专编写实验平台介绍以及进行全书审订。参加初期实验研发工作的硕士研究生包括于晓丹、周生奎、黄攀、谭伟、戴秀超、朱益民、刘星麟、薛翠薇、苏君旭、李浩、胡续俊、赵智全、方竹等。另外，王亚文、朱煜良、戴政、蒋珊和姚梦恬等硕士研究生参与了书稿的编辑与校对，正是他们的辛勤付出使得本书能够如期和读者见面。

编者要感谢南京航空航天大学电子信息工程学院和深圳市依元素科技有限公司为实验研发与出版提供项目资助，包括教育部产学合作协同育人项目(赛灵思 201601014024)和“十三五”专业建设项目(1804ZJ02JC01)；特别感谢南京展鹄电子科技有限公司鲁彩侠老师、深圳市依元素科技有限公司夏良波经理和科学出版社编辑为本书提供的诸多技术支持与宝贵意见。

由于编者水平有限，书中难免存在不足之处，恳请读者批评指正。

编　者

2018年9月

目　录

第一篇　实验平台介绍

第二篇　基 础 实 验

第四篇 综合课程设计

第一篇　实验平台介绍

实验平台 1　通信原理综合实验箱

1.1　实验系统简介

通信原理综合实验箱采用模块化结构，如图 a 所示，主要模块如下：显示控制模块、FPGA 初始化模块、信道接口模块、DSP+FPGA 模块、D/A 模块、中频调制模块、中频解调模块、A/D 模块、测试模块、汉明编码模块、汉明译码模块、噪声模块、电话接口模块、DTMF 模块、PAM 模块、ADPCM 模块、CVSD 发模块、CVSD 收模块、帧传输复接模块、帧传输解复接模块、AMI/HDB_3码模块、CMI 编码模块、CMI 译码模块、模拟锁相环模块、数字锁相环模块和信号源模块等。在每一个模块中，都有测试点与测试插座对应信号点的定义。为便于学习和实验，各项实验内容以模块进行划分，每个测试模块可以单独开设实验。

通信原理综合实验箱中，电源插座与电源开关在机箱的背面，电源模块在该实验箱电路板的底部，它主要完成交流 220V 到+5V、+12V、–12V 的直流变换，给整个硬件箱供电。

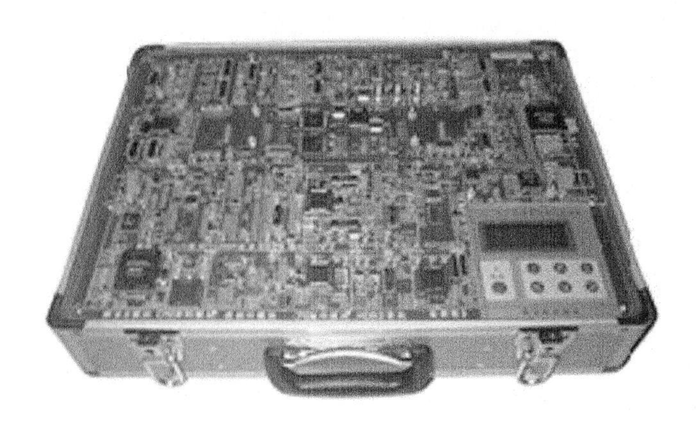

图 a　通信原理综合实验箱

1.2 用户操作流程

各模块功能的实现，需初始化不同的 FPGA 程序与数字信号处理(DSP)程序，并对它们进行一定的管理，这些都可以通过操作界面进行选择和控制。

实验箱通电之后，按照上次关机前选择的模式进行初始化，在这期间 DSP+FPGA 模块中的初始化灯(DV01)熄灭。当初始化完成之后，初始化灯亮。5s 之后，完成相应模式参数的设置。

在这个过程中，液晶显示器一直显示**通信原理实验**。

完成初始化与参数设定后，液晶显示**调制方式选择**。

将等待用户输入，用户必须按下箭头键(除复位键外，其他键将不起作用)进行设置。

用户通过上下箭头键进行下列菜单的选择。

菜单 1： **调制方式选择**(该菜单上只有下箭头和右箭头起作用)
菜单 2： **FSK 传输系统**
菜单 3： **BPSK 传输系统**
菜单 4： **DBPSK 传输系统**
菜单 5： **调制器输入信号**
菜单 6： **外部数据信号**
菜单 7： **全 1 码**
菜单 8： **全 0 码**
菜单 9： **0/1 码**
菜单 10： **特殊码序列**
菜单 11： **m 序列**
菜单 12： **工作方式选择**
菜单 13： **匹配滤波**
菜单 14： **PCM**
菜单 15： **ADPCM**
菜单 16： **增强调制选择**
菜单 17： **AM**
菜单 18： **FM**
菜单 19： **QPSK**
菜单 20： **OQPSK**
菜单 21： **PI4QPSK**
菜单 22： **MSK**
菜单 23： **GMSK**
菜单 24： **16QAM**
菜单 25： **64QAM**

菜单 2～菜单 4 是调制方式选择；菜单 6～菜单 11 是输入数据选择；菜单 14 和菜单 15 是语音编码方式选择；菜单 17～菜单 25 是有关现代调制方式的选择。

通过移动上下箭头可以在菜单 1 ～菜单 25 进行选择。如要选择某一种模式，当箭头移至该菜单时按确认键即可。已选择的模式或参数的菜单会显示打勾，否则显示手形图标。

当学生在菜单 2～菜单 4 和菜单 17～菜单 25 任一菜单上进行确认时，系统对选择的模式进行初始化，在这期间左边的初始化灯(DV01)熄灭。当初始化完成之后，初始化灯亮。经过 5s，完成相应模式参数的设置，并且在该菜单上打勾。

菜单 13 是一个复选菜单：第一次按确认为选择该模式，菜单会显示打勾；再一次按确认则取消该模式的设置，显示手形图标。

通信原理综合实验箱布局如图 b 所示，其中的跳线器默认位置状态如图 c 所示，各测试孔默认位置状态图如图 d 所示。

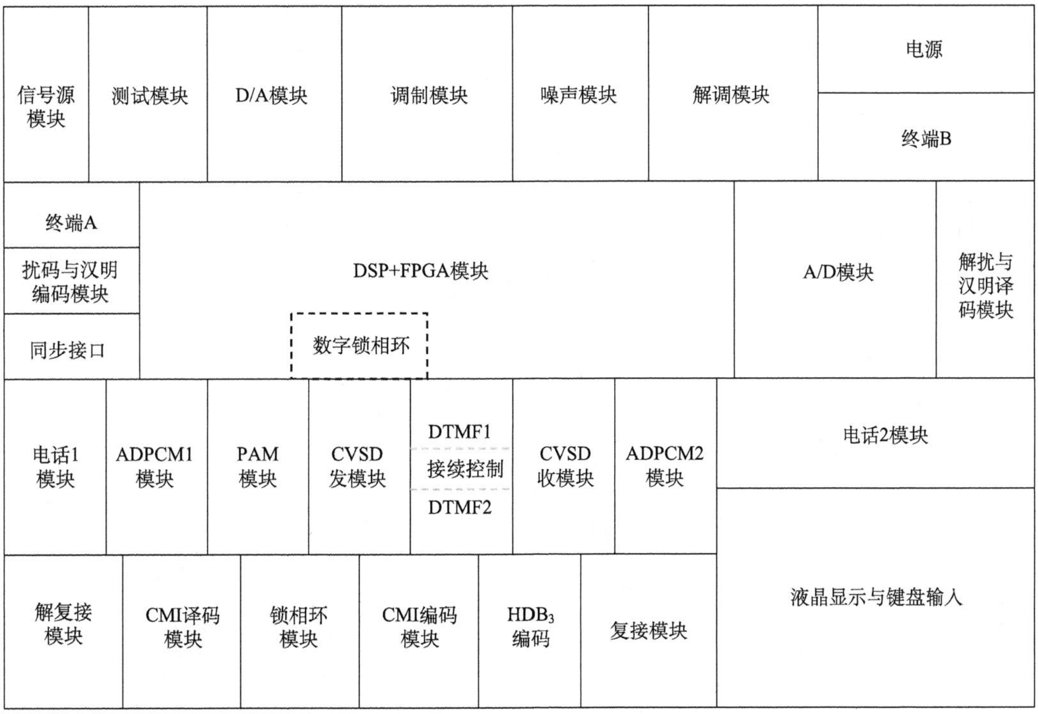

信号源模块
测试模块
D/A模块
调制模块
噪声模块
解调模块
电源
终端B
终端A
扰码与汉明编码模块
同步接口
DSP+FPGA模块
数字锁相环
A/D模块
解扰与汉明译码模块
电话1模块
ADPCM1模块
PAM模块
CVSD发模块
DTMF1
接续控制
DTMF2
CVSD收模块
ADPCM2模块
电话2模块
解复接模块
CMI译码模块
锁相环模块
CMI编码模块
HDB_3编码
复接模块
液晶显示与键盘输入

图 b　通信原理综合实验箱布局图

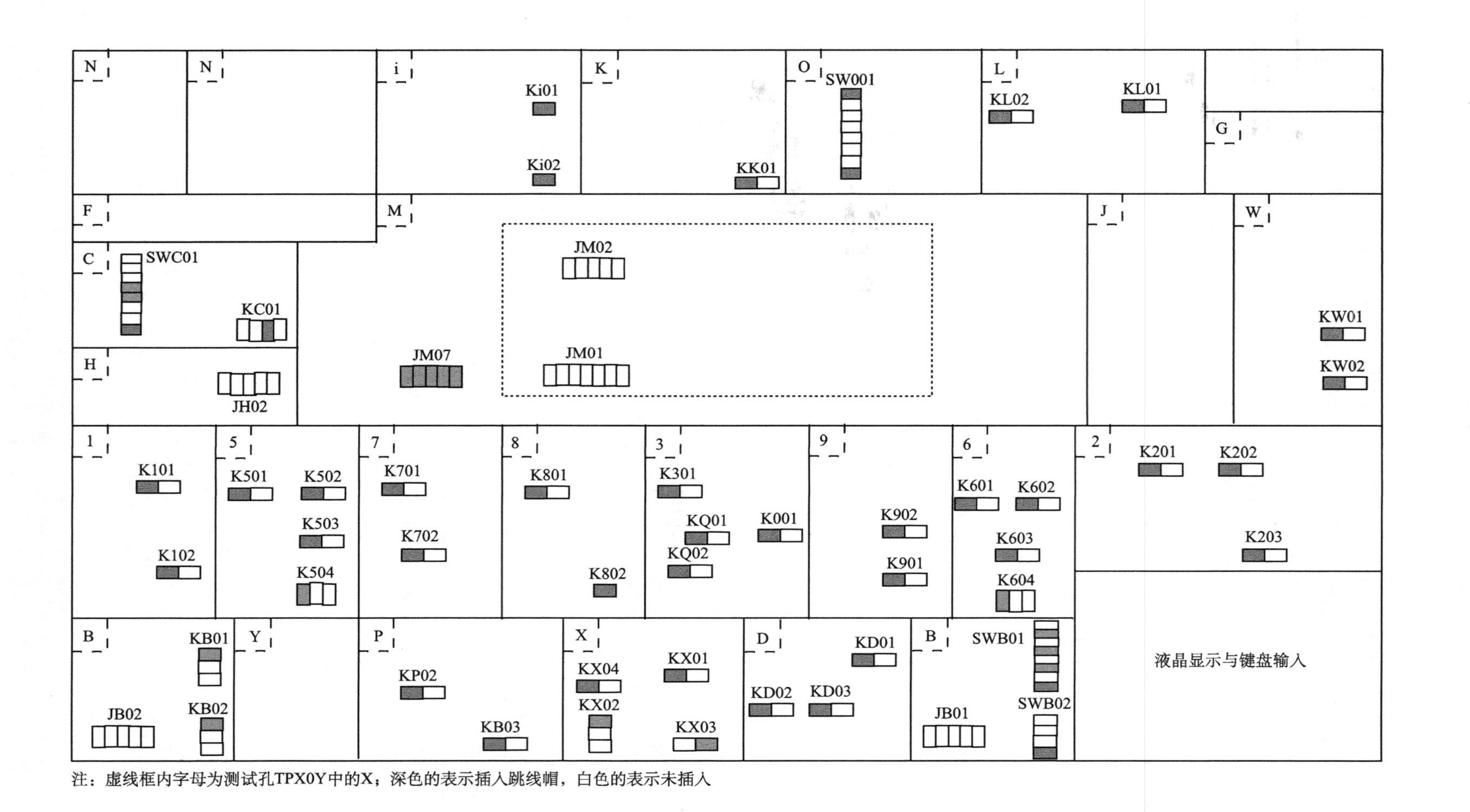

注：虚线框内字母为测试孔TPX0Y中的X；深色的表示插入跳线帽，白色的表示未插入

图c 跳线器默认位置状态图

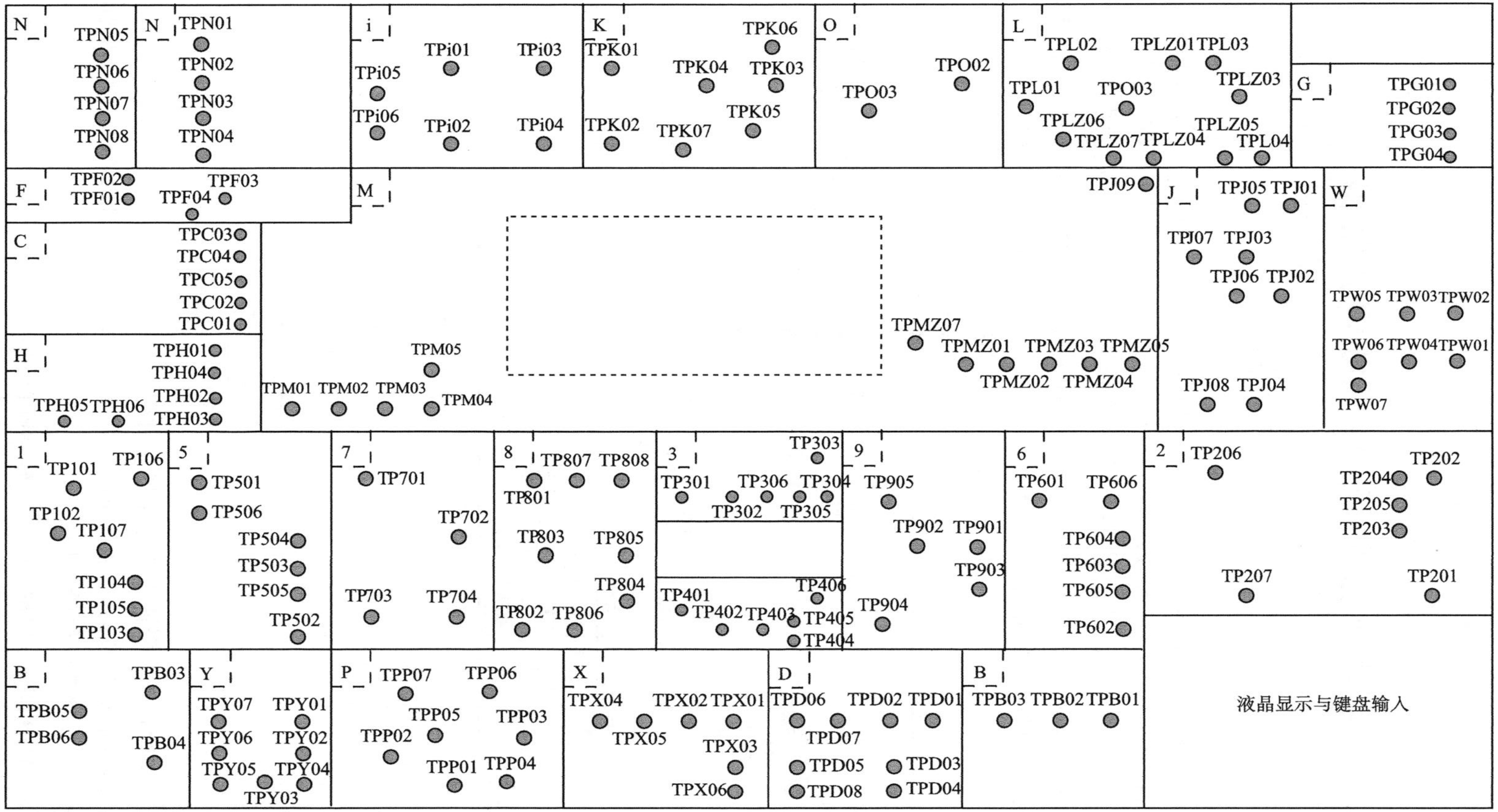

注：虚线框内字母为测试孔TPX0Y中的X

图 d　测试孔默认位置状态图

实验平台 2　软件无线电实验箱

2.1　实验平台简介

软件无线电实验箱采用 Spartan-6 系列的 FPGA 作为核心器件。 Spartan-6 系列的 FPGA 拥有丰富的逻辑资源，并集成众多 DSP48A 资源，可以满足复杂 DSP 算法的需求。实验箱板载 DDR3 存储芯片，以及高性能可任意配置的时钟芯片，同时提供双通道的高性能可配置 DA/AD 芯片及中频 VGA，支持中频输入/输出。实验箱集成双路基带 DA/AD，支持零/低中频输入/输出。实验箱硬件结构如图 e 所示，软件无线电实验箱如图 f 所示。

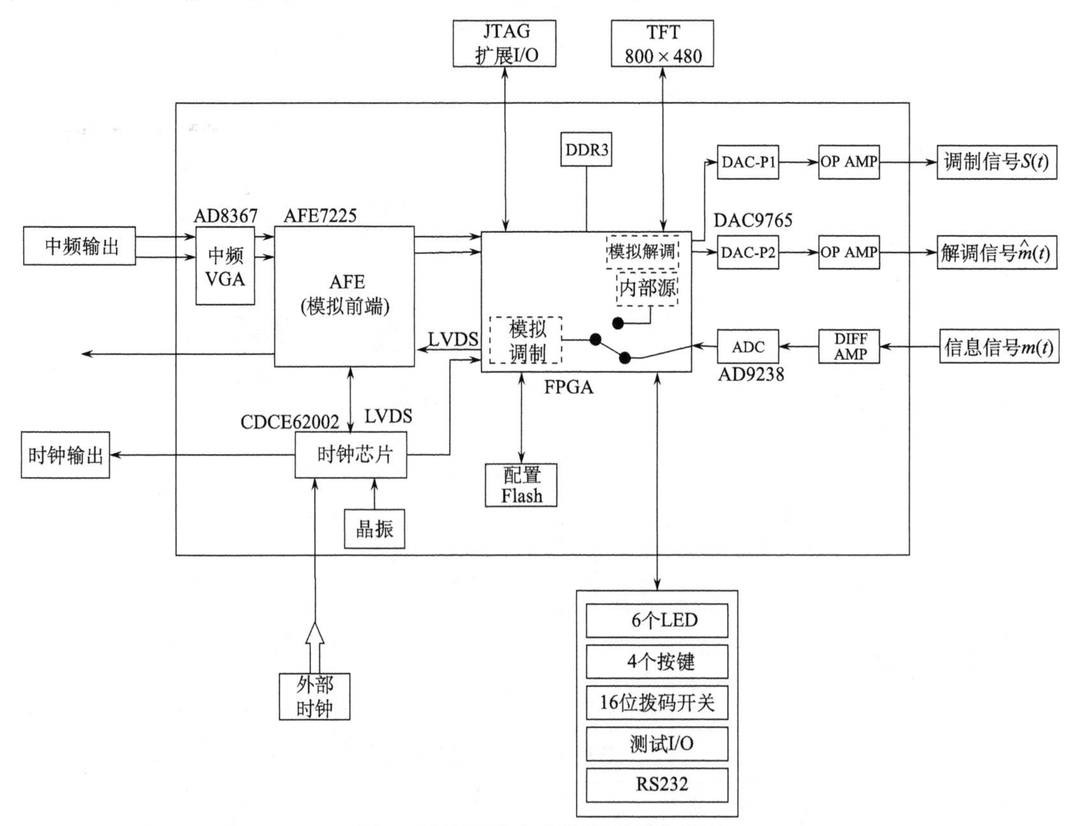

图 e　软件无线电实验箱硬件结构图

软件无线电实验箱硬件资源主要包括以下部分。

(1) FPGA (XC6SLX45T Spartan-6)：43661 个可编程逻辑单元，2088KB Block RAM Blocks，58 个 DSP48A 单元，4 个时钟管理模块。

(2) 存储器：1GB DDR3 SDRAM，32MB SPI Flash。

(3) 中频 DAC/ADC：双通道 12bit 250MSPS DAC，双通道 12bit 125MSPS ADC，SMA 接口。

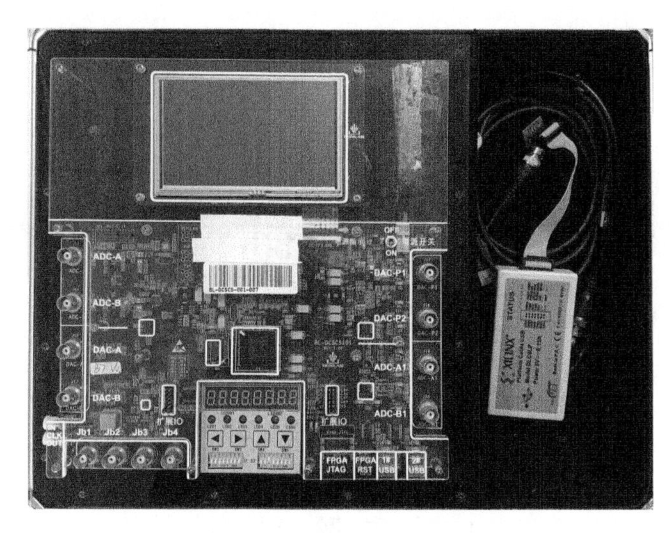

图 f　软件无线电实验箱

(4) 中频 VGA：可调增益范围–2.5～+42.5dB，3dB 截止频率 500MHz。

(5) 时钟：板载 10MHz 高稳定度有源晶振，10MHz 参考时钟输出，提供外部参考时钟输入。

(6) 基带 DAC/ADC：双通道 12bit 125MSPS DAC，双通道 12bit 40MSPS ADC，BNC 接口，可对接选配射频盒。

(7) 人机交互接口：TFT 液晶屏(800×480)，RS232 串口，6 个 LED，4 个按键，16 位拨码开关，JTAG 调试口，扩展 I/O 接口，测试 I/O 接口。

2.2　用户操作流程

软件无线电实验箱需接入 220V 电源，与计算机连接就可以进行所有实验，使用中的注意事项如下。

(1) 打开实验箱，检查所有设备是否都完好无损。

(2) 检查编程器的下载线同主板连接是否正确。

(3) 开启实验箱电源，主板电源指示灯亮起。如果指示灯不亮，请检查电路系统是否上电。

(4) 实验箱正常工作后，根据硬件原理图和引脚约束文件进行代码开发，并将代码下载到实验箱中验证，在下载前请及时确认引脚约束文件是否正确。

(5) 根据实验现象观察实验结果是否符合实验要求。

(6) 实验结束后请关掉电源，整理好所有配件，合上实验箱盖子。

(7) 实验中严禁带电插拔，以免损害相关器件。如果出现异常请及时切断电源排除故障。

实验箱可以直接连接标准电源线(市电 AC220V，箱体左侧上方)，打开开关，内部指示灯亮起，实验箱主板上面有个拨动开关控制 PCB 供电，拨到 on 位置即开启供电。

第二篇　基础实验

实验 1　幅度调制系统实验

1.1　实验目的

(1)掌握幅度调制的工作原理与实现过程。
(2)掌握双边带调制的工作原理与实现过程。
(3)掌握单边带调制的工作原理与实现过程。

1.2　实验仪器

(1)通信原理综合实验箱一台。
(2)示波器一台。
(3)频谱仪一台。

1.3　幅度调制

1.3.1　实验原理

由语言、音乐、图像等信息源直接转换得到的电信号称为基带信号。基带信号可以直接通过架空明线和电缆等有线信道传输，但不可能在无线信道中直接传输。为了使基带信号能够在频带信道中传输，同时为了能在有线信道上传输多路基带信号，就需要采用调制和解调技术。

在发送端把基带信号频谱搬移到给定信道通带内的过程称为调制，而在接收端把已搬到给定信道通带内的频谱还原为基带信号频谱的过程称为解调。幅度调制(Amplitude Modulation，AM)是诸多调制方式中最简单的一种模拟调制方式。AM 调制信号一般可以表示为

$$s(t) = A[1 + am(t)]\cos(\omega_c t) \tag{1.1}$$

其中，a 为调幅系数；$m(t)$ 为调制信号。

AM 调制信号具有双边谱，同时包含载波分量

$$S(f)=\frac{1}{2}Aa[X(f+f_c)+X(f-f_c)]+\frac{1}{2}A[\delta(f+f_c)+\delta(f-f_c)] \tag{1.2}$$

其时域波形与频域波形如图 1-1 和图 1-2 所示。

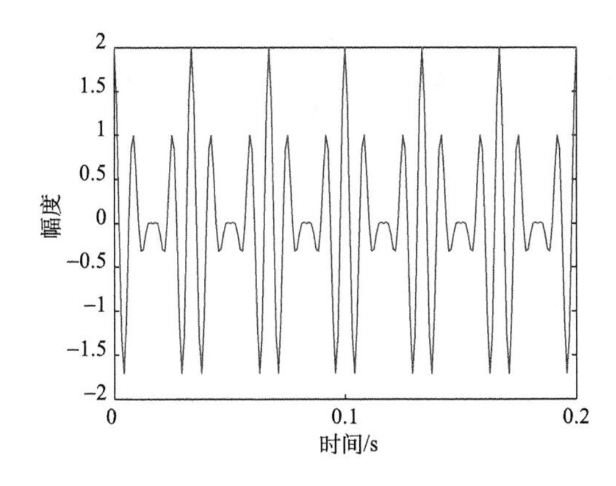

图 1-1　AM 信号的时域波形

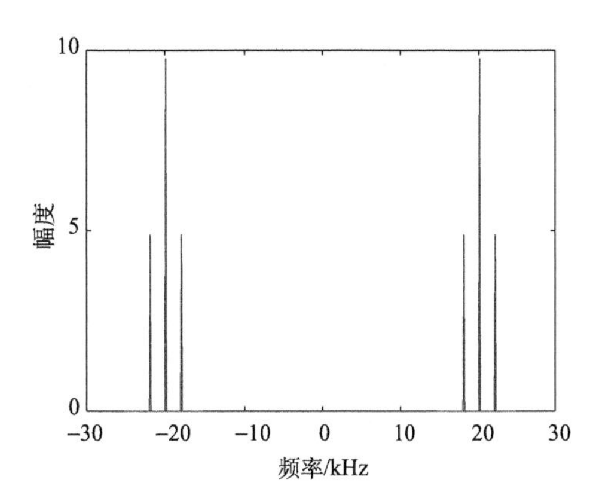

图 1-2　AM 信号的频域波形

低频信号源的产生如图 1-3 所示。

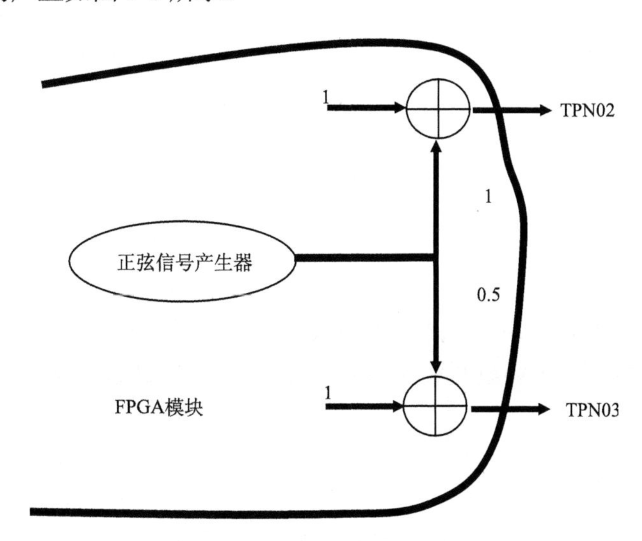

图 1-3　低频信号源产生模块

在实验过程中，说明以下几点。

(1) 将 Ki01 和 Ki02 断开(如果 Ki01 和 Ki02 连接，则乘法器的输入信号来自其他模块)。

(2) 通过通用连接线连接 TPN02 与 TPK01(此时调制指数为 1)，在 TPK03 测量 AM 调制输出信号(或在 K002 的中频输出 Q9 连接器端测量)。

(3) 若用连接线连接 TPN03 与 TPK01，则此时调制指数为 0.5。

AM 信号的调制、解调实现框图如图 1-4 与图 1-5 所示。

对于 AM 的解调可采用检波滤波与相干解调。在本实验中，通过调整接收端的 VCO 使其与发送端的载波相位达到一致，从而完成相干解调。

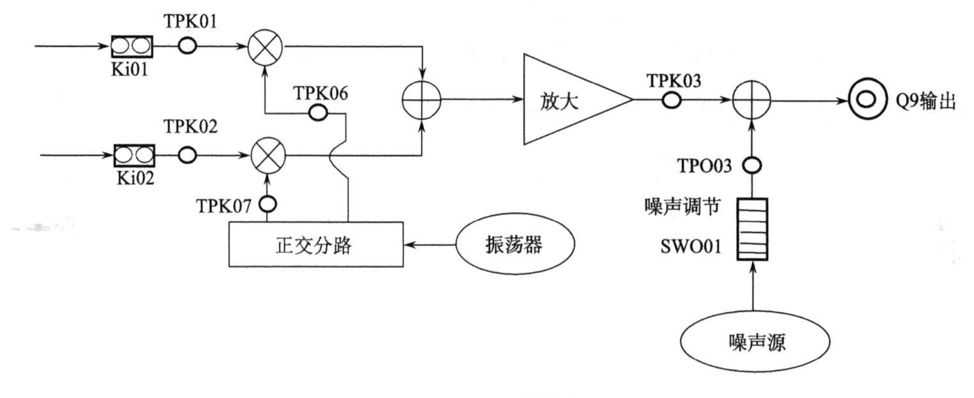

图 1-4　调制模块

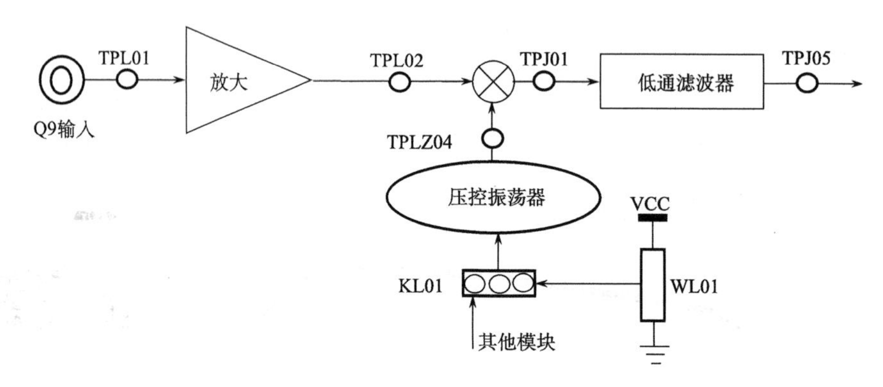

图 1-5　解调模块

1.3.2　实验步骤

首先将菜单选择为 AM 模式，然后将 D/A 模块内的跳线器 Ki01 和 Ki02 断开，最后将噪声模块内的噪声输出电平调整开关 SWO01 设置为 10000001，同时准备一根连接软线，具体实验步骤如下。

1. AM 基带信号观测

(1) TPN02 基带信号波形(在测试模块内)：观察并记录该信号的频率、幅度及直流偏移。
(2) TPN03 基带信号波形(在测试模块内)：观察并记录该信号的频率、幅度及直流偏移。

2. 载波信号观察

在测试点 TPK06 观察本地载波信号，测量并记录其频率与信号幅度。

3. 调制指数 α=1 的 AM 调制波形观察

(1) 用短路线连接 TPN02 与 TPK01，TPK02 悬空。
(2) 观察 AM 调制信号：TPK03 是已调 AM 信号的波形。用 TPN02 作同步，观察 TPK03。
(3) 用 TPK06 作同步，观察 AM 调制信号，并对观察到的现象进行解释。

4. 调制指数 α=0.5 的 AM 调制波形观察

(1)用短路线连接 TPN03 与 TPK01，TPK02 悬空。

(2)观察 AM 调制信号 TPK03，用 TPN03 作同步。

(3)用 TPK06 作同步，观察 AM 调制信号，并对观察到的现象进行解释。

5. AM 调制信号频谱观测

测量时，用一条中频电缆将频谱仪连接到调制器的 KO02 端口。调整频谱仪中心频率为 1.024MHz，扫描频率为 10kHz/DIV，分辨率带宽为 1～10kHz，调整频率仪输入信号衰减器和扫描时间至合适位置。

(1)通过跳线选择不同的调制指数，观测 AM 信号频谱。

(2)将正交调制输入信号中的二路基带调制信号断开(D/A 模块内的跳线器 Ki01 与 Ki02 同时断开)，重复上述测量步骤。观测信号频谱的变化，记录测量结果并分析频谱变化的原因。

6. AM 解调观察

首先用中频电缆连接 KO02 和 JL02，建立中频自环(自发自收)，并用短路线连接 TPN02 与 TPK01。然后进行接收载波频率调整，将跳线开关 KL01 设置在 2_3 位置，调整电位器 WL01(改变接收本地载频，即改变收发频差)，同时观察发送端载波 TPK06 与接收端本地载波 TPLZ06，通过调整电位器 WL01，使 TPK06 和 TPLZ06 两点波形达到相干。

(1)低通滤波之前 AM 解调信号测量：观察 AM 解调基带信号测试点 TPJ01 的波形，观测时仍用发送数据(TPN02)作同步，比较两者的对应关系。分析波形的变化与什么因素有关。

(2)低通滤波之后 AM 解调信号测量：观察 AM 解调基带信号经滤波之后在测试点 TPJ05 的波形，观测时仍用发送数据(TPN02)作同步，比较两者的对应关系。分析 TPJ01 和 TPJ05 波形的差异。

7. 加噪 AM 传输系统性能观察

(1)将噪声模块内的噪声输出电平调整开关 SWO01 设置在最低一挡 00000001，此时噪声输出电平最小，信噪比最大。观察 AM 解调信号 TPJ05 波形质量。

(2)将噪声输出电平调整开关 SWO01 设置为 00000010，降低一挡信噪比。观察 AM 解调信号 TPJ05 波形质量。

(3)逐步降低信噪比，重复上述测量。

1.4 双边带调制

1.4.1 实验原理

同时具有上下两个边带的调制方式称为双边带调制(Double Side Band Modulation，DSB)。双边带调制系统在抑制载波，发送功率方面较之幅度调制有所改善。双边带调制的

基本原理是将基带信号和载波信号经相乘器相乘后得到双边带信号。DSB 调制信号一般可以表示为

$$s(t)=m(t)\cdot\cos(\omega_c t) \tag{1.3}$$

其频谱变换过程如图 1-6 所示。

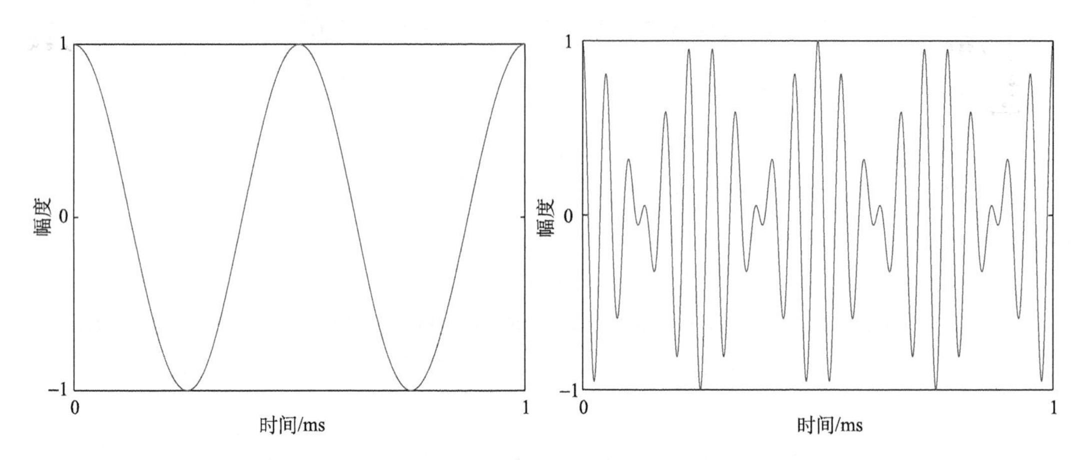

图 1-6　双边带调制信号的基带信号与已调信号

DSB 调制的实现框图如图 1-7 和图 1-4 所示。

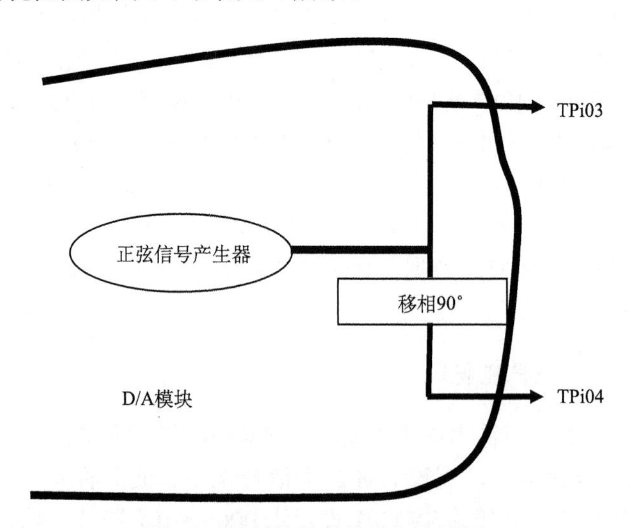

图 1-7　调制的基带信号产生框图

在实验过程中，将 Ki01 和 Ki02 断开，通过通用连接线连接 TPi03、TPi04 与 TPK01、TPK02，当采用不同的连接关系时，可实现上边带与下边带的传输。

DSB 解调的实现框图如图 1-5 所示。

对于 DSB 的解调可采用检波滤波与相干解调。在本实验中，通过调整接收端的 VCO 使其与发送端的载波相位达到一致，从而完成相干解调。

1.4.2 实验步骤

将菜单选择为FSK模式。将跳线开关KL01设置在1_2位置，跳线器Ki01和Ki02断开。将噪声模块内的噪声输出电平调整开关SWO01设置为10000001，具体实验步骤如下。

1. DSB基带信号观测

(1)通过菜单选择全0码信号(或全1码信号)，可在TPi03和TPi04端输出基带测试信号，其频率为18.7kHz(37.4kHz)。

(2)选择全0码时，在TPi03输出基带信号波形。观测该信号的频率、幅度及直流偏移。

(3)选择全1码时，在TPi04输出基带信号波形。观测该信号的频率、幅度及直流偏移。

2. DSB基带的正交信号观测

(1)TPi03和TPi04分别是基带信号输出的同相支路和正交支路信号。在信号源分别为18.7kHz和37.4kHz时，观察这两组信号是否满足正交关系，并思考产生两个正交信号去调制的目的。

(2)发送端同相支路和正交支路信号的(x-y)波形观测：将示波器设置在(x-y)方式，在信号分别为18.7kHz和37.4kHz时，从相平面上观察TPi03和TPi04的正交性。

3. 载波信号观察

在测试点TPK06观察本地载波信号，测量其频率与信号幅度。

4. 基带信号为18.7kHz时的DSB调制波形观察

(1)跳线器Ki01闭合，Ki02断开。通过菜单选择全0码信号。

(2)观察DSB调制信号：TPK03是已调DSB信号的波形，用TPi03作同步，观察已调DSB信号TPK03波形。

(3)用TPK06作同步，观察TPK03。

5. 基带信号为37.4kHz时的DSB调制波形观察

(1)跳线器Ki01闭合，Ki02断开。通过菜单选择全1码信号。

(2)用TPi03作同步，观察已调DSB信号TPK03的波形。

(3)用TPK06作同步，观察TPK03。

6. DSB调制信号频谱观测

(1)用一条中频电缆将频谱仪连接到调制器的KO02端口，调整频谱仪中心频率为1.024MHz，扫描频率为10kHz/DIV，分辨率带宽为1～10kHz，调整频谱仪输入信号衰减器和扫描时间为合适位置。

(2)观测DSB信号频谱。

(3)改变基带信号(全0码或全1码)，观测信号频谱的变化，记录测量结果并分析频谱变化的原因。

7. DSB 解调观察

(1)用中频电缆连接 KO02 和 JL02，建立中频自环(自发自收)。

(2)接收载波相位调整：将跳线开关 KL01 设置在 2_3 位置，调整电位器 WL01(改变接收本地载频，即改变收发频差)，同时观察发送端载波 TPK06 与接收端本地载波 TPLZ06，调整电位器 WL01，使两点 TPK06 和 TPLZ06 波形达到相干。

(3)DSB 解调测量：观察 DSB 解调基带信号经滤波之后在测试点 TPJ05 的波形，观测时用发送数据 TPi03 作同步，比较两者的对应关系。

8. 加噪 DSB 传输系统性能观察

(1)将噪声模块内的噪声输出电平调整开关 SWO01 设置在最低一挡 00000001，此时噪声输出电平最小，信噪比最大。观察 DSB 解调信号 TPJ05 波形质量。

(2)将 SWO01 调整为 00000010，降低一挡信噪比，观察 TPJ05 波形质量。

(3)逐步降低信噪比，重复上述测量。

1.5 单边带调制

1.5.1 实验原理

在模拟调制系统中双边带调制系统传输带宽是基带信号的两倍，其具有上和下两个边带，这两个边带都携带调制信号。因此在传输已调信号的过程中不必同时传送两个边带，只要传送其中任何一个就可以了。这种传输一个边带的调制方式称为单边带调制(Single Side Band Modulation，SSB)。单边带调制可以显著提高信道的利用率，增加通信的有效性。

SSB 调制的基本原理是将基带信号和载波信号经相乘器相乘后得到双边带信号，再将此双边带信号通过理想的单边带滤波器滤去一个边带就得到需要的单边带信号。其频谱变换过程如图 1-8 所示。

也可采用正交调制产生 SSB 信号，其数学表达式为

$$s(t) = m(t)\cos(\omega_c t) + \hat{m}(t)\sin(\omega_c t) \tag{1.4}$$

其中，$\hat{m}(t)$ 为 $m(t)$ 的希尔伯特变换。

对于 SSB 调制的实现框图如图 1-7 和图 1-4 所示。

在实验过程中，将 Ki01 和 Ki02 断开，通过通用连接线连接 TPi03、TPi04 与 TPK01、TPK02，当采用不同的连接关系时，可实现取上边带与下边带的传输。

SSB 解调的实现框图如图 1-5 所示。

对 SSB 的解调可采用相干解调。在本实验中，通过调整接收端的 VCO 使其与发送端的载波相位达到一致，从而完成相干解调。

1.5.2 实验步骤

通过菜单选择为 FSK 模式，将跳线开关 KL01 设置在 1_2 位置，跳线器 Ki01 和 Ki02 断开。将噪声模块内的噪声输出电平调整开关 SWO01 设置为 10000001，同时准备两根连接软线，具体实验步骤如下。

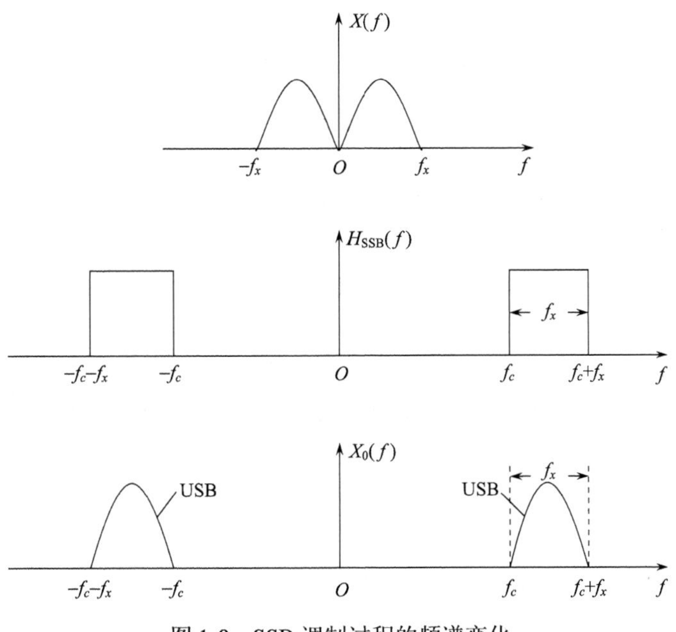

图 1-8　SSB 调制过程的频谱变化

1. SSB 基带信号观测

(1) 通过菜单选择全 0 码(或全 1 码)，可在 TPi03 和 TPi04 端输出基带测试信号，其频率为 18.7kHz(37.4kHz)。

(2) 选择全 0 码时，在 TPi03 输出基带信号波形。观测该信号的频率、幅度及直流偏移。

(3) 选择全 1 码时，在 TPi04 输出基带信号波形。观测该信号的频率、幅度及直流偏移。

2. SSB 基带的正交信号观测

(1) TPi03 和 TPi04 分别是基带信号源输出的同相支路和正交支路信号。在信号源分别为 18.7kHz 和 37.4kHz 时，观察这两组信号是否满足正交关系。

(2) 发端同相支路和正交支路信号的李沙育(x-y)波形观测：将示波器设置在(x-y)方式，信号频率分别为 18.7kHz 和 37.4kHz 时，从相平面上观察 TPi03 和 TPi04 的正交性。

3. 载波信号观察

在测试点 TPK06 观察本地载波信号，测量其频率与信号幅度。

4. 基带信号为 18.7kHz 时的 SSB 上边带调制波形观察

(1) 使跳线器 Ki01 和 Ki02 闭合。

(2) 观察 SSB 上边带调制信号：TPK03 是已调 SSB 信号的波形，用 TPi03 作同步，观察 TPK03。

(3) 用 TPK06 作同步，观察 SSB 调制信号 TPK03。

(4) 测量 SSB 调制信号的频率，并说明其为什么是上边带调制。

5. 基带信号为 18.7kHz 时的 SSB 下边带调制波形观察

(1)跳线器 Ki01 和 Ki02 断开。用短路线连接 TPi03 和 TPK02，同时用短路线连接 TPi04 和 TPK01。

(2)观察 SSB 下边带调制信号：用 TPi03 作同步，观察 SSB 调制信号 TPK03。

(3)用 TPK06 作同步，观察 SSB 调制信号。

(4)测量 SSB 调制信号的频率，并说明其为什么是下边带调制。

6. 基带信号为 37.4kHz 时的 SSB 调制波形观察

(1)上边带 SSB 信号观察：跳线器 Ki01 和 Ki02 闭合，产生上边带 SSB 信号。用 TPi03 作同步，观察已调 SSB 信号 TPK03 的波形，并测量其输出频率。

(2)下边带 SSB 信号观察：跳线器 Ki01 和 Ki02 断开。用短路线连接 TPi03 和 TPK02，同时用短路线连接 TPi04 和 TPK01，产生下边带 SSB 信号。用 TPi03 作同步，观察已调 SSB 信号 TPK03 的波形，并测量其输出频率。

7. SSB 调制信号频谱观测

(1)用一条中频电缆将频谱仪连接到调制器的 KO02 端口。调整频谱仪中心频率为 1.024MHz，扫描频率为 10kHz/DIV，分辨率带宽为 1～10kHz，调整频率仪输入信号衰减器和扫描时间为合适位置。

(2)分别产生 SSB 上下边带信号，观测 SSB 信号频谱。

(3)将正交调制器中的一路输入信号断开，重复上述测量步骤。观测信号频谱的变化，记录测量结果并思考频谱变化的原因。

8. SSB 解调观察

(1)跳线器 Ki01 和 Ki02 闭合。用中频电缆连接 KO02 和 JL02，建立中频自环(自发自收)。

(2)接收载波相位调整：将跳线开关 KL01 设置在 2_3 位置，调整电位器 WL01(改变接收本地载频，即改变收发频差)，同时观察发送端载波 TPK06 与接收端本地载波 TPLZ06，调整电位器 WL01，使两点 TPK06 和 TPLZ06 波形达到相干。

(3)低通滤波之后 SSB 解调测量：观察 SSB 解调基带信号经滤波之后在测试点 TPJ05 的波形，观测时用发送数据 TPi03 作同步，比较两者的对应关系。

9. 加噪 SSB 传输系统性能观察

(1)将噪声模块内的噪声输出电平调整开关 SWO01 设置在最低一挡 00000001，此时噪声输出电平最小，信噪比最大。观察 SSB 解调信号 TPJ05 波形质量。

(2)将噪声输出电平调整开关 SWO01 调整为 00000010，降低一挡信噪比。观察 SSB 解调信号 TPJ05 波形质量。

(3)逐步降低信噪比，重复上述测量。

1.6　实验报告及要求

(1) 实验目的、实验仪器、实验原理和实验步骤。

(2) 记录测量数据，画出各测量点波形。

(3) 分析总结实验测试结果。

(4) 分析总结 AM、DSB、SSB 信号的特点。

实验 2 HDB_3/CMI 码型变换实验

2.1 实 验 目 的

(1)了解二进制单极性码变换为 AMI/HDB_3 码的编码规则。

(2)熟悉 HDB_3 码的基本特征。

(3)掌握 HDB_3 码的编译码器工作原理和实现方法。

(4)掌握 CMI 码的编码规则。

(5)熟悉 CMI 编译码系统的特性。

2.2 实 验 仪 器

(1)通信原理综合实验箱一台。

(2)示波器一台。

2.3 AMI/HDB_3 码型变换

2.3.1 实验原理

AMI 码的全称是传号交替反转码，是一种将消息代码 0(空号)和 1(传号)按如下规则进行编码的码型，代码中的 0 保持不变，而代码中的 1 交替地变换为传输码的+1、–1、+1、–1……

由于 AMI 码的传号交替反转，故此基带信号将出现正负脉冲交替，而 0 电位保持不变的规律。由此可以看出，这种基带信号无直流成分，且只有很小的低频成分，因而它特别适宜在不允许这些成分通过的信道中传输。

由 AMI 码的编码规则可以看出，它已从一个二进制符号序列变成了一个三进制符号序列，即把一个二进制符号变换成一个三进制符号。这种码称为 1B/1T 码型。

AMI 码除了有上述特点，还有编译码电路简单及便于观察误码情况等优点，它是一种基本的线路码，得到了广泛采用。但是，AMI 码有一个重要缺点，如果信号出现长的连 0 串时，会造成接收端提取定时信号困难。

为了保持 AMI 码的优点而克服其缺点，人们提出了许多种改进 AMI 码，HDB_3 码就是其中有代表性的一种。

HDB_3 码的全称是三阶高密度双极性码。编码原理：先把消息代码变换成 AMI 码，然后检查 AMI 码的连 0 串情况，若没有 4 个以上连 0 串，则这时的 AMI 码就是 HDB_3 码；若出现 4 个(包括 4 个)以上连 0 串，则将每 4 个连 0 小段的第 4 个 0 变换成与其前一非 0 符号(+1 或–1)同极性的符号。显然，这样做破坏了“极性交替反转”的规律。这个符号就称为破坏符号，用符号 V 表示(即+1 记为+V，–1 记为–V)。为使附加 V 符号后的序列不破坏“极性交替反转”造成的无直流特性，还必须保证相邻 V 符号也应极性交替。当相邻符号之间有奇数个非 0 符号时，这一点是能得到保证的；当有偶数个非 0 符号时，就得不到保证，这时再将该小段的第 1 个 0 变换成+B 或–B 符号的极性与前一非 0 符号的相反，并让后面的非 0 符号从 V 符号开始交替变化。

虽然 HDB_3 码的编码规则比较复杂，但译码比较简单。从上述原理可以看出，每一个破坏符号 V 总是与前一非 0 符号同极性(包括 B)。这就是说，从收到的符号序列中可以容易地找到破坏点 V，于是可以断定 V 符号及其前面的 3 个符号必是连 0 符号，从而恢复 4 个连 0 码，再将所有–1 变成+1 后便得到原消息代码。

HDB_3 码是 CCITT 推荐使用的线路编码之一，它除了保持 AMI 码的优点外，还增加了使连 0 串减少到至多 3 个的优点，这对定时信号的恢复是十分有利的。AMI/HDB_3 频谱示意图如图 2-1 所示。

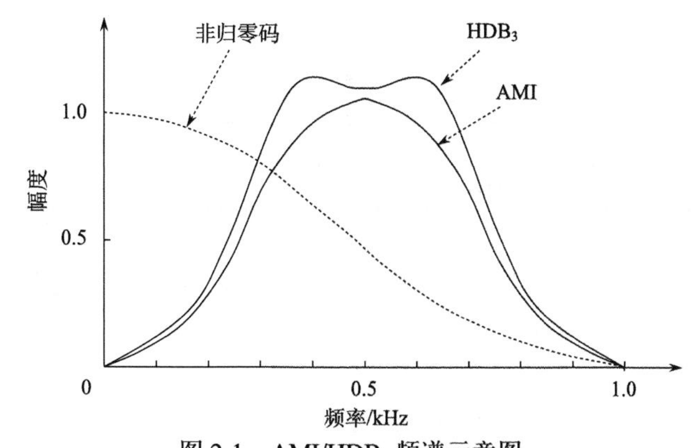

图 2-1　AMI/HDB_3 频谱示意图

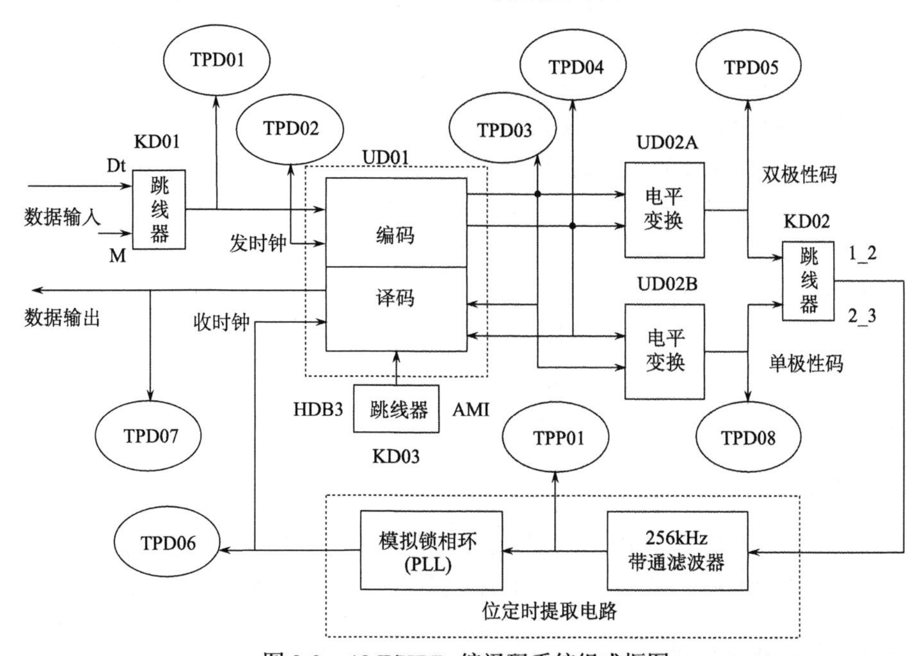

图 2-2　AMI/HDB_3 编译码系统组成框图

在通信原理综合实验箱中，采用了 CD22103 专用芯片(UD01)实现 AMI/HDB_3的编译码实验，采用运算放大器(UD02)完成对 AMI/HDB_3输出进行电平变换。变换输出为双极性码或单极性码。AMI/HDB_3为归零码，含有丰富的时钟分量，因此输出数据直接送到位同步提取锁相环(PLL)提取接收时钟。AMI/HDB_3编译码系统组成框图如图 2-2 所示。

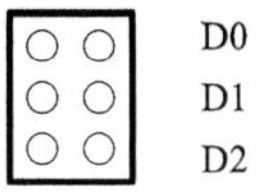

D0
D1
D2

图 2-3　KX02 编码规则

跳线开关 KD01 用于输入编码信号选择：当 KD01 设置在 Dt 位置时(左端)，输入编码信号来自复接模块的 TDM 帧信号；当 KD01 设置在 M 位置时(右端)，输入编码信号来自本地的 m 序列，用于编码信号观测。本地的 m 序列格式受 CMI 编码模块跳线开关 KX02 控制。KX02 的编码规则如图 2-3 和表 2-1 所示。

表 2-1　通过跳线开关可设置 8 种序列

KX02 编码	波形	KX02 编码	波形
000	(1110010)	100	(11000100)
001	(111100010011010)	101	(11110000)
010	(10000000)	110	(00000000)
011	(11000000)	111	(11111111)

跳线开关 KD02 用于选择将双极性码或单极性码送到位同步，提取锁相环、提取接收时钟：当 KD02 设置在 1_2 位置(左端)时，输出为双极性码；当 KD02 设置 2_3 位置(右端)时，输出为单极性码。

跳线开关 KD03 用于 AMI 或 HDB_3方式选择：当 KD03 设置在 HDB_3状态时(左端)时，UD01 完成 HDB_3编译码系统；当 KD03 设置在 AMI 状态时(右端)时，UD01 完成 AMI 编译码系统。

该模块内各测试点安排如下。

(1) TPD01：编码输入数据(256Kbit/s)。

(2) TPD02：256kHz 编码输入时钟(256kHz)。

(3) TPD03：HDB_3输出+。

(4) TPD04：HDB_3输出−。

(5) TPD05：HDB_3输出(双极性码)。

(6) TPD06：译码输入时钟(256kHz)。

(7) TPD07：译码输出数据(256Kbit/s)。

(8) TPD08：HDB_3输出(单极性码)。

2.3.2　实验步骤

将输入信号选择跳线开关 KD01 设置在 2_3 位置，单/双极性码输出选择开关 KD02 设置在 2_3 位置。AMI/HDB_3编码开关 KD03 也设置在 2_3 位置，使该模块工作在 AMI 码方式。

1. AMI 码编码规则验证

(1) 将 AMI 编码模块内的 m 序列类型选择跳线开关 KX02 设置产生 15 位周期 m 序列。

用示波器同时观测输入数据 TPD01 和 AMI 输出双极性编码数据 TPD05 波形；同时观测 TPD01(或 TPD05)和单极性编码数据 TPD08 波形。分析输入数据与输出数据关系是否满足 AMI 编码关系，画下一个 m 序列周期的测试波形。

(2)将 KX02 设置产生全 1 码。用示波器同时观测 TPD05 和 TPD08，记录测试结果。

(3)将 KX02 设置产生全 0 码。用示波器同时观测 TPD05 和 TPD08，记录测试结果。

(4)将 KX02 设置产生波形(10000000)。用示波器同时观测 TPD01、TPD05 和 TPD08，记录测试结果。

(5)将 KX02 设置产生波形(11000000)。用示波器同时观测 TPD01、TPD05 和 TPD08，记录测试结果。

2. AMI 码译码和时延测量

(1)将跳线开关 KD01 设置在 2_3 位置；锁相环模块内输入信号选择跳线开关 KP02 设置在 1_2 位置。

(2)将跳线开关 KX02 设置产生 15 位周期 m 序列。用示波器同时观测输入数据 TPD01 和 AMI 译码输出数据 TPD07 的波形，观测时用 TPD01 同步。观测 AMI 译码输出数据是否正确，画出测试波形，并测量 AMI 编码和译码的数据时延。

(3)将跳线开关 KX02 设置产生 7 位周期 m 序列。重复步骤(2)，并记录测试结果。

3. AMI 编码信号中同步时钟分量定性观测

(1)将跳线开关 KD01 设置在 2_3 位置，跳线开关 KP02 设置在 1_2 位置。将 AMI 编码模块内的 m 序列类型选择跳线开关 KX02 设置产生 15 位周期 m 序列。

(2)将极性码输出选择跳线开关 KD02 设置在 2_3 位置(右端)产生单极性码输出，用示波器测量模拟锁相环模块 TPP01 波形；然后将跳线开关 KD02 设置在 1_2 位置(左端)产生双极性码输出，观测 TPP01 波形变化，并测量其幅值变化。

根据测量结果思考：AMI 编码信号转换为双极性码或单极性码后，哪一种码型时钟分量更丰富？为什么？接收机应将接收到的信号转换成何种码型才有利于接收端位定时电路对接收时钟进行提取?

(3)将跳线开关 KX02 设置产生全 1 码，重复上述测试步骤，记录分析测试结果。

(4)将跳线开关 KX02 设置产生全 0 码，重复上述测试步骤，记录测试结果，并思考具有长连 0 码格式的数据在 AMI 编译码系统中传输会带来什么问题，如何解决。

4. AMI 译码位定时恢复测量

(1)将跳线开关 KD01 设置在 2_3 位置，跳线开关 KP02 设置在 1_2 位置。将 AMI 编码模块内的 m 序列类型选择跳线开关 KX02 设置产生 15 位周期 m 序列。

(2)先将跳线开关 KD02 设置在 2_3 位置(右端)单极性码输出，用示波器同时观测发送时钟测试点 TPD02 和接收时钟测试点 TPD06 的波形，测量时用 TPD02 同步。观测收发时钟是否同步。然后，将跳线开关 KD02 设置在 1_2 位置(左端)双极性码输出，观测 TPD02 和 TPD06 波形。记录分析测量结果。

(3)将跳线开关 KX02 设置产生全 1 码。重复上述测试步骤，记录分析测试结果。

(4)将跳线开关 KX02 设置产生全 0 码。重复上述测试步骤，记录分析测试结果，并思考在实际传输系统中为什么要使用 HDB_3 码，其他方法是否可行(如干扰码)。

5. HDB_3 码变换规则验证

(1)将输入信号选择跳线开关 KD01 设置在 2_3 位置，单/双极性码输出选择开关 KD02 设置在 2_3 位置。AMI/HDB_3 编码开关 KD03 设置在 1_2 位置，使该模块工作在 HDB_3 码方式。

(2)将跳线开关 KX02 设置产生 15 位周期 m 序列。用示波器同时观测输入数据 TPD01 和 HDB_3 输出双极性编码数据 TPD05 的波形；同时观测 TPD01(或 TPD05)和单极性编码数据 TPD08 的波形。分析观测输入数据与输出数据关系是否满足 HDB_3 编码关系，画一个完整的 m 序列周期的测试波形。

(3)将 KX02 设置产生全 1 码。用示波器同时观测 TPD05 和 TPD08，记录测试结果。

(4)将 KX02 设置产生全 0 码。用示波器同时观测 TPD05 和 TPD08，记录测试结果。

(5)将 KX02 设置产生波形(10000000)。用示波器同时观测 TPD01、TPD05 和 TPD08，记录测试结果。

(6)将 KX02 设置产生波形(11000000)。用示波器同时观测 TPD01、TPD05 和 TPD08，记录测试结果。

6. HDB_3 码译码和时延测量

(1)将跳线开关 KD01 设置在 2_3 位置；将跳线开关 KP02 设置在 1_2 位置。

(2)将跳线开关 KX02 设置产生 15 位周期 m 序列。用示波器同时观测输入数据 TPD01 和 HDB_3 译码输出数据 TPD07 波形，观测时用 TPD01 同步。观测 HDB_3 译码输出数据是否正确，画下测试波形并计算 HDB_3 编码和译码的数据时延。

(3)将跳线开关 KX02 设置产生 7 位周期 m 序列。重复步骤(2)，并记录测试结果。计算此时 HDB_3 编码和译码的数据时延是多少，思考为什么。

7. HDB_3 编码信号中同步时钟分量定性观测

(1)将跳线开关 KD01 设置在 2_3 位置，将跳线开关 KP02 设置在 1_2 位置。将 AMI 编码模块内的 m 序列类型选择跳线开关 KX02。设置产生 15 位周期 m 序列。

(2)将极性码输出选择跳线开关 KD02。设置在 2_3 位置(右端)产生单极性码输出，用示波器测量模拟锁相环模块 TPP01 波形；然后将跳线开关 KD02 设置在 1_2 位置(左端)产生双极性码输出，观测 TPP01 波形变化，并测量其幅值变化。

根据测量结果思考：HDB_3 编码信号转换为双极性码和单极性码中哪一种码型时钟分量更丰富？

(3)将跳线开关 KX02 设置产生全 1 码，重复上述测试步骤，记录分析测试结果。

(4)将跳线开关 KX02 设置产生全 0 码，重复上述测试步骤，记录测试结果，并分析 HDB_3 码与 AMI 码有何不一样的结果。

8. HDB_3 译码位定时恢复测量

(1) 将跳线开关 KD01 设置在 2_3 位置，将跳线开关 KP02 设置在 1_2 位置。将 AMI 编码模块内的 m 序列类型选择跳线开关 KX02 设置产生 15 位周期 m 序列。

(2) 先将跳线开关 KD02 设置在 2_3 位置(右端)单极性码输出，用示波器同时观测发送时钟测试点 TPD02 和接收时钟测试点 TPD06 波形，测量时用 TPD02 同步。观测收发时钟是否同步。然后，将跳线开关 KD02 设置在 1_2 位置(左端)双极性码输出，观测 TPD02 和 TPD06 波形。记录分析测量结果。

(3) 将跳线开关 KX02 设置产生全 1 码，重复上述测试步骤，记录分析测试结果。

(4) 将跳线开关 KX02 设置产生全 0 码，重复上述测试步骤，记录分析测试结果。

根据测量结果思考：接收端为便于提取位同步信号，需要对收到的 HDB_3 编码信号作何处理？

2.4 CMI 码型变换

2.4.1 实验原理

在实际的基带传输系统中，并不是所有码字都能在信道中传输。例如，含有丰富直流和低频成分的基带信号就不适合在信道中传输，因为有可能造成信号严重畸变。同时，一般基带传输系统都从接收到的基带信号流中提取收定时信号，而收定时信号又依赖于传输的码型，如果码型出现长时间的连 0 或连 1 符号，则基带信号可能会长时间出现 0 电位，从而使收定时恢复系统难以保证收定时信号的准确性。因此，实际的基带传输系统对基带信号存在各种要求。归纳起来，对传输用的基带信号的要求主要有两点。

(1) 对各种代码的要求，期望将原始信息符号编制成适合于传输用的码型。

(2) 对所选码型的电波波形要求，期望电波波形适宜于在信道中传输。

前一问题称为传输码型的选择，后一问题称为基带脉冲的选择。这是两个既有独立性又互相联系的问题，也是基带传输原理中十分重要的两个问题。

传输码(又称为线路码)的结构取决于实际信道特性和系统工作的条件。在较为复杂的基带传输系统中，传输码的结构应具有下列主要特性。

(1) 能从其相应的基带信号中获取定时信息。

(2) 相应的基带信号无直流成分和只有很小的低频成分。

(3) 不受信息源统计特性的影响，即能适应于信息源的变化。

(4) 尽可能地提高传输码型的传输效率。

(5) 具有内在的检错能力等。

满足或部分满足以上特性的传输码型种类繁多，主要有 CMI、AMI、HDB_3 码等，下面将主要介绍 CMI 码。CMI 编码规则如表 2-2 所示。

在 CMI 编码中，输入码字 0 直接输出 01 码型，较为简单。对于输入为 1 的码字，其输出 CMI 码字存在两种结果，即 00 或 11 码，因而对输入 1 的状态必须记忆。同时，编码后的速率增加一倍，因而整形输出必须有 2 倍的输入码流时钟。在这里 CMI 码的第一位称为 CMI 码的高位，第二位称为 CMI 码的低位。

表 2-2　CMI 的编码规则

输入码字	编码结果
0	01
1	00/11 交替表示

在 CMI 解码端存在同步和不同步两种状态，因而需进行同步。同步过程的设计可根据码字的状态进行：因为在输入码字中不存在 10 码型，如果出现 10 码，则必须调整同步状态。在该功能模块中，可以观测到 CMI 在译码过程中的同步过程。

CMI 码具有如下特点。

(1)不存在直流分量。

(2)CMI 码流具有很强的时钟分量，有利于在接收端对时钟信号进行恢复。

(3)具有检错能力，这是因为 1 码用 00 或 11 码表示，而 0 码用 01 码表示，因而在 CMI 码流中不存在 10 码，且无 00 与 11 码组连续出现，这个特点可用于检测 CMI 的部分错码。

CMI 编码模块组成框图如图 2-4 所示，图中 TPX05 上可测量出 CMI 的编码输出结果，它由 1 码编码器、0 码编码器和输出选择器组成。

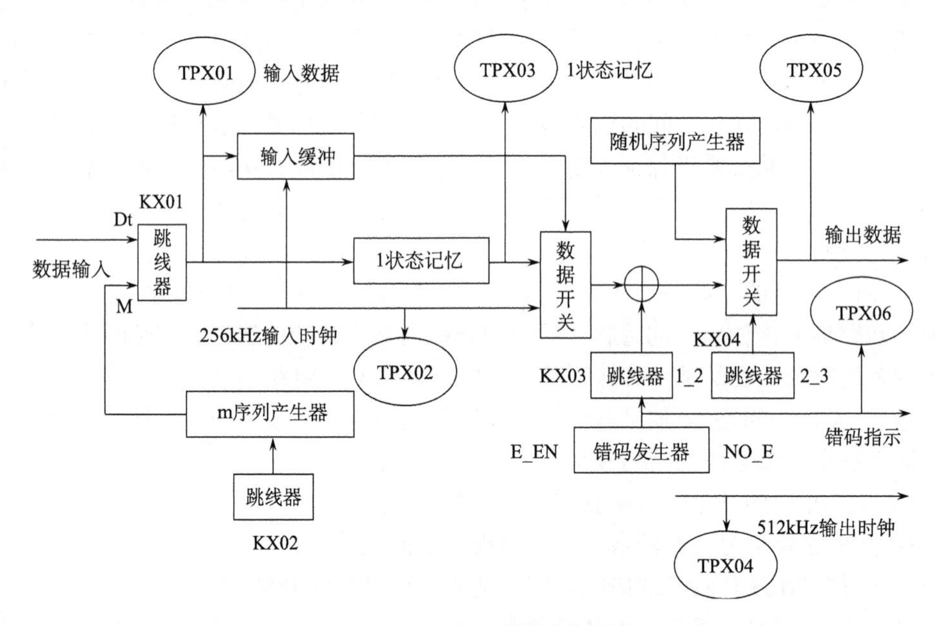

图 2-4　CMI 编码模块组成框图

(1)1 码编码器：因为在 CMI 编码规则中，要求在输入码为 1 时，交替出现 00 码和 11 码，因而在电路中必须设置一个状态来确认上一次输入比特为 1 时的编码状态。这一机制通过一个 D 触发器来实现，每次当输入码流中出现 1 码时，D 触发器进行一次状态翻转，从而完成对 1 码编码状态的记忆(1 状态记忆)。同时，D 触发器的 Q 输出端也将作为输入比特为 1 时的编码输出(测试点 TPX03)。

(2) 0 码编码器：当输入码流为 0 时，以时钟信号输出作为 01 码。

(3) 输出选择器：由输入码流缓冲器的输出 Q 用于选择是 1 编码器输出还是 0 编码器输出。

m 序列产生器：m 序列产生器输出受码型选择跳线开关 KX02 控制，产生不同的特殊码序列(表 2-2)。当输入数据选择跳线开关 KX01 设置在 M 位置时(右端)，CMI 编码器输入为 m 序列产生器输出数据，此时可以用示波器观测 CMI 编码输出信号，验证 CMI 编码规则。

错码发生器：为验证 CMI 编译码器系统具有检测错码能力，可在 CMI 编码器中人为插入错码。将 KX03 设置在 E_EN 位置时(左端)，插入错码，否则设置在 NO_E 位置(右端)时，无错码插入。

随机序列产生器：为观测 CMI 译码器的失步功能，可以产生随机数据送入 CMI 译码器，使其无法同步。先将输入数据选择跳线开关 KX01 设置在 Dt 位置(左端)，再将跳线开关 KX04 设置在 2_3 位置(右端)，CMI 编码器将选择随机信号序列数据输出。正常工作时，跳线开关 KX04 设置在 1_2 位置(左端)。

在该模块中，测试点安排如下。

(1) TPX01：输入数据(256Kbit/s)。

(2) TPX02：输入时钟(256kHz)。

(3) TPX03：1 状态记忆输出。

(4) TPX04：输出时钟(512kHz)。

(5) TPX05：CMI 编码输出(512Kbit/s)。

(6) TPX06：加错输出指示。

CMI 译码模块组成框图如图 2-5 所示。

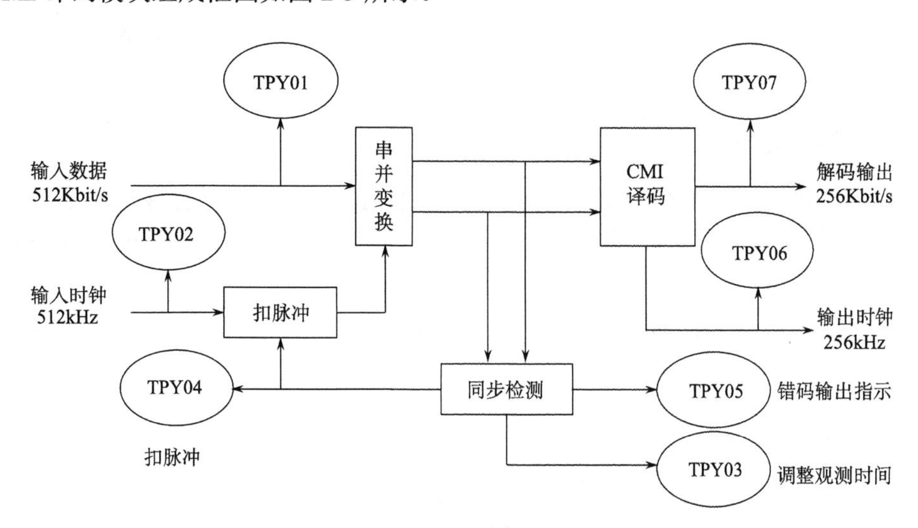

图 2-5 CMI 译码模块组成框图

CMI 译码电路由串并变换器、译码器、同步检测器、扣脉冲电路等组成，具体说明如下。

(1) 串并变换器：输入为 512Kbit/s CMI 码流，首先送入一个串并变换器，在时钟的作用下将 CMI 的编码码字的高位与低位码字分路输出。

(2) 译码器：CMI 码的高位与低位通过异或门实现 CMI 码的译码。由于电路中的时延存在差异，输出端可能存在毛刺，又进行输出整形。译码之后的结果可在 TPY07 上测量出来，其与 TPX01 的波形应一致，仅存在一定的时延。

(3) 同步检测器：根据 CMI 编码原理，CMI 码同步时不会出现 10 码字(不考虑信道传输错码)；如果 CMI 码没有同步好(CMI 的高位与低位出现错锁)，将出现多组 10 码字，此时将不正确译码。同步检测器的原理是：当在一定时间内(1024bit)，如出现多组 10 码字则认为 CMI 译码器未同步。此时同步检测电路输出一个控制信号到扣脉冲电路，扣脉冲电路扣除一个时钟，调整 1bit 时延，使 CMI 译码器同步。CMI 译码器在检测到 10 码字时，将输出错码指示(TPY05)。

(4) 测试点 TPY03 用来调整观测时间(1024bit 的周期)。

在该模块中，测试点安排如下。

(1) TPY01：CMI 译码输入数据。

(2) TPY02：512kHz 输入时钟。

(3) TPY03：调整观测时间(1024bit 的周期)。

(4) TPY04：扣脉冲指示。

(5) TPY05：错码输出指示。

(6) TPY06：256kHz 时钟输出。

(7) TPY07：CMI 译码数据输出。

2.4.2 实验步骤

将输入信号选择跳线开关 KX01 设置在 M 位置(右端)；加错使能跳线开关 KX03 设置在无错 NO_E 位置(右端)；m 序列码型选择开关 KX02 产生 7 位周期 m 序列(具体设置见表 2-1)。将输出数据选择开关 KX04 设置在 1_2 位置，选择 CMI 编码数据输出，具体实验步骤如下。

1. CMI 码编码规则测试

(1) 用示波器同时观测 CMI 编码器输入数据(TPX01)和输出编码数据(TPX05)。观测时用 TPX01 同步，仔细调整示波器同步。找出并画下一个 m 序列周期输入数据和对应编码输出数据波形。根据观测结果分析编码输出数据是否与编码理论一致。

(2) 将 KX02 设置在不同的位置产生不同的周期序列，重复上述测量。画出测量波形，分析测量结果。

2. 1 码状态记忆测量

(1) 用 KX02 设置输出周期为 15 的 m 序列，用示波器同时观测 CMI 编码器输入数据(TPX01)和 1 码状态记忆输出数据(TPX03)。观测时用 TPX01 同步，仔细调整示波器同步。画出下一个 m 序列周期输入数据和对应 1 码状态记忆输出数据波形。根据观测结果分析是否符合相互关系。

(2) 将 KX02 设置在其他状态，重复上述测量。画出测量波形，分析测量结果。

3. CMI 码解码波形测试

用示波器同时观测 CMI 编码器输入数据(TPX01)和 CMI 解码器输出数据(TPY07)。观测时用 TPX01 同步。验证 CMI 译码器能否正常译码，两者波形除时延外应一一对应。

4. CMI 码编码加错波形观测

跳线开关 KX03 是加错控制开关，当 KX03 设置在 E_EN 位置时(左端)，将在输出编码数据流中每隔一定时间插入 1 个错码。

TPX06 是发端加错指示测试点，用示波器同时观测加错指示点 TPX06 和输出编码数据 TPX05 的波形，观测时用 TPX06 同步。画下有错码时的输出编码数据，并分析接收端 CMI 译码器可否检测出。

5. CMI 码检错功能测试

(1)将输入信号选择跳线开关 KX01 设置在 Dt 位置(左端)，将加错跳线开关 KX03 设置在 E_EN 位置，人为插入错码，模拟数据经信道传输误码。

(2)用示波器同时测量加错指示点 TPX06 和 CMI 译码模块中检测错码指示点 TPY05 波形。

(3)将输入信号选择跳线开关 KX01 设置在 M 位置(右端)，将 m 序列码型选择开关 KX02 设置在其他位置，重复(1)试验，观测测量结果有何变化。

(4)关机 5 秒钟后再开机，重复(2)试验，认真观测测试结果有何变化(注：可以重复多测试几次——关机后再开机)，并思考为什么有时检测错码检测点输出波形与加错指示波形不一致。

6. CMI 译码同步观测

(1) CMI 译码器是否同步可以通过错码检测电路输出反映出。当 CMI 译码器未同步时，将连续地检测出错码。观测时，将输入信号选择跳线开关 KX01 设置在 Dt 位置(上端)，输出数据选择开关 KX04 设置在 2_3 位置(输出不经 CMI 编码，使接收端无法同步)。

(2) 用示波器测量失步时的检测错码检测点(TPY05)波形。

(3) 将 KX04 设置在 1_2 位置，检测错码检测点波形应立刻同步。

7. 抗连 0 码性能测试

(1)将 m 序列码型选择开关 KX02 设置在全 0 码位置，用示波器测量输出编码数据(TPX05)。输出数据为 01 码，说明具有丰富的时钟信息。

(2)观测 CMI 译码输出数据是否与发送端一致。

(3)观测译码同步信号。

2.5 实验报告及要求

(1)实验目的、实验仪器、实验原理和实验步骤。

(2) 记录测量数据，画出各测量点波形。

(3) 根据测量结果分析 AMI 码和 HDB_3 码接收时钟提取电路受输入数据影响的关系。

(4) 总结 HDB_3 码的信号特征。

(5) 根据测量结果总结 CMI 码接收时钟受发送数据影响情况。

(6) 分析：为什么有时 CMI 码检测错码检测点输出波形与加错指示波形不一致？

(7) CMI 码是否具有纠错功能？

实验3　QPSK 传输系统实验

3.1　实 验 目 的

(1) 了解 QPSK 调制的基本工作原理。

(2) 掌握 QPSK 发送眼图。

3.2　实 验 仪 器

(1) 通信原理综合实验箱一台。

(2) 示波器一台。

(3) 频谱仪一台。

3.3　实 验 原 理

QPSK 在一个调制符号中传输两个比特，其比 BPSK 的带宽效率高一倍。载波的相位为四个间隔相等的值 $\{\pi/4, 3\pi/4, 5\pi/4, 7\pi/4\}$，每一个相位值对应于唯一的一对消息，如图 3-1 所示。

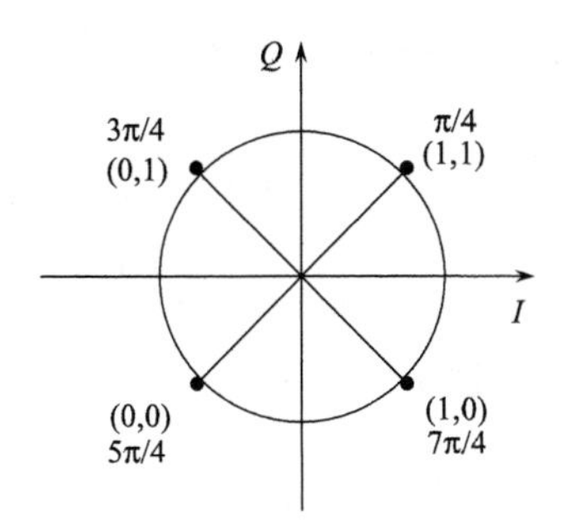

图 3-1　QPSK 的星座图

QPSK 信号一般可表示为

$$S(t)=\sqrt{\frac{2E_S}{T_S}}\cos\left(2\pi f_c t+\frac{\pi}{2}i\right),\quad i=0,1,2,3 \tag{3.1}$$

其中，T_S 为符号持续时间，等于两个比特周期；E_S 为调制后的信号能量。

使用三角恒等变换，式(3.1)在 $0\leqslant t\leqslant T_S$ 时可重写为

$$S(t)=\sqrt{\frac{2E_S}{T_S}}\cos\left(2\pi f_c t+\frac{\pi}{2}i\right),\quad i=0,1,2,3$$

$$=\sqrt{\frac{2E_S}{T_S}}\cos(2\pi f_c t)\cos\left(\frac{\pi}{2}i\right)-\sqrt{\frac{2E_S}{T_S}}\sin(2\pi f_c t)\sin\left(\frac{\pi}{2}i\right) \tag{3.2}$$

因而，在等效基带信号中，QPSK 可以表示成 I 和 Q 两路信号，其分别为

$$I(n)=\cos\left(2\pi f_c t+\frac{\pi}{2}i\right) \tag{3.3}$$

$$Q(n)=\sin\left(2\pi f_c t+\frac{\pi}{2}i\right) \tag{3.4}$$

对 QPSK 信号的调制过程如下：输入比特流 $a(t)$ 分为两路比特流 $I(t)$ 和 $Q(t)$（同相和正交流），每路的比特率 $R_s = R_b/2$。比特流 $I(t)$ 称为“偶流”，$Q(t)$ 称为“奇流”。两个二进制序列分别用两个正交的载波进行调制，Q 支路的载波相位较 I 支路的相位滞后 90°。两个已调信号每一个都可以看作一个 BPSK 信号(只不过对它们的调制载波存在限制)，将它们相加产生一个 QPSK 信号。

与 BPSK 一样，每一支路在进行调制之前一般要进行 Nyquist 成形滤波使 QPSK 信号的功率谱限制在分配的带宽内。这样可以防止信号能量泄漏到相邻的信道，还能去除在调制过程中产生的带外杂散信号。同时必须保证不产生码间串扰。在一般通信系统中，脉冲成形在基带进行。

对 QPSK 的成形滤波一般也是在基带采用查表法实现的。

QPSK 调制与解调框图如图 3-2 和图 3-3 所示。

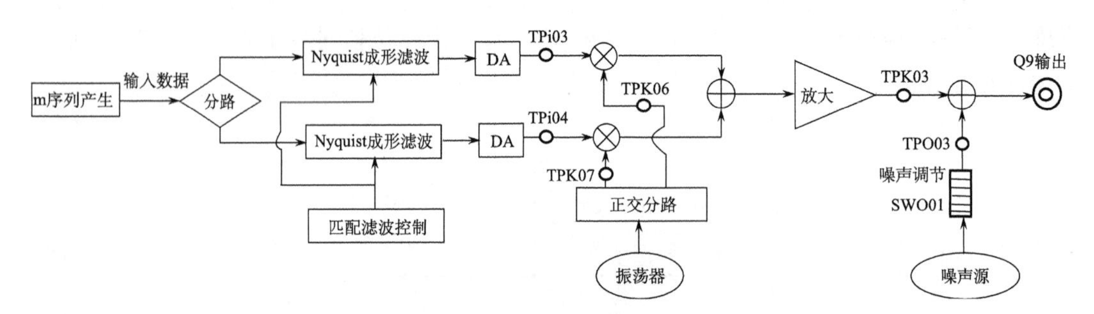

图 3-2 QPSK 调制框图

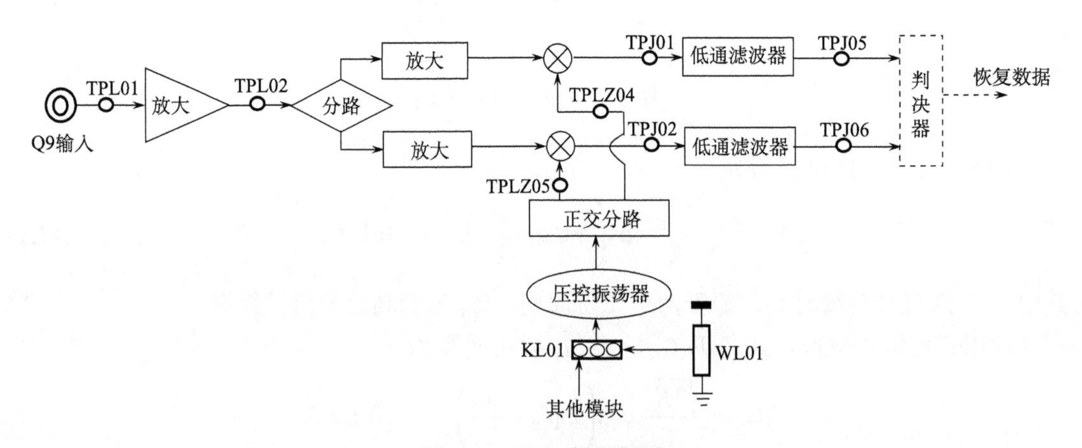

图 3-3 QPSK 解调框图

3.4 实验步骤

首先通过菜单将调制方式设置成“QPSK 传输系统”模式。用示波器测量 TPMZ07 测试点的时钟信号，如果有脉冲波形，则说明实验系统已正常工作；如果没有脉冲波形，则需按面板上的复位按钮重新对硬件进行初始化。然后将噪声模块内的噪声输出电平调整开关 SWO01 设置为 10000001，具体步骤如下。

1. QPSK 调制基带信号眼图观测

(1)通过菜单选择不激活“匹配滤波”方式(未打勾)，此时基带信号频谱成形滤波器全部放在发送端。以时钟(TPMZ07)进行同步，观测发送信号眼图(TPi03)的波形。成形滤波器使用升余弦响应，即 α=0.4。判断信号观察的效果。

(2)通过菜单选择激活“匹配滤波”方式(打勾)，此时系统构成收发匹配滤波最佳接收机，重复上述实验步骤。仔细观察和区别上述两种方式下发送信号眼图(TPi03)的波形并思考怎样的系统才是最佳的。

注：当通过选择菜单激活“匹配滤波”方式时，表示系统按匹配滤波最佳接收机组成，即发射机端和接收机端采用同样的开根号升余弦响应滤波器。当不激活“匹配滤波”方式时，系统为非匹配最佳接收机，整个滤波器滚降特性全部放在发射机端完成，但信道成形滤波器特性不变。

2. *I* 路和 *Q* 路调制信号的相平面(矢量图)信号观察

(1)测量 *I* 支路(TPi03)和 *Q* 支路(TPi04)信号李沙育(*x*-*y*)波形时，应将示波器设置在(*x*-*y*)方式，可从相平面上观察 TPi03 和 TPi04 的合成矢量图，其相位矢量图应为 $\{\pi/4, 3\pi/4, 5\pi/4, 7\pi/4\}$ 四种相位。

(2)通过菜单选择“匹配滤波”方式设置，重复上述实验步骤。仔细观察和区别两种方式下矢量图信号并思考相位轨迹，说明调制之后信号包络的起伏度。

3. QPSK 调制信号包络观察

QPSK 调制为非恒包络调制，调制载波信号包络具有明显的过零点。通过本测量让学生熟悉 QPSK 调制信号的包络特征。

4. QPSK 调制信号频谱测量

测量时，用一条中频电缆将频谱仪连接到调制器的 KO02 端口。调整频谱仪中心频率为 1.024MHz，扫描频率为 10kHz/DIV，分辨率带宽为 1～10kHz，调整频率仪输入信号衰减器和扫描时间到合适的位置。观测 QPSK 信号频谱，测量调制频谱占用带宽、电平等，记录实际测量结果，画出测量波形。

5. 解调器失锁时的眼图信号观测

用中频电缆连接 KO02 和 JL02，建立中频自环(自发自收)；将跳线开关 KL01 设置在

2_3 位置(开环)，使收发端的频差可以通过电位器 WL01 进行调整。

通过调整电位器 WL01 增加收发频差；用时钟信号 TPMZ07 作同步，观测失锁时的解调器眼图信号 TPJ05，熟悉 QPSK 调制器失锁时的眼图信号(未张开)。观测失锁时正交支路解调器眼图信号 TPJ06 波形。

6. 在大频差情况下，接收端 *I* 路和 *Q* 路解调信号的相平面(矢量图)波形观察

通过调整电位器 WL01 增加收发频差。将示波器设置在(*x-y*)方式，测量 *I* 支路(TPJ05)和 *Q* 支路(TPJ06)信号李沙育(*x-y*)波形。可从相平面上观察 TPJ05 和 TPJ06 的合成矢量图。

思考：在收发频偏较大时为什么观察不到 QPSK 的星座图?

7. 调整减小收发频差观察解调器接收端 *I* 路和 *Q* 路的相平面(矢量图)波形观察

(1)通过调整电位器 WL01 减小收发频差调整电位器 WL01(改变接收本地载频，即改变收发频差)，同时观察发送端载波 TPK06 与接收端本地载波 TPLZ06，使两点波形达到相干。

(2)观测接收端失锁时 *I* 路和 *Q* 路的合成矢量图。掌握解调器 *I* 路和 *Q* 路解调信号的相平面(矢量图)波形变化，分析测量结果，并通过该实验说明载波恢复在通信中的重要性。

8. 接收端解调器眼图信号观测

(1)通过调整电位器 WL01 减小收发频差：调整电位器 WL01(改变接收本地载频，即改变收发频差)，同时观察发送端载波 TPK06 与接收端本地载波 TPLZ06，使两点波形达到相干。

(2)低通滤波之前 QPSK 解调测量：观察 QPSK 解调基带信号测试点 TPJ01 的波形，观测时仍用时钟 TPMZ07(TPN02)作同步进行观察。

(3)低通滤波之后 QPSK 解调测量：观察 QPSK 解调基带信号经滤波之后在测试点 TPJ05 的波形(在 A/D 模块内)，观测时仍用时钟 TPMZ07(TPN02)作同步，比较两者的对应关系，分析 TPJ01 和 TPJ05 波形的差异。将接收端与发射端眼图信号 TPI03 进行比较，观测接收眼图信号有何变化(有噪声和频差)。

(4)观测正交 *Q* 支路眼图信号测试点 TPJ06(在 A/D 模块内)波形，比较与 TPJ05 测试波形有什么不同(相同还是不同，为什么与 BPSK 不一样)。根据电路原理图分析解释其原因。

9. 加噪 QPSK 传输系统性能观察

(1)将噪声模块内的噪声输出电平调整开关 SWO01 设置在最低一挡 00000001，此时噪声输出电平最小，信噪比最大。观察 QPSK 接收端的星座图质量。

(2)将噪声输出电平调整开关 SWO01 调整为 00000010，降低一挡信噪比。重复上述测量，观察 QPSK 接收端的星座图质量。

(3)逐步降低信噪比，重复上述测量。

3.5 实验报告及要求

(1) 实验目的、实验仪器、实验原理和实验步骤。

(2) 记录测量数据，画出各测量点波形。

(3) 分析总结实验测试结果。

(4) 画出 QPSK 调制信号的包络图，并说明其特征。

实验 4　MSK 传输系统实验

4.1　实 验 目 的

(1) 了解 MSK 调制的基本工作原理。
(2) 掌握 MSK 正交调制的实现过程。

4.2　实 验 仪 器

(1) 通信原理综合实验箱一台。
(2) 示波器一台。
(3) 频谱仪一台。

4.3　实 验 原 理

最小频移键控(MSK)是一种特殊的连续相位的频移键控(CPFSK)，其最大频移为比特率的 1/4。换句话说，MSK 是调制系数为 0.5 的连续相位的 FSK。FSK 信号的调制系数类似于 FM 调制系数，定义为 $K_{\text{FSK}}=(2\Delta f)/R_b$，其中 Δf 是最大射频移，R_b 是比特率。调制系数 0.5 对应着能够容纳两路正交 FSK 信号的最小频带，最小频移键控的由来就是指这种调制方法的频率间隔(带宽)是可以进行正交检测的最小带宽。

MSK 信号也可以看成一类特殊形式的 OQPSK。在 MSK 中，OQPSK 的基带矩形脉冲被半正弦脉冲取代。

可以看出，MSK 信号是二进制信号频率分别为 $f_c+1/(4T)$ 和 $f_c-1/(4T)$ 的 FSK 信号。MSK 信号的相位在每一个比特期间是线性的。

MSK 信号的旁瓣比 QPSK 和 OQPSK 信号的旁瓣低。MSK 信号 99%的功率位于带宽 $B=1.2/T$ 之中。而对于 QPSK 和 OQPSK 信号，包纳 99%的功率带宽 $B=8/T$。MSK 信号在频谱上衰落快是由于其采用的脉冲函数更为平滑。MSK 信号的主瓣比 QPSK 和 OQPSK 信号的主瓣宽，因此 MSK 的频谱利用率比相移键控技术要低。

一般 MSK 调制器实现如图 4-1 所示。

在通信信道平台中，MSK 的调制实现如下。

MSK 信号的正交表示为

$$s(t)=\cos(\omega_0 t+\Delta\omega_n t) \tag{4.1}$$

其中

$$\Delta\omega_n=\begin{cases}2\pi R_b/4, & \text{输入码为}1\\ -2\pi R_b/4, & \text{输入码为}0\end{cases} \tag{4.2}$$

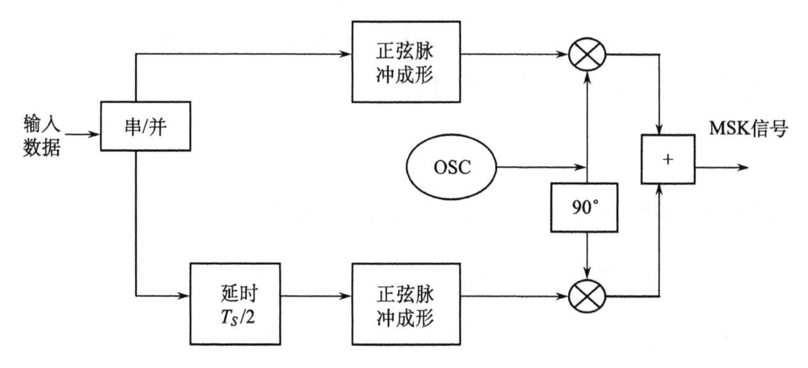

图 4-1　MSK 的正交调制器的结构

因此

$$s(t)=\cos(\omega_0 t)\cos(\Delta\omega_n t)-\sin(\omega_0 t)\sin(\Delta\omega_n t) \tag{4.3}$$

MSK 调制与解调框图如图 4-2 与图 4-3 所示。

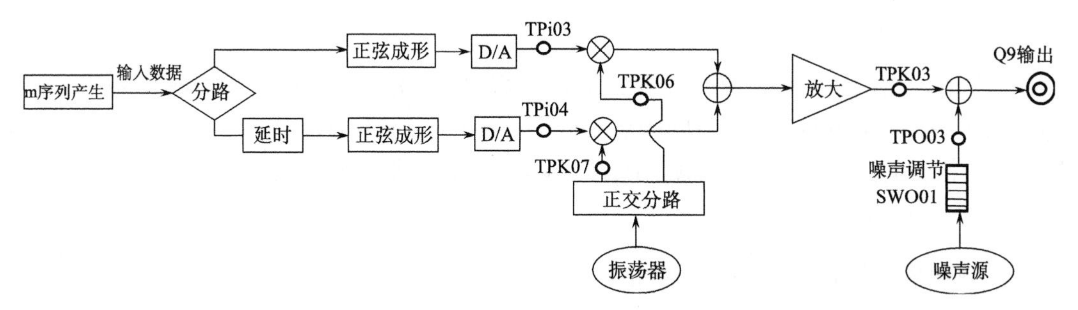

图 4-2　MSK 调制框图

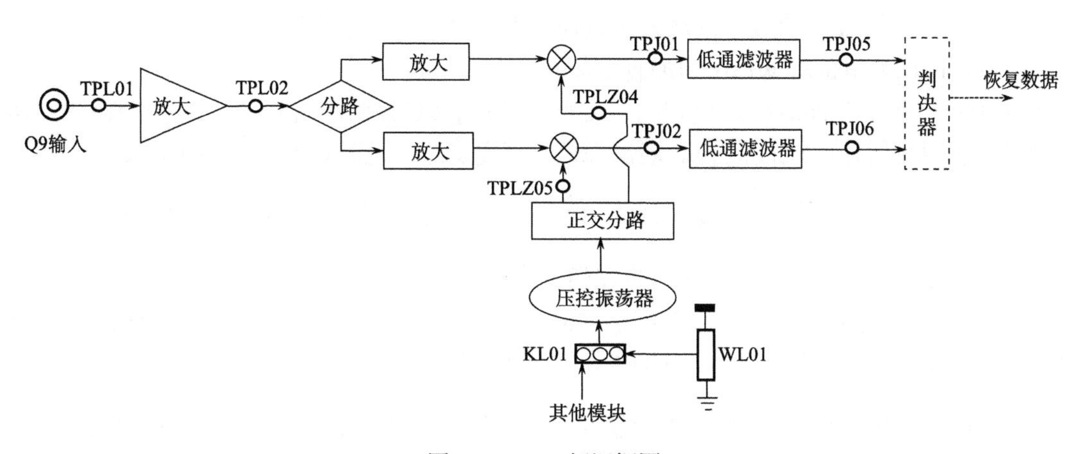

图 4-3　MSK 解调框图

4.4　实 验 步 骤

首先通过菜单将调制方式设置成“MSK 传输系统”模式。用示波器测量 TPMZ07 测试点的信号，如果有脉冲波形，则说明实验系统已正常工作；如果没有脉冲波形，则需按面板上的复位按钮重新对硬件进行初始化。然后将噪声模块内的噪声输出电平调整开关SWO01设置为10000001，具体实验步骤如下。

1. MSK调制基带信号眼图观测

以时钟(TPMZ07)作同步，观测发送信号眼图(TPi03)的波形。

2. *I*路和*Q*路调制信号的相平面(矢量图)信号观察

测量*I*支路(TPi03)和*Q*支路(TPi04)信号李沙育(*x*-*y*)波形时，将示波器设置在(*x*-*y*)方式，可从相平面上观察TPi03和TPi04的合成矢量图。

思考：为什么MSK星座图是一个圆?

3. MSK调制信号包络观察

用示波器同时测量*I*支路TPi03和调制信号TPK03的波形。

4. MSK调制信号频谱测量

测量时，用一条中频电缆将频谱仪连接到调制器的KO02端口。调整频谱仪中心频率为1.024MHz，扫描频率为10kHz/DIV，分辨率带宽为1～10kHz，调整频率仪输入信号衰减器和扫描时间到合适位置。观测MSK信号频谱，测量调制频谱占用带宽、电平等，记录实际测量结果，画出测量波形。

5. 解调器失锁时的眼图信号观测

(1)用中频电缆连接KO02和JL02，建立中频自环(自发自收)；将跳线开关KL01设置在2_3位置(开环)，使收发端的频差可以通过电位器WL01进行调整。

(2)通过调整电位器WL01增加收发频差。

(3)用时钟信号TPMZ07作同步，观测失锁时的解调器眼图信号TPJ05，熟悉MSK调制器失锁时的眼图信号(未张开)。观测失锁时正交支路解调器眼图信号TPJ06波形。

6. 在大频差情况下，接收端*I*路和*Q*路解调信号的相平面(矢量图)波形观察

(1)通过调整电位器WL01增加收发频差。

(2)测量*I*支路(TPJ05)和*Q*支路(TPJ06)信号李沙育(*x*-*y*)波形时，将示波器设置在(*x*-*y*)方式，可从相平面上观察TPJ05和TPJ06的合成矢量图。

7. 调整减小收发频差观察解调器接收端*I*路和*Q*路的相平面(矢量图)波形观察

(1)通过调整电位器WL01减小收发频差，调整电位器WL01(改变接收本地载频，即改变收发频差)，同时观察发送端载波TPK06与接收端本地载波TPLZ04，使两点TPK06和TPLZ04波形达到相干。

(2)观测接收端失锁时*I*路和*Q*路的合成矢量图。掌握解调器*I*路和*Q*路解调信号的相平面(矢量图)波形的变化，分析测量结果。并比较上述两步测量的差别，与QPSK测量结果进行比较。

8. 接收端解调器眼图信号观测

(1)通过调整电位器 WL01 减小收发频差：调整电位器 WL01(改变接收本地载频，即改变收发频差)，同时观察发送端载波 TPK06 与接收端本地载波 TPLZ04，使两点波形达到相干。

(2)低通滤波之前 MSK 解调测量：观察 MSK 解调基带信号测试点 TPJ01 的波形，观测时仍用时钟 TPMZ07(TPN02)作同步。

(3)低通滤波之后 MSK 解调测量：观察 MSK 解调基带信号经滤波之后在测试点 TPJ05 的波形(在 A/D 模块内)，观测时仍用时钟 TPMZ07(TPN02)作同步，比较两者的对应关系。分析 TPJ01 和 TPJ05 波形的差异。将接收端与发射端眼图信号 TPI03 进行比较，观测接收眼图信号有何变化(噪声和频差)。

(4)观测正交 Q 支路眼图信号测试点 TPJ06(在 A/D 模块内)的波形，比较与 TPJ05 测试波形有什么不同(相同还是不同，为什么与 BPSK 不一样?)。根据电路原理图分析解释其原因。

9. 加噪 MSK 传输系统性能观察

(1)将噪声模块内的噪声输出电平调整开关 SWO01 设置在最低一挡 00000001，此时噪声输出电平最小，信噪比最大，观察 MSK 接收端的星座图质量。

(2)将噪声输出电平调整开关 SWO01 增加一挡为 00000010，降低一挡信噪比。重复上述测量，观察 MSK 接收端的星座图质量。

(3)逐步降低信噪比，重复上述测量。

4.5 实验报告及要求

(1)实验目的、实验仪器、实验原理和实验步骤。

(2)记录测量数据，画出各测量点波形。

(3)分析总结实验测试结果。

(4)分析 MSK 的抗噪声性能。

实验 5　数字频带调制系统实验

5.1　实 验 目 的

(1) 熟悉 FSK/BPSK/DBPSK 调制和解调基本工作原理。

(2) 掌握 FSK/BPSK/DBPSK 数据传输过程。

(3) 掌握 FSK/BPSK/DBPSK 正交调制的基本工作原理与实现方法。

(4) 掌握 FSK/BPSK/DBPSK 性能的测试。

(5) 了解 FSK/BPSK/DBPSK 在噪声下的基本性能。

5.2　实 验 仪 器

(1) 通信原理综合实验箱一台。

(2) 示波器一台。

(3) 频谱仪一台。

(4) 误码测试仪一台。

5.3　FSK 调制/解调

5.3.1　实验原理

1. FSK 调制

在二进制频移键控中，幅度恒定不变的载波信号的频率随着输入码流的变化而切换(称为高音和低音，代表二进制的 1 和 0)。FSK 信号的表达式为

$$S_{\mathrm{FSK}} = \sqrt{\frac{2E_b}{T_b}}\cos(2\pi f_c + 2\pi\Delta f)t, \quad 0 \leqslant t \leqslant T_b \quad (\text{二进制 1 码}) \tag{5.1}$$

$$S_{\mathrm{FSK}} = \sqrt{\frac{2E_b}{T_b}}\cos(2\pi f_c - 2\pi\Delta f)t, \quad 0 \leqslant t \leqslant T_b \quad (\text{二进制 0 码}) \tag{5.2}$$

其中，Δf 为信号载波的恒定偏移；E_b 为一个比特的信号平均能量；T_b 为符号周期。

产生 FSK 信号最简单的方法是根据输入的数据比特是 0 还是 1，在两个独立的振荡器中切换。采用这种方法产生的波形在切换的时刻相位是不连续的，因此这种 FSK 信号称为不连续 FSK 信号。由于相位的不连续会造成频谱扩展，随着数字处理技术的不断发展，目前越来越多地采用连续相位 FSK 调制技术。

连续相位 FSK 信号的产生方法是利用基带信号对单一载波振荡器进行频率调制。因此，FSK 可表示为

$$
\begin{aligned}
S_{\text{FSK}} &= \sqrt{\frac{2E_b}{T_b}}\cos\left[2\pi f_c t + \theta(t)\right] \\
&= \sqrt{\frac{2E_b}{T_b}}\cos\left[2\pi f_c t + 2\pi k\int_{-\infty}^{t} m(t)\,\mathrm{d}t\right]
\end{aligned} \tag{5.3}
$$

应当注意，尽管调制波形 $m(t)$ 在比特转换时不连续，但是相位函数 $\theta(t)$ 与 $m(t)$ 的积分成比例，因而是连续的，其相应波形如图 5-1 所示。

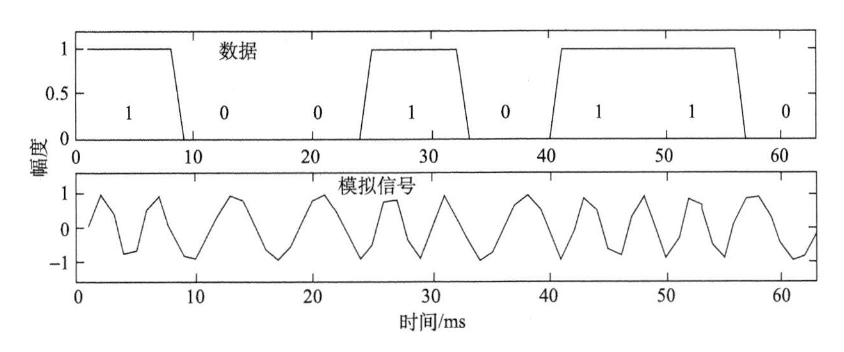

图 5-1　连续相位 FSK 的调制信号

由于 FSK 信号的复包络是调制信号 $m(t)$ 的非线性函数，确定一个 FSK 信号的频谱通常是相当困难的，经常采用实时平均测量的方法。二进制 FSK 信号的功率谱密度由离散频率分量 f_c、$f_c + n\Delta f$、$f_c - n\Delta f$ 组成，其中 n 为整数。相位连续的 FSK 信号的功率谱密度函数最终按照频率偏移的–4 次幂衰减。如果相位不连续，则功率谱密度函数按照频率偏移的–2 次幂衰减。FSK 的信号频谱如图 5-2 所示。

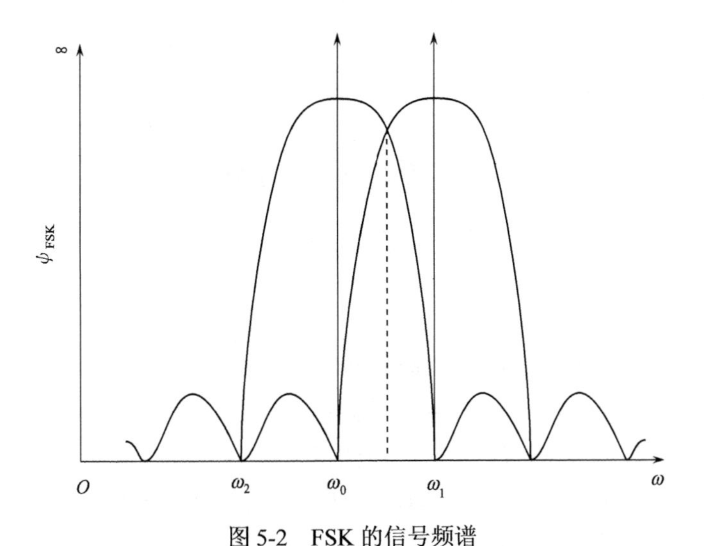

图 5-2　FSK 的信号频谱

在通信原理综合实验系统中，FSK 的调制方案如下：

$$
s(t) = \cos(\omega_0 t + 2\pi f_i \cdot t) \tag{5.4}
$$

其中

$$f_i = \begin{cases} f_1, & \text{输入码为1} \\ f_2, & \text{输入码为0} \end{cases} \tag{5.5}$$

因此

$$\begin{aligned} s(t) &= \cos(\omega_0 t)\cos(2\pi f_i \cdot t) - \sin(\omega_0 t)\sin(2\pi f_i \cdot t) \\ &= \cos(\omega_0 t)\cos\theta(t) - \sin(\omega_0 t)\sin\theta(t) \end{aligned} \tag{5.6}$$

其中

$$\theta(t) = 2\pi f_c t + 2\pi K \int_{-\infty}^{t} m(t)\mathrm{d}t \tag{5.7}$$

如果进行量化处理，采样速率为 f_S，周期为 T_S，则式(5.7)可改写为

$$\begin{aligned} \theta(n) &= \theta(n-1) + 2\pi f_c T_S + 2\pi K m(n) T_S \\ &= \theta(n-1) + 2\pi T_S \left[f_S + K m(n) \right] \\ &= \theta(n-1) + 2\pi f_i T_S \end{aligned} \tag{5.8}$$

如果发送 0 码，则相位累加器在前一码元结束时相位 $\theta(n)$ 基础上，在每个抽样到达时刻相位累加 $2\pi f_1 T_S$，直到该信号码元结束；如发送 1 码，则相位累加器在前一码元结束时的相位 $\theta(n)$ 基础上，在每个抽样到达时刻相位累加 $2\pi f_2 T_S$，直到该码元结束。

按照上述原理，FSK 正交调制器的结构如图 5-3 所示。

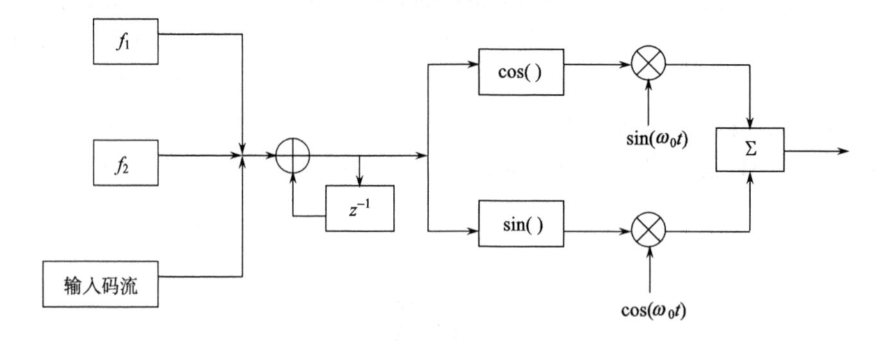

图 5-3　FSK 正交调制器结构图

通信原理综合实验箱中 FSK 模式的基带信号传号采用 f_H 频率，空号采用 f_L 频率。调制器提供的数据源如下。

(1) 外部数据输入：可来自同步数据接口、异步数据接口和 m 序列。

(2) 全 1 码：可测试传号时的发送频率(高)。

(3) 全 0 码：可测试空号时的发送频率(低)。

(4) 0/1 码：0101…交替码型，用作一般测试。

(5) 特殊码序列：周期为 7 的码序列，以便于常规示波器进行观察。

(6) m 序列：用于对通道性能进行测试。

FSK 调制器基带处理结构如图 5-4 所示。

2. FSK 解调

FSK 信号的解调方式有相干解调、滤波非相干解调和正交相乘非相干解调。

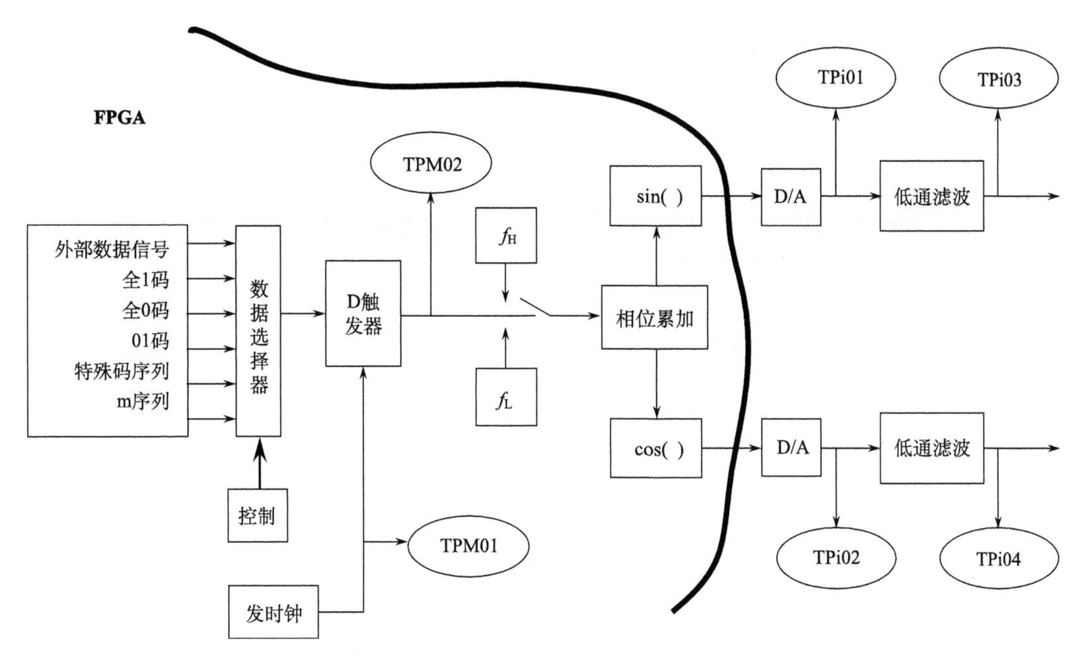

图 5-4　FSK 调制器基带处理结构示意图

1）FSK 相干解调

FSK 相干解调要求恢复出传号频率 f_{H} 与空号频率 f_{L}，恢复出的载波信号分别与接收的 FSK 中频信号相乘，然后分别在一个码元内积分，将积分之后的结果相减，如果差值大于 0 则当前接收信号判为 1，否则判为 0。相干 FSK 解调框图如图 5-5 所示。

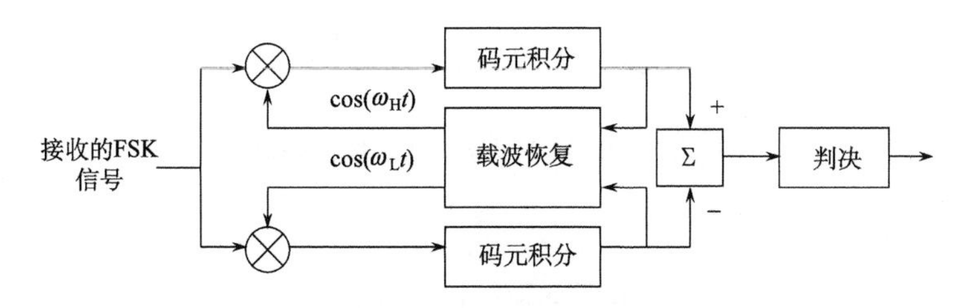

图 5-5　相干 FSK 解调框图

相干 FSK 解调器是在加性高斯白噪声信道下的最佳接收，其误码率为

$$P_e = Q\sqrt{\frac{E_b}{N_0}} \tag{5.9}$$

其中，E_b 为一个比特的信号平均能量；N_0 为噪声功率谱密度。

相干 FSK 解调在加性高斯白噪声下具有较好的性能，但在其他信道特性下情况则不完全相同。例如，在无线衰落信道下，其性能较差，一般采用非相干解调方案。

2）FSK 滤波非相干解调

FSK 的非相干解调一般采用滤波非相干解调，如图 5-6 所示。输入的 FSK 中频信号分别经过中心频率为 f_{H} 和 f_{L} 的带通滤波器，然后分别经过包络检波，包络检波的输出在 $t = kT_b$ 时抽样（其中 k 为整数），并且将这些值进行比较。根据包络检波器输出的大小，比较器判决数据比特是 1 还是 0。

使用非相干检测时 FSK 系统的平均误码率为

$$P_e = \frac{1}{2}\exp\left(-\frac{E_b}{2N_0}\right) \tag{5.10}$$

在高斯白噪声信道环境下，FSK 滤波非相干解调性能较相干 FSK 的性能要差，但在无线衰落环境下，FSK 滤波非相干解调却表现出较好的稳健性。FSK 滤波非相干解调方法一般采用模拟方法来实现，该方法不太适用于对 FSK 的数字化解调。对于 FSK 的数字化实现方法一般采用正交相乘方法加以实现。

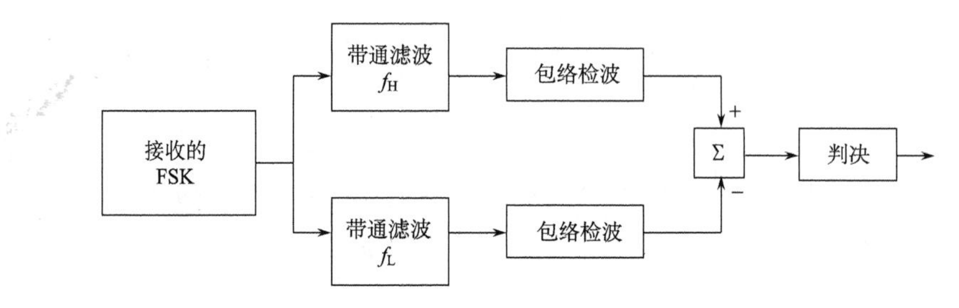

图 5-6　非相干 FSK 接收机框图

3) FSK 的正交相乘非相干解调

FSK 的正交相乘非相干解调框图如图 5-7 所示。

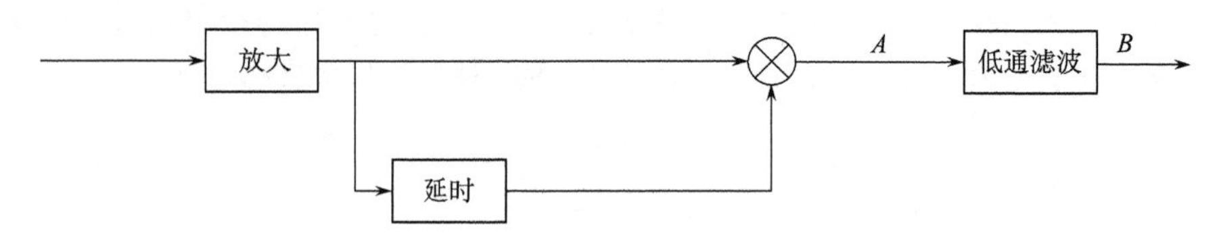

图 5-7　FSK 正交相乘非相干解调示意图

输入的信号为

$$R(t) = \cos(\omega_0 t + \Delta\omega t) \tag{5.11}$$

其中，传号频率为 $\omega_0 + \Delta\omega$；空号频率为 $\omega_0 - \Delta\omega$。

延时后的信号可表示为

$$R'(t) = \cos(\omega_0 \pm \Delta\omega)\cdot(t-\tau) \tag{5.12}$$

其中，τ 为延时量。

输入信号和延迟信号相乘，即

$$\begin{aligned} 2R(t)\cdot R'(t) &= 2\cos(\omega_0 \pm \Delta\omega)\cdot t\cdot\cos[(\omega_0 \pm \Delta\omega)\cdot(t-\tau)] \\ &= \cos(2\omega_0 \pm \Delta\omega)\cdot t - (\omega_0 \pm \Delta\omega)\cdot\tau + \cos[(\omega_0 \pm \Delta\omega)\cdot\tau] \end{aligned} \tag{5.13}$$

其中，第一项经过低通滤波器后滤除。当 $\omega_0\tau = \pi/2$ 时，式(5.13)可简化为

$$2R(t)\cdot R'(t) \approx \sin(\pm\Delta\omega)\cdot\tau = \pm\sin\Delta\omega\tau \tag{5.14}$$

因此，经过积分器(低通滤波器)之后，输出信号为 $\pm T_b\sin\Delta\omega\tau$，从而实现了 FSK 的正交相乘非相干解调。低通滤波器前后 A、B 两点的波形如图 5-8 所示。

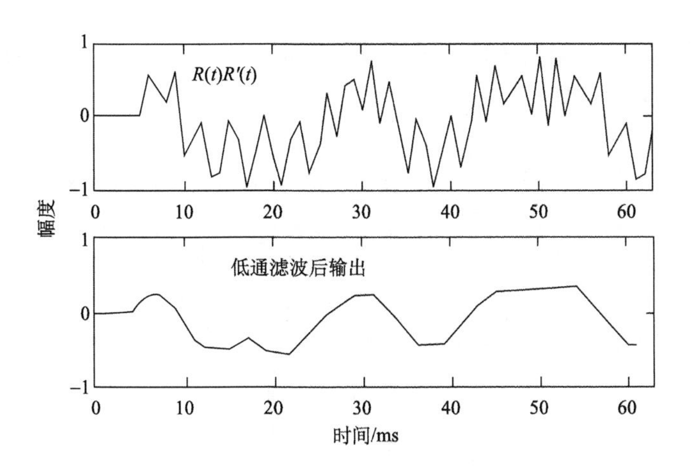

图 5-8　差分解调波形

FSK 模式中，采样速率为 96kHz(每一个比特采 16 个样点)，FSK 基带信号的载频为 24kHz，延时取 1 个样值。FSK 的解调框图如图 5-9 所示。

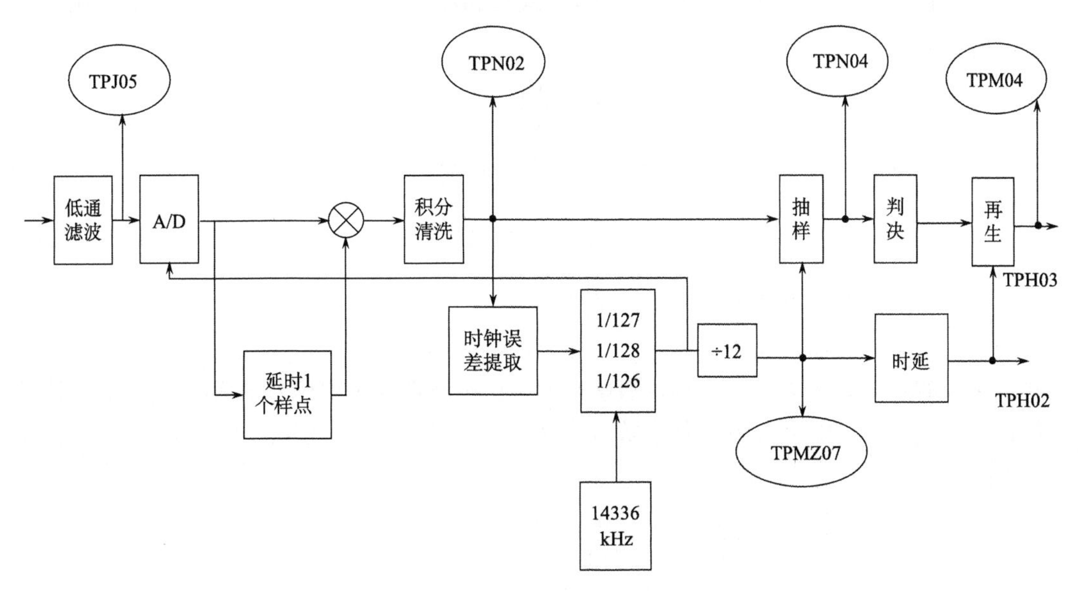

图 5-9　FSK 的解调框图

4) FSK 系统抗噪声性能

对于 FSK 采用非相干解调，在高斯白噪声信道环境下的平均误码率为

$$P_e = \frac{1}{2}\exp\left(-\frac{E_b}{2N_0}\right) \tag{5.15}$$

对于一个实际通信设备，其性能一般较理论性能在 E_b / N_0 上要恶化 2～3dB。因此，对于一个调制方式已确定的信道设备，对其误码率的测量是一个十分重要的环节。一方面，可以衡量其在实际信道环境下的性能，以及比理论值所恶化的程度；另一方面，通过测量设备的信道误码率指标，可以判断当前设备是否工作正常。

对设备信道误码率指标的测量，不仅仅需要对该设备的性能有所了解，而且是通信系统工程应用方面的重要工具。

(1) 信道 E_b / N_0 的测量。

对于 FSK 信道 E_b / N_0 的测量一般可采用功率计测量，如图 5-10 所示。

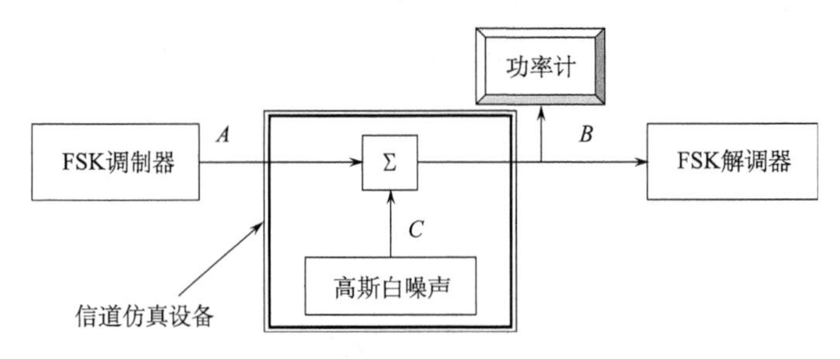

图 5-10　采用功率计测量 E_b / N_0 连接示意图

首先，测量高斯白噪声谱密度 N_0，按图 5-10 连接，在 A 点将调制信号断开，这样在 B 点处将测量得到信道上高斯噪声的功率 E_N，根据高斯噪声所占用的带宽 B_N 可计算出高斯白噪声的谱密度：

$$N_0 = \frac{E_N}{B_N} \tag{5.16}$$

然后，在 C 点处断开，测量信号功率 E_S，计算出信号的每比特能量：

$$E_b = \frac{E_S}{E_b} \tag{5.17}$$

这样通过功率测量即可测量出 FSK 在实际信道环境下的 E_b / N_0。

如果定性测量可通过通信原理综合实验系统的 TPJ05 进行：首先断开信号，在示波器上测量接收的噪声大小 E_n，然后当没有噪声时，在示波器上观察信号的大小 E_S，通过这两项估计当前 E_b / N_0 的大致情况。基带等效带宽为 76.8kHz，信息速率为 8Kbit/s，E_b / N_0 可表示为

$$\frac{E_b}{N_0} = \frac{E_S / 8}{E_n / 76.8} = \frac{E_S}{E_n} + 9.8 \quad \text{(dB)} \tag{5.18}$$

这样通过改变噪声大小，可测量 FSK 的误码性能。

(2) 误码率测量。

对信道误码率的测量一般需通过误码测试仪进行。误码测试仪首先发送一串伪码给信道设备，信道设备将 FSK 信号发送，并经信道返回(主要是完成加噪功能)，然后解调。将解调之后的数据再送入误码测试仪进行比较，并对误码进行计数，而后将误码率表示为

$$P_e = \frac{\text{接收的误码数}}{\text{发送的误码数}} \tag{5.19}$$

5.3.2　实验步骤

通过菜单将调制方式设置成“FSK 传输系统”。用示波器测量 TPMZ07 测试点的信号，

如果有脉冲波形，则说明实验系统已正常工作，如果没有脉冲波形，则需按面板上的复位按钮重新对硬件进行初始化。然后，将噪声模块内的噪声输出电平调整开关 SWO01 设置为 10000001。

1. FSK 调制

1) FSK 基带信号观测

(1) TPi03 是基带 FSK 波形(D/A 模块内)。通过菜单选择为全 1 码输入，观测 TPi03 信号波形，测量其基带信号周期。

(2) 通过菜单选择为全 0 码输入，观测 TPi03 信号波形，测量其基带信号周期，将测量结果与全 1 码比较。

2) 发端同相支路和正交支路信号时域波形观测

TPi03 和 TPi04 分别是基带 FSK 输出信号的同相支路和正交支路信号。通过菜单输入全 1 码(或全 0 码)，同时测量两信号的时域信号波形，观测其是否满足正交关系，并思考产生两个正交信号去调制的目的。

3) 发端同相支路和正交支路信号的李沙育 (x-y) 波形观测

(1) 将示波器设置在 (x-y) 方式，可从相平面上观察 TPi03 和 TPi04 的正交性。通过菜单选择全 1 码(或全 0 码)，观测其李沙育波形。

(2) 通过菜单选择 0/1 码，观测其李沙育波形。

(3) 通过菜单选择特殊码(或 m 序列)，观测其李沙育波形。

4) 连续相位 FSK 调制基带信号观测

(1) TPM02 是发送数据信号(DSP+FPGA 模块左下角)，TPi03 是基带 FSK 波形。通过菜单选择为 0/1 码输入，并以 TPM02 作为同步信号，观测 TPM02 与 TPi03 点波形。两者应有明确的信号对应关系，并且在码元的切换点 TPi03 波形的相位连续。

(2) 通过菜单选择为特殊序列码输入数据信号，重复上述测量步骤，记录测量结果。

5) FSK 调制中频信号波形观测

在 FSK 正交调制方式中，必须采用 FSK 的同相支路与正交支路信号。如果只采用一路同相 FSK 信号进行调制，会产生两个 FSK 频谱信号，这需在后面采用较复杂的中频窄带滤波器，如图 5-11 所示。

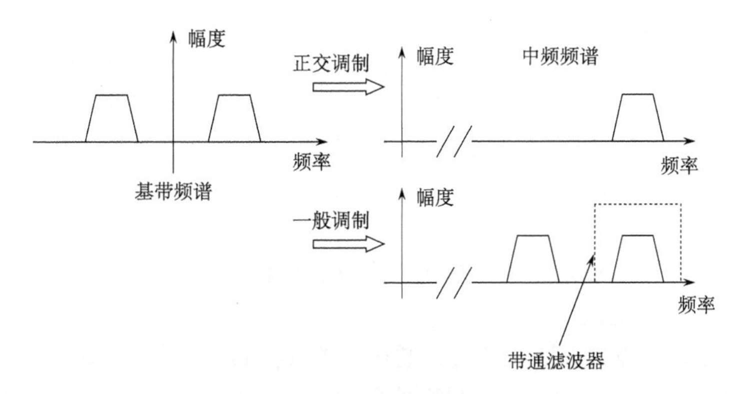

图 5-11　FSK 的频谱调制过程

(1)调制模块测试点 TPK03 为 FSK 调制中频信号观测点。测量时，通过菜单选择为 0/1 码(或特殊码)输入，并以 TPM02 作为同步信号，观测 TPM02 与 TPK03 点波形。

(2)通过菜单选择为全 1 码输入，观测 TPK03 点波形，并测量其频率。

(3)通过菜单选择为全 0 码输入，观测 TPK03 点波形，并测量其频率。

(4)将正交调制输入信号中的一路由跳线器 Ki01(或 Ki02) 断开，重复测量步骤(1)。观测信号波形的变化，分析变化原因。

(5)将断开的跳线器 Ki01(或 Ki02)插上。

6)FSK 调制信号频谱观测

测量时，用一条中频电缆将频谱仪连接到调制器的 KO02 端口。调整频谱仪中心频率为 1.024MHz，扫描频率为 10kHz/DIV，分辨率带宽为 1～10kHz，调整频率仪输入信号衰减器和扫描时间到合适位置。

(1)通过菜单选择不同的输入数据，观测 FSK 信号频谱。

(2)将正交调制输入信号中的一路由跳线器 Ki01(或 Ki02) 断开，重复上述测量步骤。观测信号频谱的变化，记录测量结果，并结合图 5-11 分析频谱变化的原因。

2. FSK 解调

用中频电缆连接 KO02 和 JL02，建立中频自环(自发自收)。

1)解调基带 FSK 信号观测

(1)通过菜单选择为全 1 码输入，观测 FSK 解调基带信号测试点 TPJ05 信号波形，测量其信号周期。

(2)通过菜单选择为全 0 码输入，观测 TPJ05 信号波形，测量其信号周期。

(3)通过菜单选择为 0/1 码(或特殊码)输入，观测 TPJ05 信号波形。观测时用发送数据(TPM02)作同步，比较两者的对应关系。

2)解调基带信号的李沙育(x-y)波形观测

将示波器设置在(x-y)方式，从相平面上观察 TPJ05 和 TPJ06 的李沙育波形。

(1)通过菜单选择为全 1 码(或全 0 码)输入，仔细观测其李沙育信号波形。

(2)通过菜单选择为 0/1 码输入，仔细观测李沙育信号波形。

(3)通过菜单选择为特殊码(或 m 序列)输入，仔细观测李沙育信号波形。

3)接收位同步信号相位抖动观测

(1)通过菜单选择为全 1 码(或全 0 码)输入，用发送时钟 TPM01(DSP+FPGA 模块左下角)信号作同步，观测接收时钟 TPMZ07(DSP 芯片左端)的抖动情况。

(2)通过菜单选择 0/1 码输入，用 TPM01 作同步，观测接收时钟 TPMZ07 的抖动情况。

(3)通过菜单选择特殊码(或 m 序列)输入，用 TPM01 作同步，观测接收时钟 TPMZ07 的抖动情况。

思考：为什么在全 0 或全 1 码下观察不到位定时的抖动?

4)抽样判决点波形观测

将跳线开关 KL01 设置在 2_3 位置，通过菜单选择 0/1 码输入。调整电位器 WL01, 以改变接收本地载频(改变收发频差)，观察抽样判决点 TPN04(测试模块内)波形的变化。在观察时，示波器的扫描时间取大于 2ms 级较为合适。

波形在理想情况下，正交相乘经低通滤波之后在判决器之前的变量应取两个值：$+A$或$-A$。而实际输出如图 5-12 所示。幅度抖动原因有以下几个方面。

(1) 位定时抖动，由于位定时的抖动，前后码元产生了码间串扰(ISI)，从而引起判决器之前的波形抖动。

(2) 剩余频差：由于收发频率不同，当这种差别较大时，会引起判决器之前的波形抖动。

(3) A/D 量化时的直流漂移：由于 A/D 在量化时存在直流漂移，引起判决器之前的波形抖动。

(4) 线路噪声：当接收支路存在噪声时，引起判决器之前的波形幅度抖动。

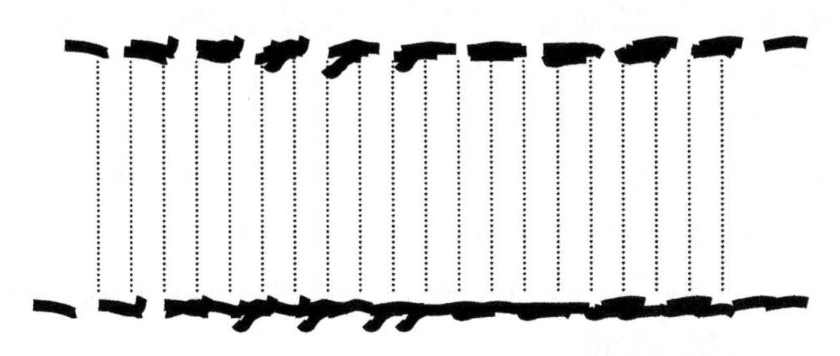

图 5-12　FSK 解调器抽样判决点的波形

5) 解调器位定时恢复与最佳抽样判决点波形观测

将跳线开关 KL01 设置在 1_2 位置，TPMZ07 为接收端 DSP 调整之后的最佳判决抽样时刻。选择输入测试数据为 m 序列，用示波器同时观察 TPMZ07(观察时以此信号作同步)和观察抽样判决点 TPN04 波形(抽样判决点信号)之间的相位关系。

6) 位定时锁定和位定时调整观测

TPMZ07 为接收端恢复时钟，它与发端时钟(TPM01)具有明确的相位关系。

(1) 在输入测试数据为 m 序列时，用示波器同时观察 TPM01(观察时以此信号作同步)和 TPMZ07(接收端最佳判决时刻)之间的相位关系。

(2) 不断按确认键，此时仅对 DSP 位定时环路初始化，让环路重新调整锁定，观察 TPMZ07 的调整过程和锁定后的相位关系。

(3) 在测试数据为全 1 码(或全 0 码)时重复上述实验步骤，观测 TPM01 和 TPMZ07 之间的相位关系，并解释原因。

(4) 断开 JL02 接收中频环路，在没有接收信号的情况下重复上述实验步骤，观测 TPM01 和 TPMZ07 之间的相位关系，并解释测量结果的原因。

7) 观察在各种输入码字下 FSK 的输入/输出数据

用中频电缆连接 KO02 和 JL02。TPM02 是调制输入数据，TPW02 是解调输出数据。

(1) 通过菜单选择全 1 码(或全 0 码)输入，观测 TPW02 是否正确。

(2) 通过菜单选择 0/1 码输入，用 TPM02 作同步，观测 TPW02 是否正确。

(3) 通过菜单选择特殊码(或 m 序列)输入，用 TPM02 作同步，观测 TPW02 是否正确。

3. FSK 系统抗噪声性能测试

(1) 用中频电缆连接 KO02 和 JL02，建立中频自环(自发自收)。

(2)误码测试仪关机。将误码测试仪 RS422 端口用 DB9 电缆(在误码测试仪的后部)连接到通信原理综合实验箱同步接口模块的数据通信端口 JH02 上(通过转接电缆)，**误码测试仪必须断电后连接！**

(3)将汉明编码模块中的信号工作跳线器开关 SWC01 中的 H_EN 和 ADPCM 开关去除，将输入信号跳线开关 KC01 设置在同步数据接口 DT_SYS 上(左端)；输入信号和时钟开关 KW01 和 KW02 设置在信道 CH 位置(左端)。

(4)通过菜单选项选择外部数据输入，此时发送数据将由误码测试仪提供，同时将解调之后的数据送到误码测试仪中进行误码分析。

(5)误码测试仪加电。将误码测试仪工作模式设置为连续，“码类”选择 9 级，“接口”选择外时钟和 RS422 方式。

1)FSK 误码指标测试

(1)将噪声模块内的噪声输出电平调整开关 SWO01 设置在最低一挡 00000001，此时噪声输出电平最小，信噪比最大。测量该信噪比下的误码率，记录测量结果并填入表内。

(2)将噪声输出电平调整开关 SWO01 增加一挡为 00000010，降低一挡信噪比。重复上述测量，记录测量结果并填入表内。

(3)逐步降低信噪比，重复上述测量，直至信噪比最低。将不同信噪比下 FSK 误码测量结果填入表 5-1 内。定性画出各挡信噪比～P_e 特性曲线。

表 5-1　不同信噪比下 FSK 误码测量结果

E_b/N_0								
SWO01	00000001	00000010	00000100	00001000	00010000	00100000	01000000	10000000
P_e								

注：有条件可精确校准各挡信噪比 (E_b / N_0)，画出 E_b / N_0～P_e 特性曲线

2)噪声环境下不同信噪比时解调基带 FSK 信号观测

测量方法见 FSK 解调中的第 1 项测试内容。通过菜单选择为全 1 码(或全 0 码)输入，逐渐改变 E_b / N_0，观测解调基带 FSK 信号受噪声影响的变化。

3)噪声环境下不同信噪比时解调基带信号的李沙育(*x*-*y*)波形观测

测量方法见 FSK 解调中的第 2 项测试内容。通过菜单选择为 1 码(或 0 码)输入数据信号，逐渐改变 E_b / N_0，观测解调基带 FSK 信号的(*x*-*y*)波形受噪声影响的变化。

4)噪声环境下不同信噪比时的接收位同步信号相位抖动观测

测量方法见 FSK 解调中的第 3 项测试内容。通过菜单选择为 m 序列输入数据信号，逐渐改变 E_b / N_0，观测 FSK 解调器接收位同步信号相位抖动随 E_b / N_0 的变化趋势。

5)噪声环境下不同信噪比时的抽样判决点信号观测

测量方法见 FSK 解调中的第 4 项测试内容。通过菜单选择为 m 序列输入数据信号，逐渐改变 E_b / N_0，观测 FSK 解调器抽样判决点 TPMZ07 的信号随 E_b / N_0 变化的影响。

5.4 BPSK 调制/解调

5.4.1 实验原理

1. BPSK 调制

二进制相移键控(BPSK)是指载波幅度恒定，载波相位随着输入信号 m(1 码、0 码)而改变，通常这两个相位相差 180°。如果每比特能量为 E_b，则传输的 BPSK 信号为

$$S(t)=\sqrt{\frac{2E_b}{T_b}}\cos(2\pi f_c t+\theta_c) \tag{5.20}$$

其中

$$\theta_c=\begin{cases}0°, & m=0\\ 180°, & m=1\end{cases} \tag{5.21}$$

一个数据码流直接调制后的信号如图 5-13 所示。

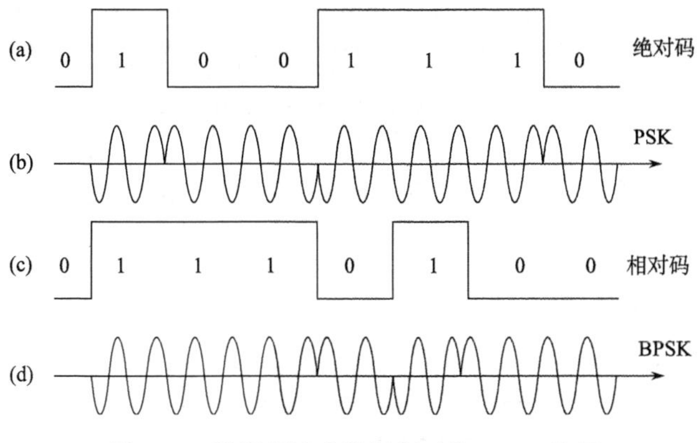

图 5-13　数据码流直接调制后的 BPSK 信号

采用二进制码流直接载波信号进行调相，信号占用带宽大。上面这种调制方式在实际运用中会产生以下三方面的问题。

(1)浪费宝贵的频带资源。

(2)会产生邻道干扰，对系统的通信性能产生影响。

(3)如果该信号经过带宽受限信道会产生码间串扰(ISI)，影响本身通信信道的性能。

在实际通信系统中，通常采用 Nyquist 波形成形技术，它具有以下三方面的优点。

(1)发送频谱在发端将受到限制，提高信道频带利用率，减少邻道干扰。

(2)在接收端采用相同的滤波技术，对 BPSK 信号进行最佳接收。

(3)获得无码间串扰的信号传输。

升余弦滤波器的传递函数为

$$H_{\mathrm{RC}}(f)=\begin{cases}1, & 0\leqslant|f|\leqslant(1-\alpha)/(2T_S)\\ \dfrac{1}{2}\left\{1+\cos\left[\dfrac{\pi(2T_S|f|-1+\alpha)}{2\alpha}\right]\right\}, & (1-\alpha)/(2T_S)<|f|<(1+\alpha)/(2T_S)\\ 0, & |f|>(1+\alpha)/(2T_S)\end{cases} \tag{5.22}$$

其中，α 是滚降因子，取值范围为0～1。一般 $\alpha=0.25$～1时，随着 α 的增加，相邻符号间隔内的时间旁瓣减小，这意味着增加 α 可以减小位定时抖动的敏感度，但增加了占用的带宽。对于矩形脉冲，BPSK 信号能量的 90%在大约 1.6 R_b 的带宽内，而对于 $\alpha=0.5$ 的升余弦滤波器，所有能量则在 1.5 R_b 的带宽内。

升余弦滚降传递函数可以通过在发射机和接收机使用同样的滤波器来实现，其频响为开根号升余弦响应。根据最佳接收原理，这种响应特性的分配提供了最佳接收方案。

升余弦滤波器在频域上是有限的，它在时域上的响应将是无限的，是一个非因果冲激响应。为了在实际系统上可实现，一般将升余弦冲激响应进行截短，并进行延时使其成为因果响应。截短长度一般从中央最大点处向两边延长 4 个码元。由截短的升余弦响应而成形的调制基带信号，其频谱一般能很好地满足实际系统的使用要求。

为实现滤波器的响应，脉冲成形滤波器可以在基带实现，也可以设置在发射机的输出端。一般来说，在基带上脉冲成形滤波器用 DSP 或 FPGA 来实现，每个码元一般需采样 4 个样点，并考虑当前输出基带信号的样点值与 8 个码元有关，由于这个原因使用脉冲成形的数字通信系统经常在调制器中同一时刻存储了几个符号，然后通过查表得到所存储符号代表的离散时间波形来输出这几个符号(表的大小为 2^{10})，这种查表法可以实现高速数字成形滤波，其处理过程如图 5-14 所示。

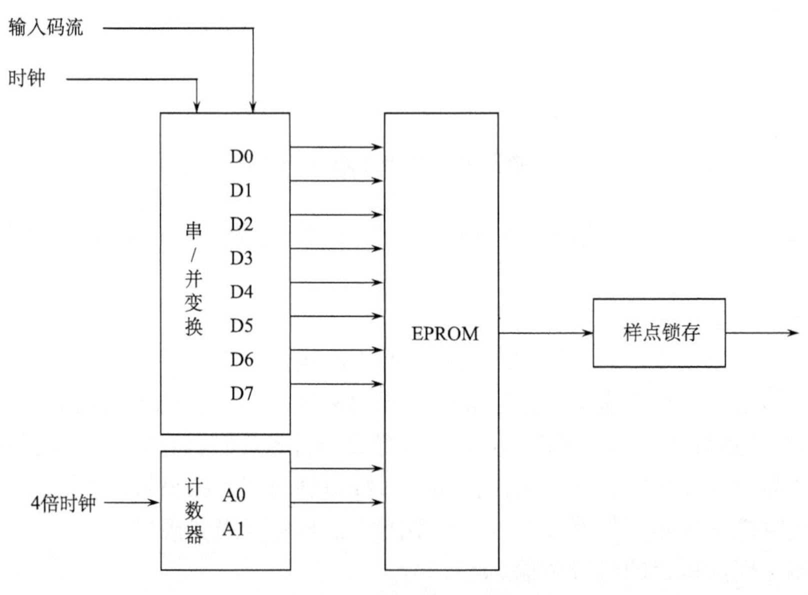

图 5-14　BPSK 基带成形原理示意图

成形之后的基带信号经 D/A 变换之后，直接对载波进行调制。在通信原理综合实验系统中，BPSK 的调制工作过程如下：首先输入数据进行 Nyquist 滤波，滤波后的结果分别送

入 I 和 Q 两路支路。因为 I 和 Q 两路信号一样，载波本振频率是一样的，相位相差 90°，所以经调制合路之后仍为 BPSK 方式。采用直接数据(非归零码)调制与成形信号调制的信号如图 5-15 所示。

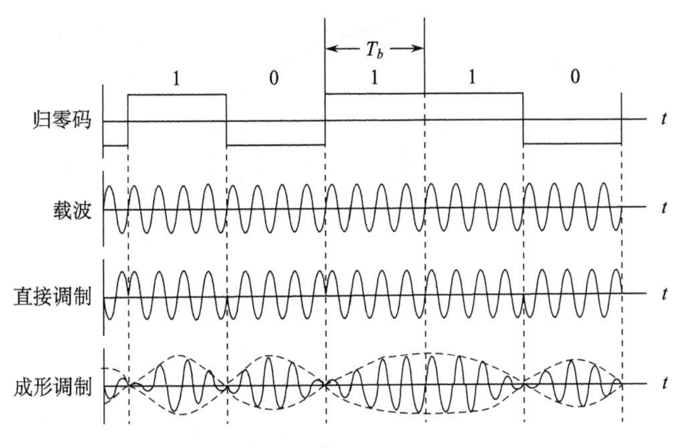

图 5-15　直接数据调制与成形信号调制的波形

在接收端采用相干解调时，恢复出来的载波与发送载波在频率上是一样的，但相位存在两种关系：0°和 180°。如果是 0°，则解调出来的数据与发送数据一样，否则解调出来的数据将与发送数据反相。为了解决这一技术问题，在发端码字上采用了差分编码，经相干解调后再进行差分译码。

差分编码原理为

$$a(n) = a(n-1) \oplus b(n) \tag{5.23}$$

实现框图如图 5-16 所示。

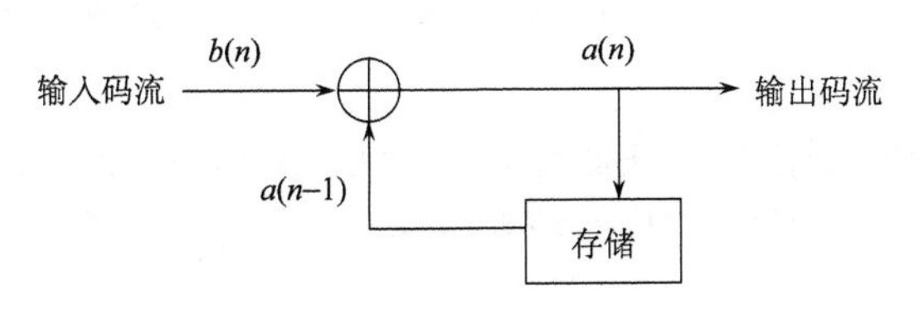

图 5-16　差分编码示意图

一个典型的差分编码调制过程如图 5-17 所示。

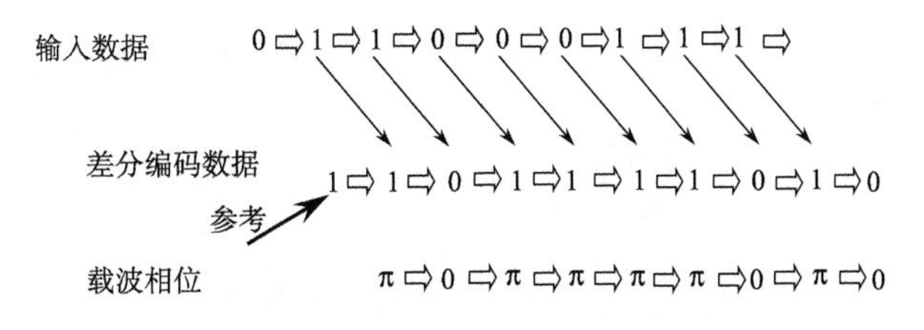

图 5-17　差分编码与调制相位示意图

BPSK 的实现框图如图 5-18 所示。

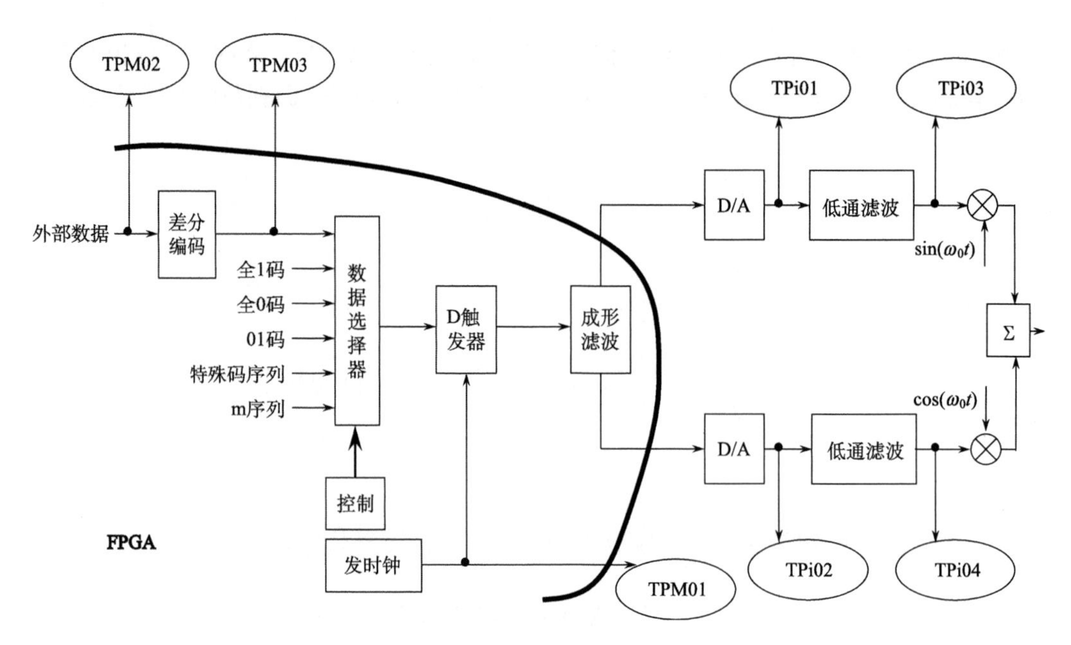

图 5-18　BPSK 的实现框图

2. BPSK 解调

接收的 BPSK 信号可以表示为

$$R(t)=a(t)\sqrt{\frac{2E_b}{T_b}}\cos(2\pi f_c t+\theta) \tag{5.24}$$

为了对接收信号中的数据进行正确的解调，要求在接收机端知道载波的相位和频率信息，还要在正确的时间点对信号进行判决，这就是常说的载波恢复与位定时恢复。

1) 载波恢复

对二相调相信号中的载波进行恢复有很多方法，常用的有平方变换法和判决反馈环等。

图 5-19 所示为平方变换法，接收端将接收信号进行平方变换，即将信号 $R(t)$ 通过一个平方律器件。

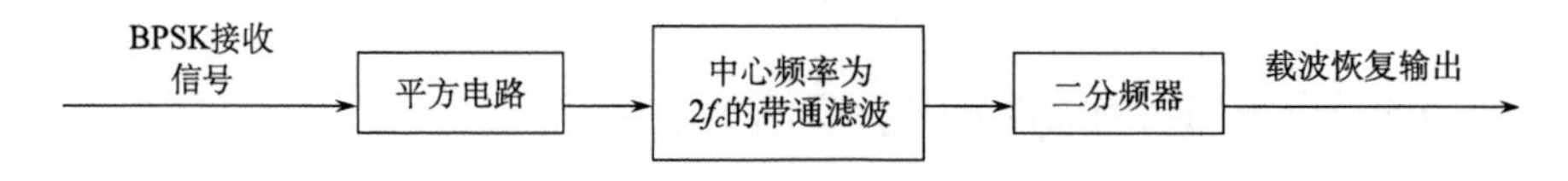

图 5-19　平方环载波恢复电路结构

$$\begin{aligned}R^2(t)&=a^2(t)\frac{2E_b}{T_b}\cos^2(2\pi f_c t+\theta)\\&=a^2(t)\frac{2E_b}{T_b}\frac{1}{2}[1+\cos(2\pi 2f_c t+2\theta)]\\&=a^2(t)\frac{2E_b}{T_b}\frac{1}{2}+a^2(t)\frac{2E_b}{T_b}\frac{1}{2}\cos(2\pi 2f_c t+2\theta)\end{aligned} \tag{5.25}$$

从式(5.25)可以看出$R(t)$经平方处理之后产生了直流分量，而在式(5.25)第二项中具有$2f_c$频率分量。若应用一个窄带滤波器将$2f_c$项滤出，再经二分频，便可得到所需的载波分量。

从上述电路可以看出，由于二分频电路的存在，恢复出的载波信号存在相位模糊。该方法的特点是载波恢复快，但由于带通滤波器的带宽一般不易做到很窄，因而该电路在低信噪比条件下性能较差。为了提高所提取载波的质量，一般采用锁相环来实现。判决反馈环结构如图5-20所示。

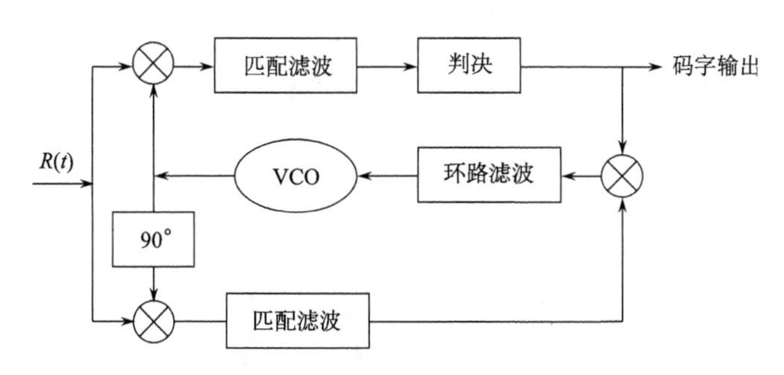

图5-20　BPSK判决反馈环结构

判决反馈环鉴相器具有图5-21所示的特性。从图5-21可以看出，判决反馈环也具有0°和180°两个相位平衡点，因而采用判决反馈环存在相位模糊点。在采用PLL方式进行载波恢复时，PLL环路对输入信号的幅度较为敏感，因而在实际使用中一般在前端还需加性能较好的AGC电路。

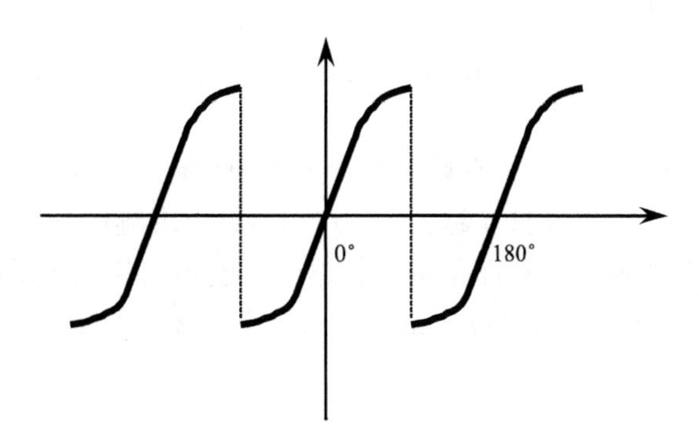

图5-21　判决反馈环鉴相器特性

在BPSK解调器中，载波恢复的指标主要有同步建立时间、保持时间、稳态相差、相位抖动等。载波恢复同步时间将影响BPSK在正确解调时所需消耗的比特数，该指标一般对突发工作的解调器(解调器是一个分帧一个分帧地接收并进行解调，而且在这些分帧之间载波信息与位定时信息之间没有任何关系)有要求，而对于连续工作的解调器一般不作要求。

载波恢复电路的保持时间在不同场合要求不同，例如，在无线衰落信道中，一旦接收载波出现短时的深衰落，要求接收机的恢复载波信号仍能跟踪一段时间。

本地恢复载波信号的稳态相位误差$\varDelta$对解调性能存在影响，对于BPSK接收信号为

$$R(t)=a(t)\sqrt{\frac{2E_b}{T_b}}\cos(2\pi f_c t+\theta) \tag{5.26}$$

而恢复的相干载波为

$$S_{\text{DSB}}(\omega)=\frac{1}{2}\left[M\left(\omega-\omega_c\right)+M\left(\omega+\omega_c\right)\right] \tag{5.27}$$

经相乘器和低通滤波后输出的信号为

$$a'(t)=a(t)\sqrt{\frac{2E_b}{T_b}}\frac{1}{2}\cos\varDelta \tag{5.28}$$

若提取的相干载波与输入载波没有相位差，即 $\varDelta=0$ ，则解调输出的信号为

$$a'(t)=a(t)\sqrt{\frac{2E_b}{T_b}}\frac{1}{2} \tag{5.29}$$

若存在相差 $\varDelta$ ，则输出信号能量下降 $\cos(2\varDelta)$ ，即输出信噪比下降 $\cos(2\varDelta)$ ，其将影响信道的性能，使误码率增加。对于 BPSK，在存在载波恢复稳态相差时信道误码率为

$$P_e=\frac{1}{2}\text{erfc}\left(\sqrt{\frac{E_b}{N_0}}\cos\varDelta\right) \tag{5.30}$$

为了提高 BPSK 的解调性能，一般尽可能地减小稳态相差，在实际中一般要求其小于5°。改善这方面的性能一般可通过提高环路的开环增益和减少环路时延实现。当然在提高环路增益的同时，对环路的带宽可能产生影响。

环路的相位抖动是指环路输出的载波在某一载波相位点按一定分布随机摆动，其摆动的方差对解调性能有很大的影响：一方面其与稳态相差一样对 BPSK 解调器的误码率产生影响；另一方面还使环路产生一定的跳周率(按工程经验，在门限信噪比条件时跳周一般要求小于每 2 小时一次)。

采用 PLL 环路进行载波恢复具有环路带宽可控的特点。一般而言，环路带宽越宽，载波恢复时间越短，输出载波相位抖动越大，环路越容易出现跳周(所谓跳周是指环路从一个相位平衡点跳向相邻的平衡点，从而使解调数据出现倒相或其他错误规律)；反之，环路带宽越窄，载波恢复时间越长，输出载波相位抖动越小，环路的跳周率越小。因而，可根据实际需要调整环路带宽。

2)位定时提取

对于接收的 BPSK 信号，与本地相干载波相乘并经匹配滤波之后，在什么时刻对该信号进行抽样和判决，这一功能主要由位定时来实现。

解调器输出的基带信号如图 5-22 所示，抽样时钟 B 偏离信号能量的最大点，使信噪比下降。由于位定时存在相位差，误码率有所增加。而抽样时钟 A 在信号最大点处进行抽样，保证了输出信号具有最大的信噪比性能，从而也使误码率较小。

在刚接收到 BPSK 信号之后，位定时一般不处于正确的抽样位置，必须采用一定的算法对抽样点进行调整，这个过程称为位定时恢复。常用的位定时恢复有滤波法、锁相环法等。

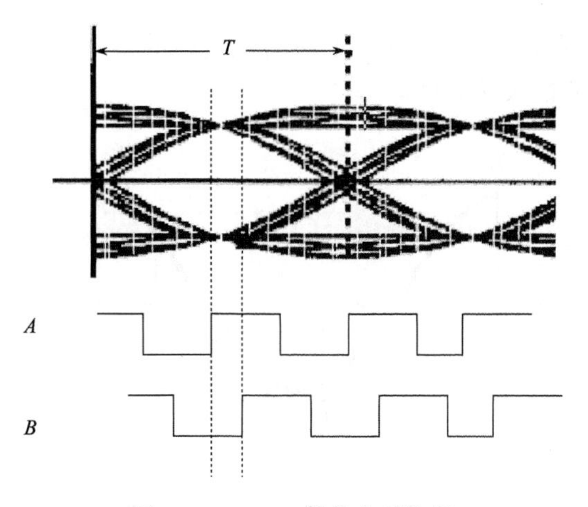

图 5-22　BPSK 的位定时恢复

(1) 滤波法。

在不归零的随机二进制脉冲序列功率谱中没有位同步信号的离散分量，所以不能直接从中提取位同步，若将不归零脉冲变为归零二进制脉冲序列，则变换后的信号中出现了码元信号的频率分量，再采用窄带滤波器提取和移相后形成位定时脉冲。图 5-23 就是滤波法提取位同步的原理框图。

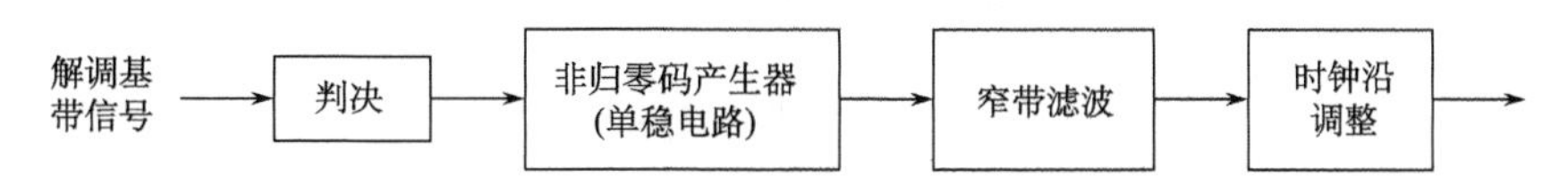

图 5-23　采用滤波法恢复 BPSK 的位定时结构框图

另外一种波形变换方法是对带限信号进行包络检波。这种方法常用于数字微波的中继通信系统中，图 5-24 是频带受限的二相相移信号的位同步提取过程。由于频带受限，在相邻码元相位突变点附近会产生幅度的“凹陷”，经包络检波后，可以用窄带滤波器提取位同步信号。

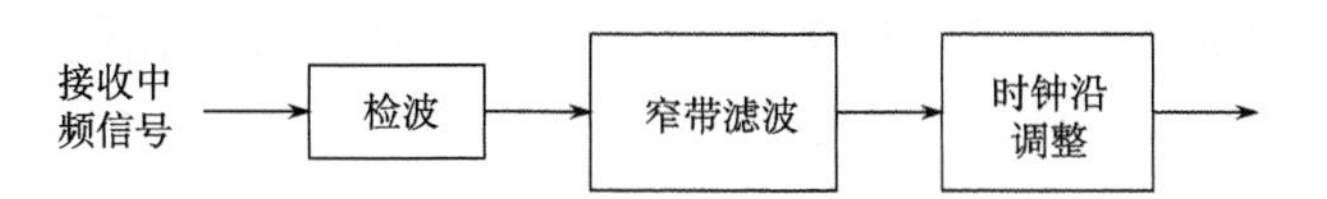

图 5-24　采用检波恢复 BPSK 位定时结构框图

(2) 锁相环法。

以 4 倍码元速率抽样为例，信号取样如图 5-25 所示。$S(n-2)$ 和 $S(n+2)$ 为调整后的最佳样点，$S(n)$ 为码元中间点。

首先位定时误差的提取时刻为其基带信号存在过零点，即图 5-25 中的情况。位定时误差的计算方法为

$$E_b(n)=S(n)[S(n-2)-S(n+2)] \tag{5.31}$$

如果 $E_b(n)>0$，则位定时抽样脉冲应向前调整；反之应向后调整。这个调整过程主要是通过调整分频计数器进行的，如图 5-26 所示。

需要注意的是，一般在实际应用中还必须对位定时的误差信号进行滤波(位定时环路滤波)，这样可提高环路的抗噪声性能。

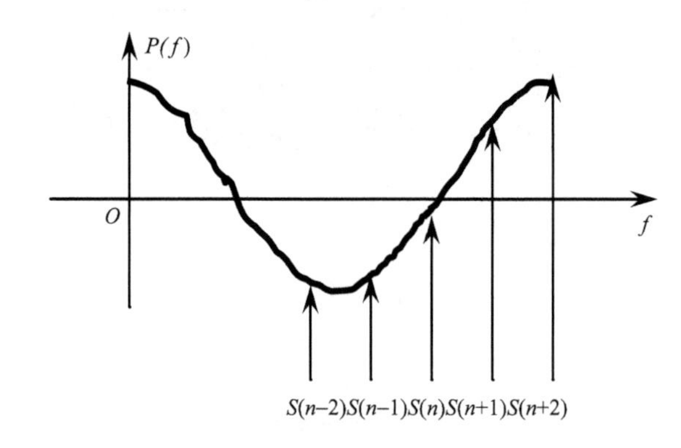

图 5-25　位定时误差提取示意图

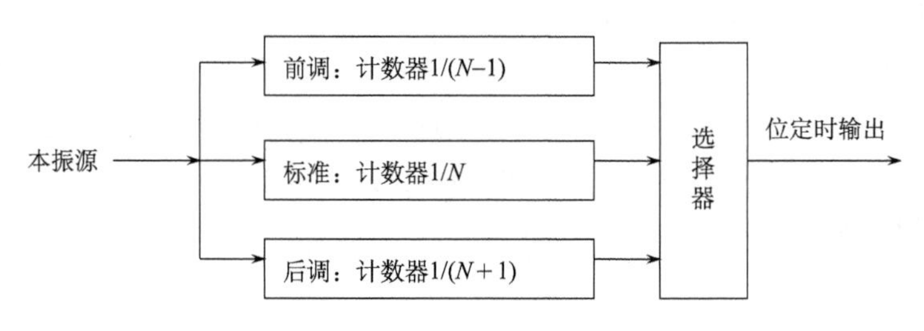

图 5-26　位定时调整示意图

通信原理综合实验系统中最常用的几个测量工具包括：眼图、星座图与抽样判决点波形。

(1)眼图。利用眼图可方便直观地估计系统的性能。对眼图的测试方法如下：用示波器的同步输入通道接收码元的时钟信号，将示波器的另一通道接在系统接收滤波器的输出端(如 I 支路)，然后调整示波器的水平扫描周期(或扫描频率)，使其与接收码元的周期同步。这时就可以在荧光屏上看到显示的图形很像人的眼睛，所以称为眼图，如图 5-27 所示。在这个图形上，可以观察到码间串扰和噪声干扰的影响，从而估计出系统性能的优劣程度。一般而言，“眼皮”越厚，噪声与 ISI 越严重，系统的误码率越高，9.3.4 节中将对眼图模型作详细说明。

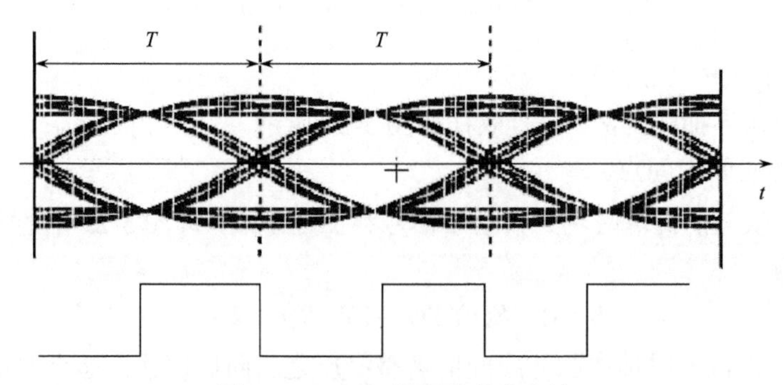

图 5-27　BPSK 眼图的观察方法

(2) 星座图。与眼图一样，可以较为方便地估计出系统的性能，同时它还可以提供更多的信息，如 I 和 Q 支路的正交性、电平平衡性能等。星座图的观察方法如下：用一个示波器的一个通道接收 I 支路信号，另一通道接 Q 支路信号，将示波器设置成 $(x\text{-}y)$ 方式，这时就可以在荧光屏上看到如图 5-28 所示的星座图。星座点聚焦越好，系统性能越好；否则，噪声与 ISI 越严重，系统的误码率越高。

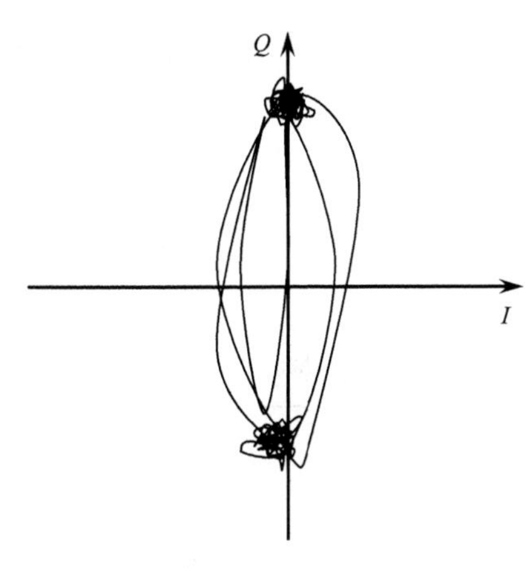

图 5-28　BPSK 星座图

(3) 抽样判决点波形。这是在判决器之前的波形。抽样判决点波形可以较好地反映最终输出性能的好坏。一般的抽样判决点波形如图 5-29 所示。抽样判决点波形上下两线聚集越好，系统性能越好，反之越差。

图 5-29　BPSK 的抽样判决点波形

在通信原理综合实验平台中 BPSK 的 DSP 解调方法如图 5-30 所示。

(1) 在图 5-30 中，A/D 采样速率为 4 倍的码元速率，即每个码元采样 4 个样点。

(2) 采样之后进行平方根 Nyquist 匹配滤波。

(3) 将匹配滤波之后的样点进行样点抽取，每两个样点抽取一个采样点。即每个码元采样两个点送入后续电路进行处理。

(4) 将每个码元两个点进行位定时处理，根据误差信号对位定时进行调整。TPMZ07 测量点为最终恢复的位定时时钟。

(5) 将位定时处理之后的最佳样点送入后续处理（又进行了 2∶1 的样点抽取）。

(6) 根据最佳样点值进行载波鉴相处理，鉴相输出在测量点 TPN03 可以观察到。鉴相后的结果送 PLL 环路滤波，控制 VCXO。最终使本地载波与输入信号的载波达到同频和同相(也可能存在 180° 相差)。

(7)位定时与载波恢复之后，进行判决处理，判决前信号可在测量点观察到。

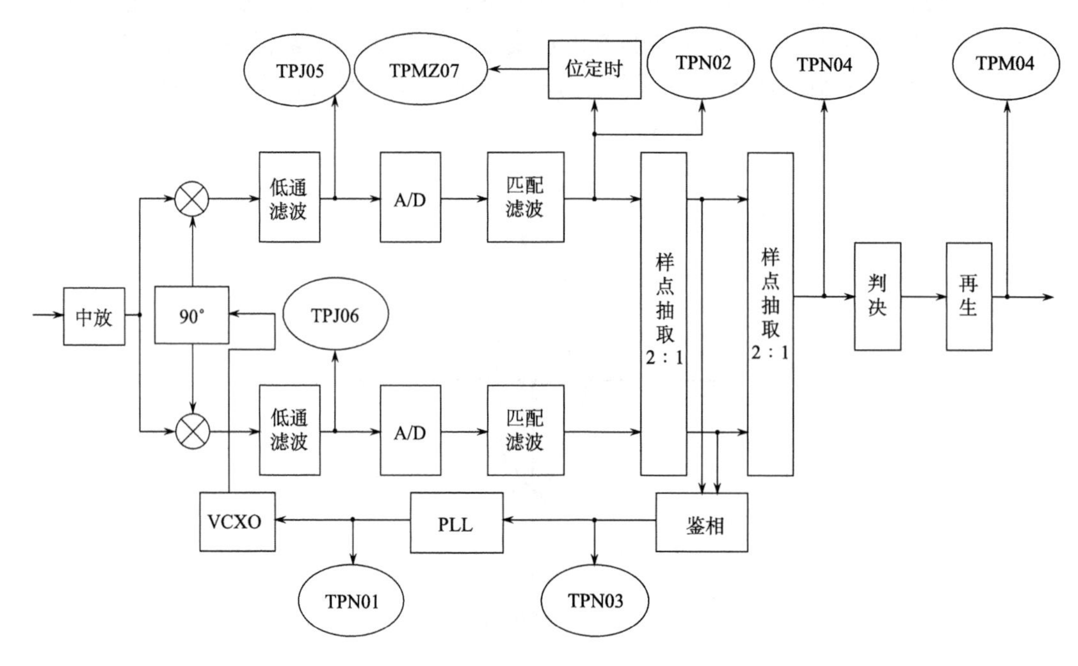

图 5-30 DSP 解调方法

3. BPSK 系统性能

对于调相信号，E_b / N_0 的测量一般采用图 5-31 所示的测量方法。

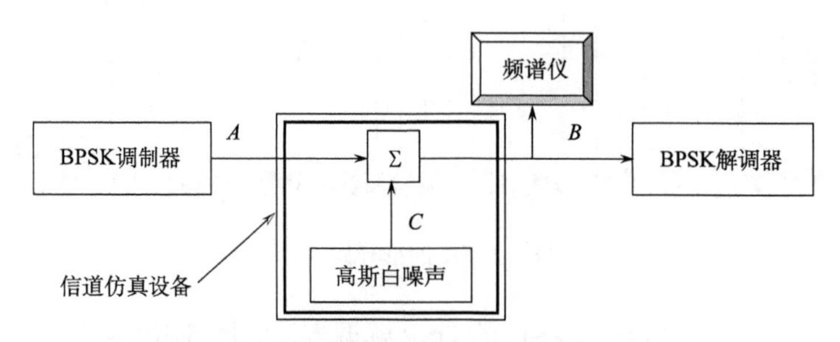

图 5-31 采用频谱仪测量 E_b / N_0 连接示意图

利用频谱仪可以直接在 B 点测量出 E_b / N_0。将频谱仪的带宽调整到较为合适的范围，使 BPSK 的信号频谱占据频谱仪的 2/3 左右。频谱仪的分析带宽 B_R 调整到 BPSK 信号带宽的 1/100～1/10，一般可得到如图 5-32 所示的频谱。

在图 5-32 中，X 是信号谱密度与噪声密度的差值，E_b / N_0 又可表示为

$$\frac{E_b}{N_0} = \frac{E_S / R_b}{E_N / R_b} \tag{5.32}$$

因而通过频谱仪可以较为方便地测量 E_b / N_0。

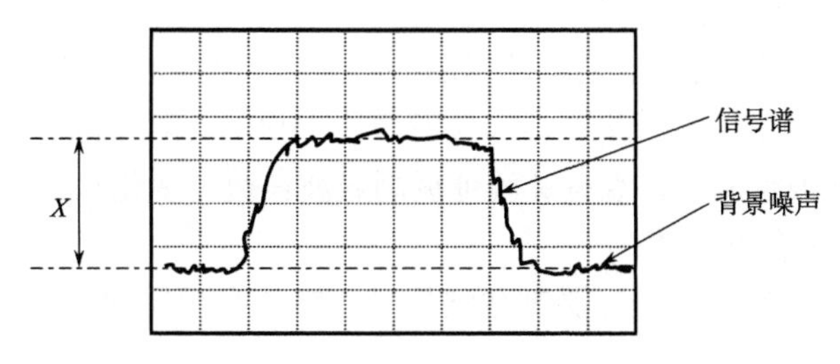

图 5-32　BPSK 的频谱示意图

对信道误码率的测量一般需通过专用仪表误码测试仪进行。误码测试仪首先发送一串伪码数据给信道设备，在信道设备进行 BPSK 调制，并经信道返回(主要是完成加噪功能)，然后解调。解调之后的数据送入误码测试仪中进行比较，将误码进行计数，且将误码率显示出来。

5.4.2　实验步骤

首先通过菜单将通信原理综合实验系统调制方式设置成“BPSK 传输系统”，用示波器测量 TPMZ07 测试点的信号，如果有脉冲波形，则说明实验系统已正常工作，如果没有脉冲波形，则需按面板上的复位按钮重新对硬件进行初始化，具体实验步骤如下。

1. BPSK 调制

1)BPSK 调制基带信号眼图观测(以 m 序列观测眼图)

(1)通过菜单选择不激活“匹配滤波”方式(未打勾)，此时基带信号频谱成形滤波器全部放在发送端。以发送时钟(TPM01)作同步，观测发送信号眼图(TPi03)的波形。

(2)通过菜单选择激活“匹配滤波”方式(打勾)，此时系统构成收发匹配滤波最佳接收机，重复上述实验步骤。仔细观察和区别上述两种方式下发送信号眼图(TPi03)的波形。

注：当通过选择菜单激活“匹配滤波”方式时，表示系统按匹配滤波最佳接收机组成，即发射机端和接收机端采用同样的开根号升余弦响应滤波器。当选择不激活“匹配滤波”方式时，系统为非匹配最佳接收机，整个滤波器滚降特性全部放在发射机端完成，但信道成形滤波器特性不变。此处滤波器使用升余弦响应，α=0.4。

思考：什么样的系统才是最佳的？匹配滤波器最佳接收机性能如何从系统指标中反映出来？采用什么手段测量？

2)I 路和 Q 路调制信号的相平面(矢量图)信号观察

(1)通过菜单选择不激活“匹配滤波”方式(未打勾)，将示波器设置在(x-y)方式，测量 I 支路(TPi03)和 Q 支路信号(TPi04) 的合成矢量图。

(2)通过菜单选择输入为全 1 码(或全 0 码)，观察 TPi03 和 TPi04 的合成矢量图。

(3)通过菜单选择输入为 0/1 码，观察 TPi03 和 TPi04 的合成矢量图。

(4)通过菜单选择输入为特殊码(或 m 序列)，观察 TPi03 和 TPi04 的合成矢量图。

(5)通过菜单选择激活“匹配滤波”方式，重复上述实验步骤。仔细观察和区别两种方式下的矢量图信号。

3)BPSK 调制信号 0/π 相位测量

选择输入调制数据为 0/1 码。用示波器的一路观察已调制信号输出波形(TPK03)，并将其作为同步信号；示波器的另一路连接到参考载波 TPK07(或 TPK06)，以此作为观测的参考信号。仔细调整示波器同步，观察和验证调制载波在数据变化点是否发生相位 0/π 翻转。

4)BPSK 调制信号包络观察

BPSK 调制为非恒包络调制，调制载波信号包络具有明显的过零点。通过本测量让学生熟悉 BPSK 调制信号的包络特征。

(1)通过菜单选择输入为 0/1 码，观测调制载波输出测试点 TPK03 的信号波形。调整示波器同步，注意观测调制载波的包络变化与基带信号(TPi03)的相互关系，画出测量波形。

(2)用特殊码序列重复上一步实验，并从载波的包络上判断特殊码序列，画出测量波形。

(3)用 m 序列重复上一步实验，观测载波的包络变化。

5)BPSK 调制信号频谱测量

测量时，用一条中频电缆将频谱仪连接到调制器的 KO02 端口。调整频谱仪中心频率为 1.024MHz，扫描频率为 10kHz/DIV，分辨率带宽为 1～10kHz，调整频率仪输入信号衰减器和扫描时间为合适位置。然后通过菜单选择 m 序列码输入数据，观测 BPSK 信号频谱。测量调制频谱占用带宽、电平等，记录实际测量结果，画出测量波形。

6)BPSK 调制信号频谱载漏信号测量

(1)频谱仪连接和设置同上。

(2)通过菜单选择 0/1 码输入数据，观测 BPSK 信号频谱。测量调制频谱载漏与信号电平的差值，记录实际测量结果，画出测量波形。

思考：载漏过大会对系统带来什么影响?载漏的产生与什么因素有关?如何减小载漏电平?

2. BPSK 解调

用中频电缆连接 KO02 和 JL02，建立中频自环(自发自收)，将解调器相干载波锁相环(PLL)环路跳线开关 KL01 设置在 1_2 位置(闭环)。

1)接收端解调器眼图信号观测

(1)通过菜单选择不激活“匹配滤波”方式(未打勾)，测量解调器 I 支路眼图信号测试点 TPJ05(在 A/D 模块内)波形，观测时用发时钟 TPM01 作同步。将接收端与发射端眼图信号 TPi03 进行比较，观测接收眼图信号有何变化(有噪声)。

(2)观测正交 Q 支路眼图信号测试点 TPJ06(在 A/D 模块内)波形，比较与 TPJ05 测试波形有什么不同，根据电路原理图分析解释其原因。

(3)测试模块中的 TPN02 测试点为接收端经匹配滤波器之后的眼图信号观测点。通过菜单选择激活“匹配滤波”方式(打勾)，重复上述实验步骤。解释为什么发端眼图已发生变化，而收端 TPN02 的眼图没有发生变化(仅电平变化)。

2)解调器失锁时的眼图信号观测

将解调器相干载波锁相环环路跳线开关 KL01 设置在 2_3 位置(开环)，使环路失锁。观测失锁时的解调器眼图信号 TPJ05，熟悉 BPSK 调制器失锁时的眼图信号(未张开)。观测失锁时正交支路解调器眼图信号 TPJ06 波形。

3）接收端 I 路和 Q 路解调信号的相平面（矢量图）波形观察

将解调器相干载波锁相环环路跳线开关 KL01 设置在 1_2 位置（闭环）。将示波器设置在（x-y）方式，从相平面上观察 I 支路 TPJ05 和 Q 支路 TPJ06 的合成矢量图。在解调器锁定时，其相位矢量图应为 0 和 π 两种相位。通过菜单选择在不同的输入码型下进行测量；结合 BPSK 解调器原理分析测试结果。

4）解调器失锁时 I 路和 Q 路解调信号的相平面（矢量图）波形观察

将解调器相干载波锁相环环路跳线开关 KL01 设置在 2_3 位置（右端），使环路失锁。观测接收端失锁时 I 路和 Q 路的合成矢量图。掌握解调器失锁时 I 路和 Q 路解调信号的相平面（矢量图）波形的变化，分析测量结果。

5）判决反馈环解调器鉴相特性观察

解调器相干载波锁相环环路跳线开关 KL01 设置在 2_3 位置（右端），观察锁相环鉴相器输出点 TPN03 的波形（在测试模块）。实验系统中对 BPSK 信号解调采用判决反馈环解调器，其 PLL 环路鉴相特性具有锯齿余弦特性。

6）解调器抽样判决点信号观察

将跳线开关 KL01 设置在 1_2 位置（闭环）。选择输入测试数据为 m 序列。TPMZ07 为接收端 DSP 调整之后的最佳抽样时刻。用示波器同时观测 TPMZ07（以此信号作同步）和测试模块内抽样判决点 TPN04 信号，观察波形之间的相位关系。

7）解调器失锁时抽样判决点信号观察

将解调器相干载波锁相环环路跳线开关 KL01 设置在 2_3 位置（右端），使环路失锁。用示波器观察测试模块内抽样判决点 TPN04 信号波形。熟悉解调器失锁时的抽样判决点信号波形。

8）差分编码信号观测

通信原理综合实验箱仅对通过“外部数据输入”方式输入的数据提供差分编码功能。外部数据可以是来自误码测试仪产生或汉明编码模块产生的 m 序列输出数据。当使用汉明编码模块产生的 m 序列输出数据时，将汉明编码模块中的信号工作跳线器开关 SWC01 中的 H_EN 和 ADPCM 开关去除，将输入信号跳线开关 KC01 设置在 m 序列输出口 DT_M 上（右端）；输入信号和时钟开关 KW01 和 KW02 设置在信道 CH 位置（左端）。

通过菜单选择发送数据为“外部数据输入”方式。

(1)将汉明编码模块中的信号工作跳线器开关 SWC01 中 M_SEL1 跳线器插入，产生 7 位周期 m 序列。用示波器同时观察（DSP+FPGA 模块内）发送数据信号 TPM02 和差分编码输出数据 TPM03，分析两信号间的编码关系，记录测量结果。

(2)将汉明编码模块中的信号工作跳线器开关 SWC01 中的 M_SEL1 和 M_SEL2 跳线器都插入，产生 15 位周期 m 序列，重复上述测量步骤，记录测量结果。

9）解调数据观察

首先将汉明编码模块内跳线开关 SWC01 中的加扰使能跳线器 E_MOD0 和 E_MOD1 拔出，其他跳线开关设置如上。然后用示波器同时观察（DSP+FPGA 模块内）接收数据信号 TPM04 和发送数据信号 TPM02，比较两数据信号之间是否相同（正常差分译码）。测量发送与接收数据信号的传输延时，记录测量结果。最后在“外部数据输入”方式下，重复按选择菜单的确认按键，让解调器重新锁定(存在相位模糊度，会使解调数据反相)，观测解调器差分译码电路是否正确译码。

10)解调器相干载波及相干载波相位模糊度观测

(1)建立中频自环，通过菜单选择输入信号为“特殊码序列”或“m 序列”。

(2)用双踪示波器同时测量发端调制载波(TPK07)和收端恢复相干载波(TPLZ07)，并以 TPK07 作为示波器的同步信号。将解调器相干载波锁相环环路跳线开关 KL01 设置在 1_2 位置(闭环)，环路正常锁定，观测收发载波信号的相对关系。

(3)将解调器相干载波锁相环环路跳线开关 KL01 设置在 2_3 位置(开环)，使环路失锁。重复上述测量步骤，观测在解调器失锁时收发载波信号的相对关系。

(4)将解调器相干载波锁相环环路跳线开关 KL01 设置在 1_2 位置(闭环)，让解调器锁定(如无法锁定，可按选择菜单上的确认键，让解调器重新同步锁定)。断开中频连接电缆，观测在无输入信号的情况下，解调器载波是否与发端同步，记录测量结果。

(5)反复地断开和接回中频自环电缆，观测两载波失步后再同步时它们之间的相位关系。

11)解调器相干载波相位模糊度对解调数据的影响观测

首先建立中频自环，通过菜单选择发送数据为“特殊码序列”方式。然后用双踪示波器同时观测接收数据信号眼图(TPJ05)和发送数据信号眼图(TPi03)，并以 TPi03 作为示波器的同步信号。不断地断开和接回中频自环电缆，观测收发眼图信号(在“特殊码序列”方式下，重复按选择菜单的确认按键，让解调器重新锁定)。最后分析接收时眼图信号的电平极性发生反转的原因。

12)解调器位定时恢复信号调整锁定过程观察

TPMZ07 为 DSP 调整之后的最佳抽样时刻，它与 TPM01(发端时钟)具有明确的相位关系。

(1)通过菜单选择输入测试数据为 m 序列，用示波器同时观察 TPM01(观察时以它作同步)和 TPMZ07(收端最佳判决时刻)之间的相位关系。

(2)不断按确认键(此时仅对 DSP 位定时环路初始化)，观察 TPMZ07 的调整过程。

(3)断开 K002 接收中频接头，在没有接收信号的情况下重复该步实验，并解释原因。

13)解调器位定时信号相位抖动观测

示波器以发送时钟 TPM01 信号为同步，在不同的测试码型下观测接收时钟 TPMZ07 的相位抖动情况。将各项测试结果作比较，分析是否符合理论。

3. BPSK 系统性能测量

(1)用中频电缆连接 KO02 和 JL02，建立中频自环(自发自收)。

(2)误码测试仪关机。将误码测试仪 RS422 端口(在误码测试仪的后部)用 DB9 电缆连接到通信原理综合实验箱同步接口模块的数据通信端口 JH02 上(通过转接电缆)。

(3)使汉明编译码系统不工作。将汉明编码模块中的信号工作跳线器开关 SWC01 中的 H_EN 和 ADPCM 开关去除，将输入信号跳线开关 KC01 设置在同步数据接口 DT_SYS 上(左端)；将汉明译码模块中输入信号和时钟开关 KW01 和 KW02 设置在信道 CH 位置(左端)。

(4) 通过菜单选项选择外部数据源方式，此时发送数据将由误码测试仪提供，同时将解调之后的数据送到误码测试仪中进行误码分析。

(5) 误码测试仪加电。将误码测试仪工作模式设置为连续，“码类”选择 9 级 (2^9–1)，“接口”选择外时钟和 RS422 方式。

1) BPSK 误码性能指标测试

(1) 将噪声模块内的噪声输出电平调整开关 SWO01 设置在最低一挡 10000001，此时噪声输出电平最小，信噪比最大。测量该信噪比下的误码率，记录测量结果并填入表内。

(2) 将噪声输出电平调整开关 SWO01 增加一挡为 10000010，降低一挡信噪比。重复上述测量，记录测量结果并填入表内。

(3) 逐步降低信噪比，重复上述测量，直至信噪比最低。将不同信噪比下 BPSK 误码测量结果填入表 5-2 内。定性画出各挡信噪比～P_e 特性曲线。

表 5-2　不同信噪比下 BPSK 误码测量结果

E_b/N_0								
SWO01	10000001	10000010	10000100	10001000	10010000	10100000	11000000	10000000
P_e								

注：有条件可精确校准各挡信噪比 (E_b / N_0)，画出 E_b / N_0～P_e 特性曲线

2) 噪声环境下的 BPSK 解调信号眼图观测

测量方法见 BPSK 解调中的第 1 项测试内容。逐渐改变 E_b / N_0，观测在不同信噪比下的 BPSK 解调眼图信号。熟悉 $P_e \approx 1\times10^{-4}$ 时的眼图信号。

3) 噪声环境下匹配滤波最佳接收机性能验证

(1) 按准备工作设置设备。通过选择菜单工作方式选择不激活“匹配滤波”设置(未打勾)；调整噪声模块内的噪声输出电平调整开关 SWO01，使信道有误码。记录当前信噪比的 P_e 误码率。

(2) 通过选择菜单工作方式选择激活“匹配滤波”设置(打勾)，在相同信噪比条件下测量误码率，记录测量结果。

(3) 改变信噪比，重复步骤(1)和(2)，记录测量结果。

思考：分析和比较将整个滤波器滚降特性全部放在发射机端与“匹配滤波”最佳接收机的性能。

4) 测试数据对误码率测试的影响测量

(1) 按准备工作设置设备。将噪声模块内的噪声输出电平调整开关 SWO01 设置在最低一挡 00000001，此时噪声输出电平最小，信噪比最大。测量该信噪比下的误码率。此时误码测试仪“码类”选择为 9 级 (2^9–1)，测量结果应无错码。

(2) 保持信噪比不变，将误码测试仪“码类”选择为 2^{15}–1，重新测量误码率。测量结果会出现错码。

思考：在信噪比不变的条件下，为何误码测试仪测试用 m 序列周期加长会产生错码?用什么方法解决?今后在设备工程测量中应考虑什么因素?

5)噪声环境下的接收端 I 路和 Q 路调制信号的相平面(矢量图)信号观察

测量方法见 BPSK 解调中的第 3 项测试内容。逐渐改变 E_b / N_0，观测在不同信噪比下的 BPSK 接收端 I 路和 Q 路调制信号的相平面(矢量图)信号观察。重点观测在相平面上信号波形随 E_b / N_0(或 P_e)变化的情况。

6)解调器抽样判决点信号受噪声影响的观测

测量方法见 BPSK 解调中的第 6 项测试内容。逐渐改变 E_b / N_0，观测在不同信噪比下的 BPSK 解调器抽样判决点处的信号波形变化情况。掌握解调抽样判决点处的信号波形随 E_b / N_0(或 P_e)变化的规律。

7)有噪声环境下的解调器 PLL 环路鉴相特性观察

测量方法见 BPSK 解调中的第 5 项测试内容。逐渐改变 E_b / N_0，观测解调器 PLL 环路鉴相特性随 E_b / N_0(或 P_e)变化的情况。在无噪声时或强信噪比条件下，解调器 PLL 环路鉴相特性应具有锯齿余弦特性，理论上这时不存在不稳定相位平衡点。随着信噪比的降低，解调器 PLL 环路锯齿余弦鉴相特性将逐渐向余弦鉴相特性转变，解调器 PLL 环路的鉴相特性将存在不稳定相位平衡点，会使解调器锁定过程中存在悬搁现象。掌握解调器 PLL 环路鉴相特性随 E_b / N_0(或 P_e)的变化规律。

8)不同信噪比下的解调器接收位同步信号相位抖动观测

测量方法见 BPSK 解调中的第 13 项测试内容。逐渐改变 E_b / N_0，观测 TPMZ07 解调器接收位同步相位抖动随 E_b / N_0 的变化情况，并与无噪声时的观测结果进行对比，记录测量结果。

9)解调器相干载波跳周观测

测量方法见 BPSK 解调中的第 10 项相干载波相位模糊度观测实验步骤。测量时将信噪比降至最小，长时间(1～2 小时)观测。

5.5 DBPSK 调制/解调

5.5.1 DBPSK 实验原理

DBPSK 是相移键控的非相干形式，它不需要在接收机端恢复相干参考信号。非相干接收机容易制造而且便宜，因此在无线通信系统中被广泛使用。在 DBPSK 系统中，输入的二进制序列先差分编码，再用 BPSK 调制器调制。差分编码后的序列 $\{a_n\}$ 是通过对输入 b_n 与 a_{n-1} 进行模 2 和运算产生的。如果输入的二进制符号 b_n 为 0，则符号 a_n 与其前一个符号保持不变，而如果 b_n 为 1，则 a_n 与其前一个符号相反。差分编码原理为

$$a(n) = a(n-1) \oplus b(n) \tag{5.33}$$

其实现框图如图 5-33 所示。

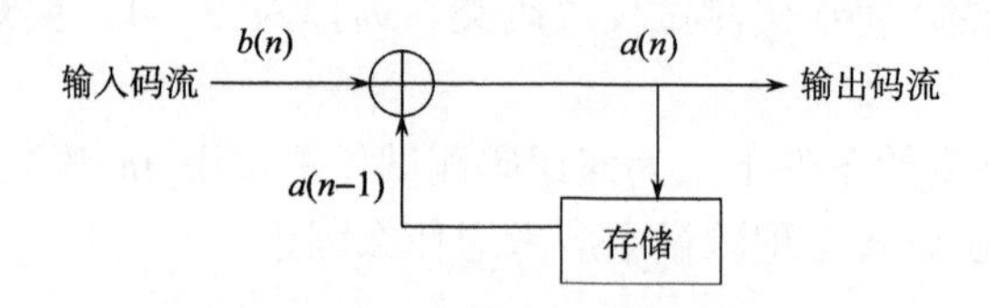

图 5-33　差分编码示意图

一个典型的差分编码调制过程如图 5-34 所示。

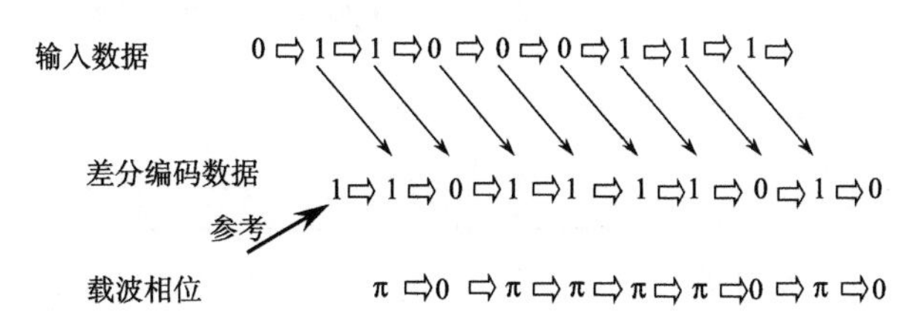

图 5-34　差分编码调制过程示意图

在 DBPSK 中，其不需要进行载波恢复，但位定时仍是必需的。在 DPSK 中如何恢复位定时信号，初看起来比较复杂。仍按以前的信号定义，如图 5-35 所示。

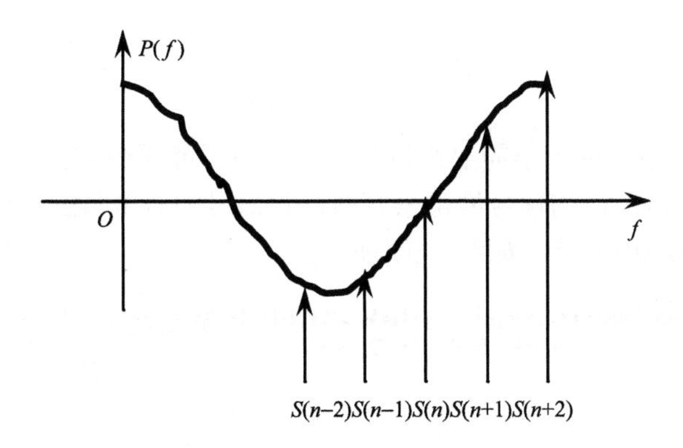

图 5-35　位定时误差信号提取

实际上其与相干 BPSK 中的位定时恢复是一样的，由于其存在一个较小的系统剩余频差(发送中频与接收本地载波的频差，其与码元速率相比而言一般较小)，结果是在每个剩余频差的周期中，具有很多码元信号(例如，对于 64Kbit/s 的速率、剩余频差为 1kHz，则每个剩余频差的周期中可包含 64 个码元符号)。通过这些码元信号可以对位定时误差的大小进行计算，计算公式为

$$E_b(n) = S(n)[S(n-2) - S(n+2)] \tag{5.34}$$

当然在剩余载波发生正负变化时，按式(5.34)提取的位定时误差信号可能出现不正确的情况，但只要在位定时误差信号的输出端加一滤波器，就可以消除 DBPSK 中剩余载波的影响(在相对剩余载波不大时)。位定时调整如下：如果 $E_b(n) > 0$，则位定时抽样脉冲向前调整，反之应向后调整。

对 DBPSK 的解调是通过比较接收相邻码元信号(I，Q)在星座图上的夹角实现的，如果大于 90° 则为 1，否则为 0，如图 5-36 所示。即遵循的表达式为

$$D(n) = I(n-2)I(n+2) + Q(n-2)Q(n+2) \tag{5.35}$$

如果 $D(n) < 0$，则判为 1，反之判为 0。

虽然 DBPSK 差分解调降低了接收机复杂度，但它的能量效率比相干 BPSK 低 3dB。在加性高斯白噪声环境中，平均错误概率可表示为

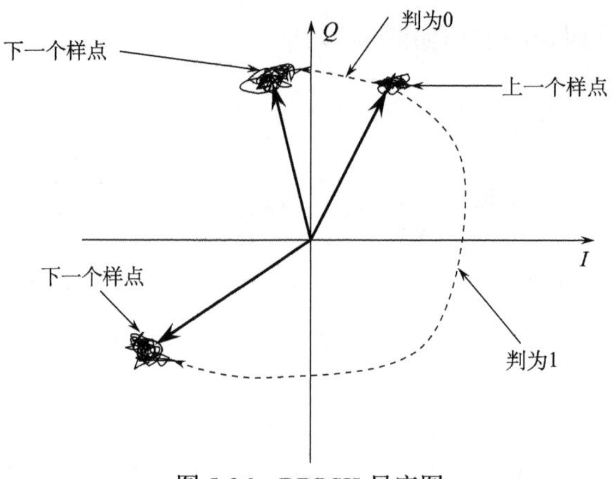

图 5-36　DBPSK 星座图

$$P_e = \frac{1}{2}\exp\left(-\frac{E_b}{N_0}\right) \tag{5.36}$$

在 DBPSK 方式中，由于不需要恢复载波，因而不能观察到接收端的眼图信号，但可以通过观察抽样判决点之前的信号波形来判断接收信号的质量与解调性能。DBPSK 的抽样判决点波形较相干 BPSK 要差，如图 5-37 所示。

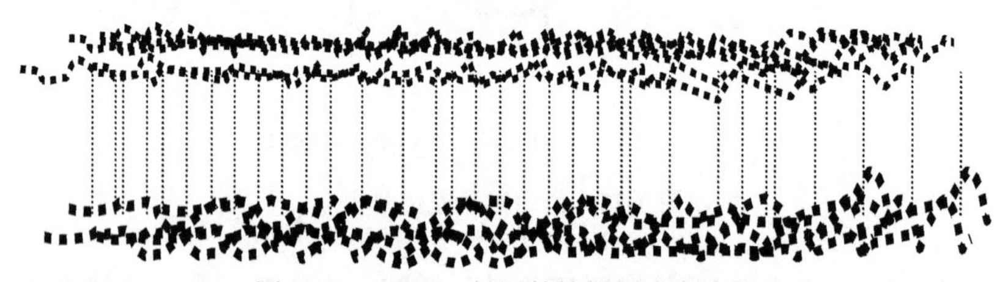

图 5-37　DBPSK 解调的抽样判决点波形

在通信原理综合实验系统中，DBPSK 的解调过程如图 5-38 所示。

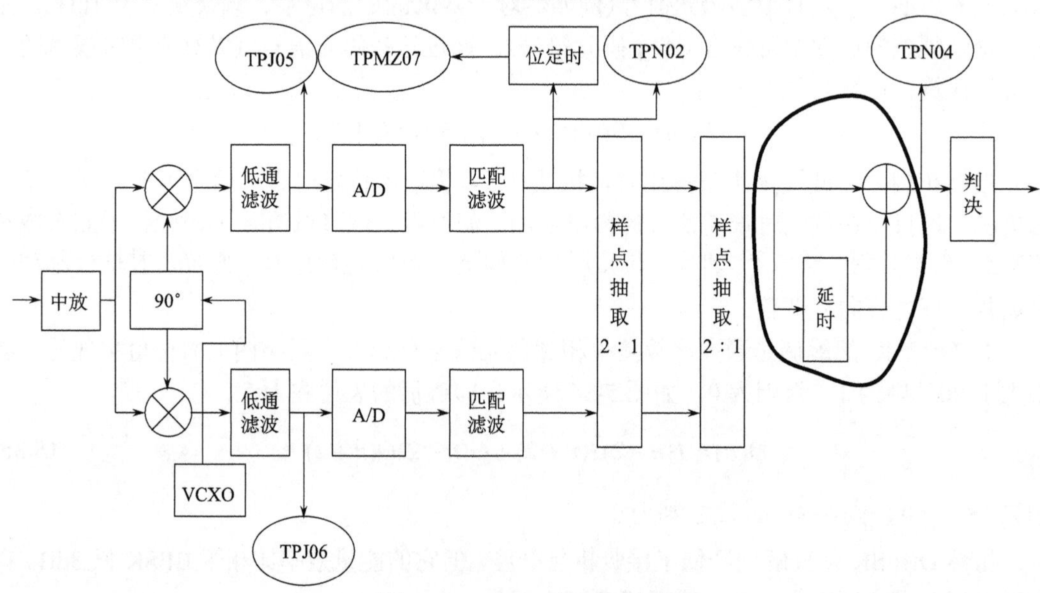

图 5-38　DBPSK 的解调过程

(1) 在图 5-38 中，A/D 采样速率为 4 倍的码元速率，即每个码元采样 4 个样点。

(2) 采样之后进行平方根 Nyquist 匹配滤波。

(3) 将匹配滤波之后的样点进行样点抽取，每两个样点抽取一个采样点。即每个码元采样两个样点并送入后续处理。

(4) 将每个码元两个样点进行位定时处理，根据位定时误差信号对位定时进行调整。测量点 TPMZ07 为恢复位定时时钟。

(5) 将位定时处理之后的最佳样点送入后续处理(又进行了 2∶1 的样点抽取)。

(6) 对最佳样值进行差分解调，并进行判决处理，判决前信号可在测量点观察到。

5.5.2 实验步骤

首先通过选择菜单将通信原理综合实验系统调制方式设置成“DBPSK 传输系统”，用示波器测量 TPMZ07 测试点的信号，如果有脉冲波形，则说明实验系统已正常工作，如果没有脉冲波形，则需按面板上的复位按钮重新对硬件进行初始化，具体实验步骤如下。

1. DBPSK 调制

1) 差分编码观测

通信原理综合实验箱仅对通过“外部数据输入”方式输入的数据提供差分编码功能。外部数据可以来自误码测试仪产生或汉明编码模块产生的 m 序列输出数据。当使用汉明编码模块产生的 m 序列输出数据时，将汉明编码模块中的信号工作跳线器开关 SWC01 中的 H_EN 和 ADPCM 开关去除，将输入信号跳线开关 KC01 设置在 m 序列输出口 DT_M 上(右端)；输入信号和时钟开关 KW01 和 KW02 设置在来自信道 CH 位置(左端)。通过菜单选择发送数据为“外部数据输入”方式。

(1) 将汉明编码模块中的信号工作跳线器开关 SWC01 中 M_SEL1 跳线器插入，产生 7 位周期 m 序列。用示波器同时观察 DSP+FPGA 模块内发送数据信号 TPM02(或汉明编码模块 TPC05 输出的 m 码序列)和差分编码输出数据 TPM03，分析两信号间的编码关系，记录测量结果。

(2) 将汉明编码模块中的信号工作跳线器开关 SWC01 中 M_SEL1 和 M_SEL2 跳线器都插入，产生 15 位周期 m 序列，重复上述测量步骤，记录测量结果。

2) DBPSK 调制信号眼图观测

(1) 通过菜单选择不激活“匹配滤波”方式，此时基带信号频谱成形滤波器全部放在发送端。以发送时钟(TPM01)作同步，观测发送信号眼图(TPi03)的波形。此处滤波器使用升余弦响应，$\alpha = 0.4$。判断信号观察的效果。

(2) 通过菜单选择激活“匹配滤波”方式，此时系统构成收发匹配滤波最佳接收机，重复上述实验步骤。仔细观察和区别上述两种方式下发送信号眼图(TPi03)的波形。

注：当通过选择菜单激活“匹配滤波”方式时，表示系统按匹配滤波最佳接收机组成，即发射机端和接收机端采用同样的开根号升余弦响应滤波器。当不激活“匹配滤波”方式时，系统为非匹配最佳接收机，整个滤波器滚降特性全部放在发射机端完成，但信道成形滤波器特性不变。

3) I 路和 Q 路调制信号的相平面(矢量图)信号观察

(1)测量 I 支路(TPi03)和 Q 支路信号(TPi04)李沙育(x-y)波形时，将示波器设置在(x-y)方式，可从相平面上观察 TPi03 和 TPi04 的合成矢量图，其相位矢量图应为 0 和 π 两种相位。通过菜单选择在不同的输入码型下进行测量；结合 BPSK 调制器原理分析测试结果。

(2)通过菜单选择“匹配滤波”方式设置，重复上述实验步骤。仔细观察和区别两种方式下的矢量图信号。

4) DBPSK 调制信号 0/π 相位测量

先将 KPO2 设置在 T 位置，选择输入调制数据为 0/1 码。再用示波器的一路观察调制输出波形(TPK03)，并选用该信号作为示波器的同步信号；示波器的另一路连接到调制参考载波上(TPK06/或 TPK07)，以此信号作为观测的参考信号。仔细调整示波器同步，观察和验证调制载波在数据变化点是否发生相位 0/π 翻转。

5) DBPSK 调制信号包络观察

DBPSK 调制为非恒包络调制，调制载波信号包络具有明显的过零点。通过本测量让学生熟悉 DBPSK 调制信号的包络特征。

(1)选择 0/1 码调制输入数据，观测调制载波输出测试点 TPK03 的信号波形。调整示波器同步，注意观测调制载波的包络变化与基带信号(TPi03)的相互关系，画出测量波形。

(2)用特殊码序列重复上一步实验，并从载波的包络上判断特殊码序列，画出测量波形。

(3)用 m 序列重复上一步实验，观测载波的包络变化。

6) DBPSK 调制信号频谱测量

测量时，先用一条中频电缆将频谱仪连接到调制器的 KO02 端口。调整频谱仪中心频率为 1.024MHz，扫描频率为 10kHz/DIV，分辨率带宽为 1～10kHz，调整频谱仪输入信号衰减器和扫描时间到合适位置。再通过菜单选择 m 序列码输入数据，观测 DBPSK 信号频谱。测量调制频谱占用带宽、电平等，记录实际测量结果，画出测量波形。

7) DBPSK 调制信号频谱载漏信号测量

频谱仪连接和设置同上。通过菜单选择 0/1 码输入数据，观测 DBPSK 信号频谱。测量调制频谱载漏与信号电平的差值，记录实际测量结果，画出测量波形。

2. DBPSK 解调

1) 接收端解调眼图信号观测

(1)用中频电缆连接 KO02 和 JL02，建立中频自环(自发自收)。测量解调器 I 支路眼图信号测试点 TPJ05(在 A/D 模块内)波形，观测时用发时钟 TPM01 作同步并思考与 BPSK 解调器眼图有何不同，此时为什么看不到信号眼图。

(2)将跳线开关 KL01 设置在 2_3 位置，调整电位器 WL01 以改变收发频差，重复上述测量步骤(示波器时基设定在 2～5μs)，并分析测试结果。

(3)观测正交 Q 支路眼图信号测试点 TPJ06(在 A/D 模块内)波形。联系 BPSK 解调器失锁时的眼图信号测量内容分析解释其原因。

(4)测试模块中的 TPN02 测试点为接收端经匹配滤波器之后的眼图信号观测点。通过菜单选择“匹配滤波”方式设置，重复上述实验步骤。

2) 接收端 I 路和 Q 路调制信号的相平面(矢量图)信号观察

(1) 测量 I 支路(TPJ05)和 Q 支路信号(TPJ06)李沙育(x-y)波形时，应将示波器设置在(x-y)方式，可从相平面上观察 TPJ05 和 TPJ06 的合成矢量图。因 DPSK 采用非相干解调，不需要恢复相干载波，其相位矢量图应为 0 和 π 相位矢量旋转图，旋转速度取决于收发本振频率的频差。

(2) 将跳线开关 KL01 设置在 2_3 位置，调整电位器 WL01 以改变收发频差，观察测量波形，并分析测试结果。

3) 解调器抽样判决点信号观察

(1) 选择输入测试数据为 m 序列，用示波器观察测试模块内抽样判决点(TPN04)的工作波形(示波器时基设定在 2～5ms)。

(2) 将跳线开关 KL01 设置在 2_3 位置，调整电位器 WL01 以改变收发频差，观察对抽样判决点信号波形有无影响。

(3) TPMZ07 为接收端 DSP 调整之后的最佳抽样时刻。用示波器同时观察 TPMZ07(观察时以此信号作同步)和观察抽样判决点 TPN04 波形(抽样判决点信号)之间的相位关系。

4) 解调数据观察

(1) 在上述设置跳线开关的基础上，用示波器同时观察 DSP+FPGA 模块内接收数据信号 TPM04 和发送数据信号 TPM02，比较两数据信号波形是否相同一致(正常差分译码)。

(2) 通过菜单选择发送数据为“特殊码序列”方式，测量发送与接收数据信号的传输延时，记录测量结果。

(3) 在“特殊码序列”方式下，重复按选择菜单的确认按键，让解调器重新锁定，观测 DBPSK 解调器电路是否正确解码。

5) 位定时调整锁定过程观察

TPMZ07 为 DSP 调整之后的最佳抽样时刻，它与 TPM01 具有明确的相位关系。

(1) 通过菜单选择输入测试数据为 m 序列，用示波器同时观察 TPM01(观察时以它作同步)和 TPMZ07(收端最佳判决时刻)之间的相位关系。

(2) 不断按确认键(此时仅对 DSP 位定时环路初始化)，观察 TPMZ07 的调整过程。

(3) 断开 K002 接收中频接头，在没有接收信号的情况下重复该实验步骤，并解释原因。

6) 解调器位定时信号相位抖动观测

示波器以发送时钟 TPM01 信号为同步，在不同的测试码型下观测接收时钟 TPMZ07 的相位抖动情况。再将各项测试结果作比较，分析是否符合理论。

3. DBPSK 系统性能测量

(1) 用中频电缆连接 KO02 和 JL02，建立中频自环(自发自收)。

(2) 误码测试仪关机。将误码测试仪 RS422 端口(在误码测试仪的后部)用 DB9 电缆连接到通信原理综合实验箱同步接口模块的数据通信端口 JH02 上(通过转接电缆)。

(3) 使汉明编译码系统不工作。将汉明编码模块中的信号工作跳线器开关 SWC01 中的 H_EN 和 ADPCM 开关去除，将输入信号跳线开关 KC01 设置在同步数据接口 DT_SYS 上(左端)；将汉明译码模块中输入信号和时钟开关 KW01 和 KW02 设置在信道 CH 位置(左端)。

(4) 通过菜单选择外部数据输入方式。

(5) 误码测试仪加电。将误码测试仪工作“模式”设置为连续，“码类”选择 9 级 (2^9-1)，“接口”选择外时钟和 RS422 方式。

1) DBPSK 误码性能指标测试

(1) 将噪声模块内的噪声输出电平调整开关 SWO01 设置在最低一挡 00000001，此时噪声输出电平最小，信噪比最大。测量该信噪比下的误码率，记录测量结果并填入表 5-3 内。

(2) 将噪声输出电平调整开关 SWO01 增加一挡为 00000010，降低一挡信噪比。重复上述测量，记录测量结果并填入表内。

(3) 逐步降低信噪比，重复上述测量，直至信噪比最低。将不同信噪比下的 DBPSK 误码测量结果填入表内。定性画出各挡信噪比～P_e 特性曲线。

(4) 将测量结果与 BPSK 系统进行比较。

表 5-3　不同信噪比下 DBPSK 误码率测量

E_b/N_0								
SWO01	00000001	00000010	00000100	00001000	00010000	00100000	01000000	10000000
P_e								

注：有条件可精确校准各挡信噪比 (E_b / N_0)，画出 E_b / N_0～P_e 特性曲线

2) 噪声环境下匹配滤波最佳接收机性能验证

(1) 按准备工作设置设备。通过选择菜单工作方式选择不激活“匹配滤波”设置；调整噪声模块内的噪声输出电平调整开关 SWO01，使信道有误码，记录当前信噪比的 P_e 误码率。

(2) 通过菜单选择激活“匹配滤波”设置，在相同信噪比条件下测量误码率，记录测量结果。

(3) 改变信噪比，重复步骤 (1) 和 (2)，记录测量结果。

(4) 将测量结果与 BPSK 系统进行比较，分析和比较将整个滤波器滚降特性全部放在发射机端与“匹配滤波”最佳接收机的性能。

3) 噪声环境下的解调器抽样判决点信号观测

测量方法见 DBPSK 解调中的第 3 项测试内容。逐渐改变 E_b / N_0，观测在不同信噪比下的 BPSK 解调眼图信号。熟悉 $P_e \approx 1\times10^{-4}$ 时的眼图信号。

4) 有噪声时的接收端 I 路和 Q 路调制信号的相平面 (矢量图) 信号观察

测量方法见 DBPSK 解调中的第 2 项测试内容。逐渐改变 E_b / N_0，观测在不同信噪比下的 BPSK 接收端 I 路和 Q 路调制信号的相平面 (矢量图) 信号观察。重点观测在相平面上信号波形随 E_b / N_0（或 P_e）变化的情况。

5) 噪声环境下的解调器接收位同步相位抖动观测

测量方法见 DBPSK 解调中的第 6) 项测试内容。逐渐改变 E_b / N_0，观测解调器接收位同步相位抖动随 E_b / N_0 变化情况，并与无噪声时观测的结果进行对比，记录测量结果。

5.6 实验报告及要求

(1) 实验目的、实验仪器、实验原理和实验步骤。
(2) 记录测量数据，画出各测量点波形和相应的曲线。
(3) 分析总结实验测试结果。
(4) FSK 正交调制方式与传统的 FSK 调制方式有什么区别？
(5) 比较 BPSK 与 DBPSK 在不同信道下的性能。
(6) 分析 FSK、BPSK、DBPSK 的抗噪声性能。

实验 6 模拟信号的数字传输实验

6.1 实 验 目 的

(1)验证抽样定理。

(2)观察了解 PAM 信号形成的过程。

(3)了解混叠效应形成的原因。

(4)了解语音编码的工作原理，验证 PCM 编译码原理。

(5)熟悉 PCM 抽样时钟、编码数据和输入/输出时钟之间的关系。

(6)了解 PCM 专用大规模集成电路的工作原理和应用。

(7)熟悉语音数字化技术的主要指标及测量方法。

6.2 实 验 仪 器

(1)通信原理综合实验箱一台。

(2)示波器一台。

(3)信号发生器一台。

(4)音频信道传输损伤测试仪一台。

6.3 PAM 编译码

6.3.1 实验原理

抽样定理在通信系统和信息传输理论方面占有十分重要的地位。抽样过程是模拟信号数字化的第一步，抽样性能的优劣关系到通信设备整个系统的性能指标。

利用抽样脉冲把一个连续信号变为离散时间抽样值的过程称为抽样，抽样后的信号称为脉冲调幅(PAM)信号。

抽样定理指出，一个频带受限信号 $m(t)$，如果它的最高频率为 f_h，则可以唯一地由频率大于或等于 $2f_h$ 的序列所决定。在满足抽样定理的条件下，抽样信号保留了原信号的全部信息，并且从抽样信号中可以无失真地恢复原始信号。通常将语音信号通过一个 3400Hz 的低通滤波器(或 300～3400Hz 的带通滤波器)，限制语音信号的最高频率为 3400Hz，这样可以用频率大于或等于 6800Hz 的序列来表示。语音信号的频谱和语音信号抽样频谱如图 6-1 和图 6-2 所示。从语音信号抽样频谱图可知，用截止频率为 f_h 的理想低通滤波器可以无失真地恢复原始信号 $m(t)$。

实际上，设计实现的滤波器特性不可能是理想的，对于限制最高频率为 3400Hz 的语音信号，通常采用 8kHz 抽样频率，这样可以留出一定的防卫带(1200Hz)，如图 6-3 所示。当

抽样频率 f_s 低于 2 倍语音信号的最高频率 f_h 时，就会出现频谱混叠现象，产生混叠噪声，影响恢复出的话音质量，原理如图 6-4 所示。

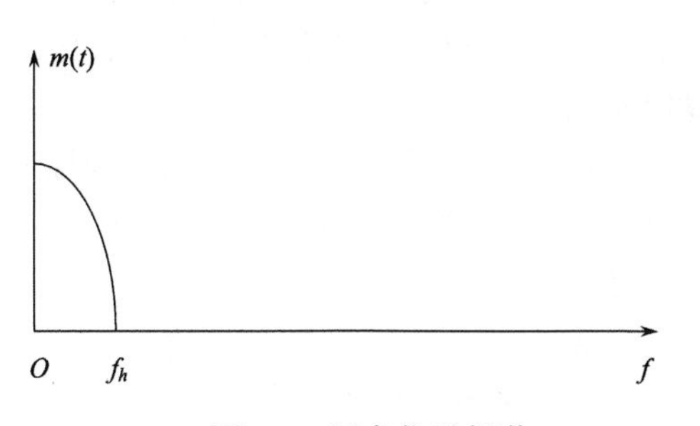

图 6-1　语音信号频谱

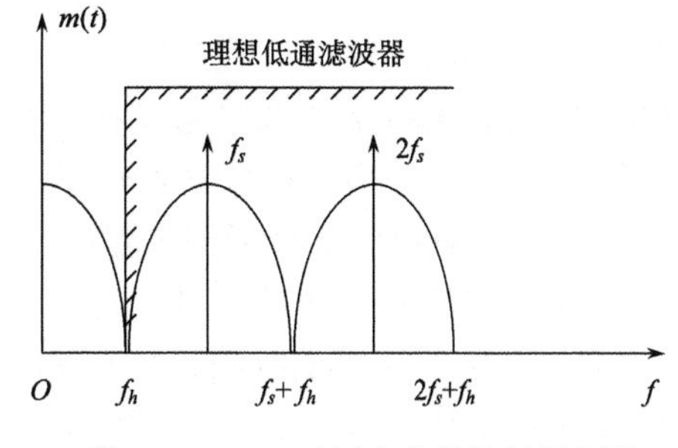

图 6-2　$f_s=2f_h$ 时语音信号的抽样频谱

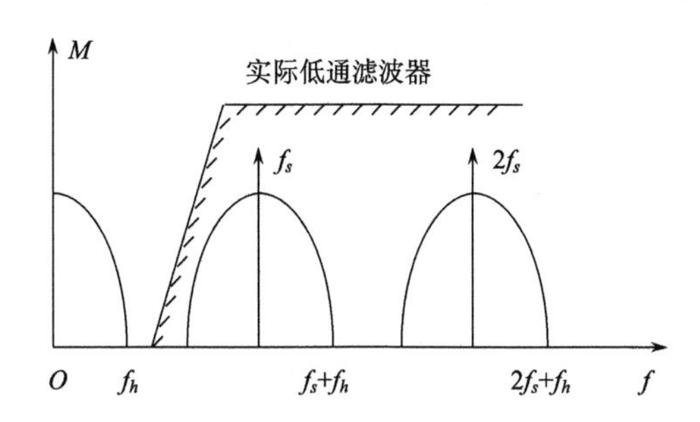

图 6-3　留出防卫带 ($f_s>2f_h$) 的语音信号的抽样频谱

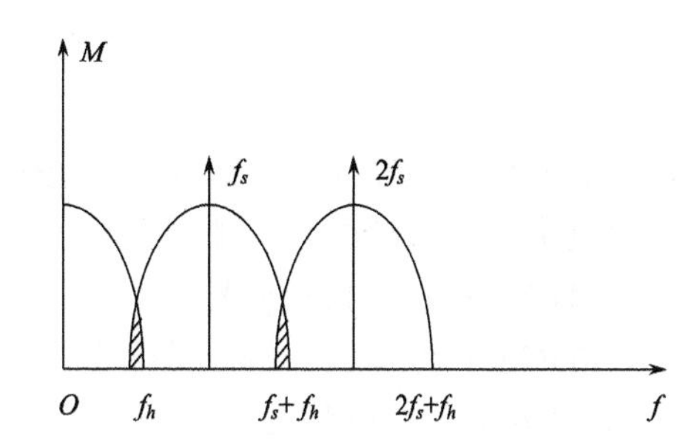

图 6-4　$f_s<2f_h$ 时语音信号的抽样频谱

在抽样定理实验中，采用标准的 8kHz 抽样频率，并用函数信号发生器产生一个频率为 f_h 的信号来代替实际语音信号。通过改变函数信号发生器的频率 f_h，观察抽样序列和低通滤波器的输出信号，检验抽样定理的正确性。抽样定理实验原理如图 6-5 所示。

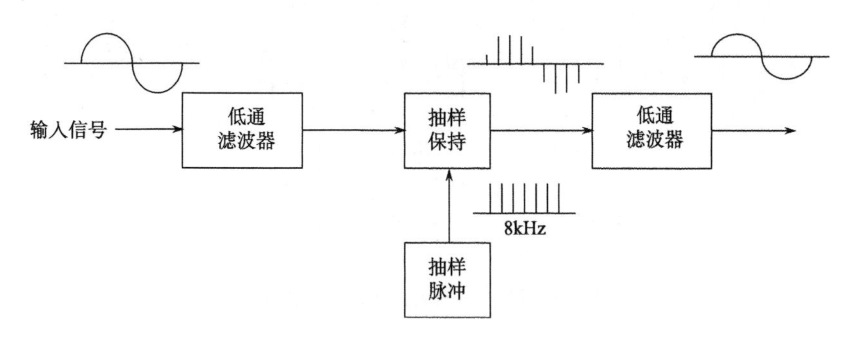

图 6-5　抽样定理实验原理框图

实验电路组成如图 6-6 所示。输入信号首先经过信号选择跳线开关 K701，当 K701 设置在 N 位置(左端)时，输入信号是来自电话接口 1 模块的发送语音信号；当 K701 设置在 T 位置(右端)时，输入信号来自测试信号。测试信号可以选择外部测试信号或内部测试信号，当设置在交换模块内的跳线开关 KO01 设置在 1_2 位置(左端)时，选择内部 3.2kHz 测试信号；当设置在 2_3 位置(右端)时选择外部测试信号，测试信号从 J005 模拟测试端口输入，抽样定理实验采用外部测试信号输入。

运放 U701A、U701B（TL084）和周边阻容器件组成一个 3dB 带宽为 3400Hz 的低通滤波器，用于限制最高的语音信号频率。信号经运放 U701C 缓冲输出，送到 U703（CD4066）模拟开关。模拟开关 U703（CD4066）通过抽样时钟完成对信号的抽样，形成抽样序列信号。信号经运放 U702B（TL084）缓冲输出。运放 U702A、U702C（TL084）和周边阻容器件组成一个 3dB 带宽为 3400Hz 的低通滤波器，用来恢复原始信号。

跳线开关 K702 用于选择输入滤波器，当 K702 设置在 F 位置（左端）时，送入到抽样电路的信号经过 3400Hz 的低通滤波器；当 K702 设置在 NF 位置（右端）时，信号不经过抗混叠滤波器直接送到抽样电路，其目的是观测混叠现象。

设置在交换模块内的跳线开关 KQ02 为抽样脉冲选择开关，设置在 H 位置为平顶抽样（左端），平顶抽样是通过采样保持电容来实现的，且 $\tau = T_S$；设置在 NH 为理想抽样（右端），为便于恢复出的信号观测，此抽样脉冲略宽，近似于自然抽样。平顶抽样有利于解调后提高输出信号的电平，但会引入信号频谱失真 $\sin(\omega\tau/2)/(\omega\tau/2)$，其中，$\tau$ 为抽样脉冲宽度。通常在实际设备里，接收端必须采用频率响应为 $(\omega\tau/2)/\sin(\omega\tau/2)$ 的滤波器来进行频谱校准，抵消失真。这种频谱失真称为孔径失真。

该电路模块各测试点安排如下。

（1）TP701：输入模拟信号。

（2）TP702：经滤波器输出的模拟信号。

（3）TP703：抽样序列。

（4）TP704：恢复模拟信号。

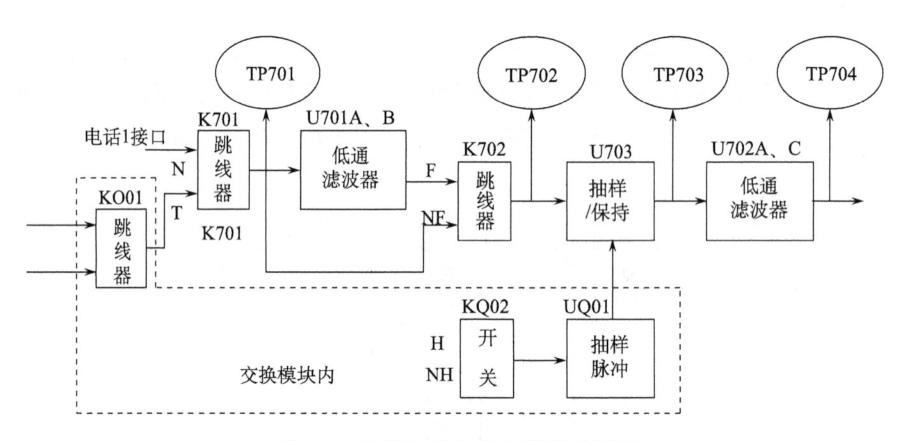

图 6-6　抽样定理实验电路组成框图

6.3.2　实验步骤

将交换模块内的抽样时钟模式开关 KQ02 设置在 2_3 位置（NH 位置），KQ01 设置在 1_2 位置。将测试信号选择开关 KO01 设置在外部测试信号输入 2_3 位置（右端），具体实验步骤如下。

1. 近似理想抽样脉冲序列测量

（1）将输入信号选择开关 K701 设置在 2_3 位置（T，测试状态），将低通滤波器选择开关 K702 设置在 1_2 位置(F，滤波)，为便于观测，调整函数信号发生器将正弦波输出频率为 200～1000Hz 和输出电平为 $2V_{p-p}$ 的测试信号送入信号测试端口 J005 和 J006(地)。

(2)用示波器同时观测正弦波输入信号(J005)和抽样脉冲序列信号(TP703)，观测时以 TP703 作同步。调整示波器同步电平和微调函数信号发生器输出频率，使抽样序列与输入测试信号基本同步。测量抽样脉冲序列信号与正弦波输入信号的对应关系。

2. 理想抽样重建信号观测

TP704 为重建信号输出测试点。保持测试信号不变，用示波器同时观测重建信号输出测试点 TP704 和正弦波输入信号 J005，观测时以 J005 作同步。

3. 平顶抽样脉冲序列测量

将交换模块内的抽样时钟模式开关 KQ02 设置在 1_2 位置(左端)。

测量方法同 1，请读者自拟测量方案。记录测量波形，与理想抽样测量结果进行比较。

4. 平顶抽样重建信号观测

将交换模块内的抽样时钟模式开关 KQ02 设置在 1_2 位置(左端)。

测量方法同 2，请读者自拟测量方案。记录测量波形，与理想抽样测量结果对比分析平顶抽样的测试结果。

5. 信号混叠观测

(1)当输入信号频率高于 4kHz(1/2 抽样频率)时，重建信号将出现混叠效应。观测时，将跳线开关 K702 设置在 2_3 位置(NF，无输入滤波器)。调整函数信号发生器将正弦波输出频率为 6～7kHz、电平为 $2V_{p-p}$ 的测试信号送入信号测试端口 J005 和 J006(地)。

(2)用示波器观测重建信号输出波形。缓慢变化测试信号输出频率，注意观察输入信号与重建信号波形的变化是否相对应，分析并解释测量结果。

6.4 PCM 编译码

6.4.1 实验原理

PCM 编译码模块将来自用户接口模块的模拟信号进行 PCM 编译码，该模块采用 MC145540 集成电路完成 PCM 编译码功能。该器件具有多种工作模式和功能，工作前通过显示控制模块将其配置成直接 PCM 模式(直接将 PCM 码进行打包传输)，使其具有以下功能。

(1)对来自接口模块发支路的模拟信号进行 PCM 编码输出。

(2)将输入的 PCM 码字进行译码(通话对方的 PCM 码字)，并将译码之后的模拟信号送入用户接口模块。

在通信原理综合实验平台中有两套完全一致的 PCM 编译码模块，这两个模块与相应的电话用户接口模块相连。本书仅以第一路 PCM 编译码原理进行说明，另一个模块原理与第一路模块相同，不再赘述。

PCM 编译码器模块电路与 ADPCM 编译码器模块电路完全一样，由语音编译码集成电路 U502(MC145540)、运放 U501(TL082)、晶振 U503(20.48MHz)及相应的跳线开关和电位器组成。

电路工作原理：PCM 编译码模块由收和发两个支路组成，在发送支路上发送信号经 U501A 放大后，送入 U502 的 2 引脚进行 PCM 编码。编码输入时钟为 BCLK(256kHz)，编码数据从 U502 的 20 引脚输出(DT_ADPCM1)，FSX 为编码抽样时钟(8kHz)。编码之后的数据结果送入后续数据复接模块进行处理，或直接送到对方 PCM 译码单元。在接收支路中，接收数据是来自解数据复接模块的信号(DT_ADPCM_MUX)，或是直接来自对方 PCM 编码单元信号(DT_ADPCM2)，在接收帧同步时钟 FSX(8kHz)与接收输入时钟 BCLK(256kHz)的共同作用下，将接收数据送入 U502 中进行 PCM 译码。译码之后的模拟信号经运放 U501B 放大缓冲输出，送到用户接口模块中。

PCM 编译码模块中的各跳线功能如下(测试点与 ADPCM 编译码模块相同)。

(1)跳线开关 K501 用于选择输入信号，当 K501 置于 N(正常)位置时，选择来自用户接口单元的语音信号；当 K501 置于 T(测试)位置时选择测试信号。测试信号主要用于测试 PCM 的编译码特性。测试信号可以选择外部测试信号或内部测试信号，当设置在交换模块内的跳线开关 KO01 设置在 1_2 位置(左端)时，选择内部 3.2kHz 测试信号；当设置在 2_3 位置(右端)时选择外部测试信号，测试信号从 J005 模拟测试端口输入。

(2)跳线器 K502 用于设置发送通道的增益选择，当 K502 置于 N(正常)位置时，选择系统平台默认的增益设置；当 K502 置于 T(测试)位置时将通过调整电位器 W501 设置发送通道的增益。

(3)跳线器 K504 用于设置 PCM 译码器的输入数据信号选择，当 K504 置于 MUX(左)时处于正常状态，解码数据是来自解复接模块的信号；当 K504 置于 ADPCM2(中)时处于正常状态，解码数据直接来自对方 PCM 编码单元信号；当 K504 置于 LOOP(右)时 PCM 单元将处于自环状态。

(4)跳线器 K503 用于设置接收通道增益选择，当 K503 置于 N(正常)时，选择系统平台默认的增益设置；当 K503 置于 T(测试)时将通过调整电位器 W502 设置接收通道的增益。

该单元的电路框图如图 6-7 所示。两个模块电路完全相同。在该模块中，各测试点的定义如下。

(1)TP501：发送模拟信号测试点。

(2)TP502：PCM 发送码字。

(3)TP503：PCM 编码器输入/输出时钟。

(4)TP504：PCM 编码抽样时钟。

(5)TP505：PCM 接收码字。

(6)TP506：接收模拟信号测试点。

6.4.2 实验步骤

加电后，通过菜单选择 PCM 编码方式，此时系统将 U502 设置为 PCM 模式，具体实验步骤如下。

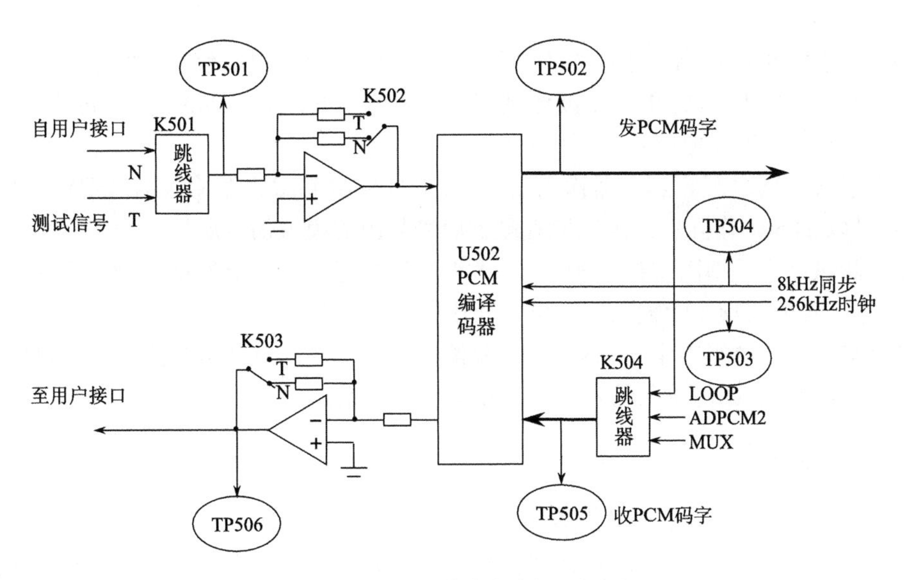

图 6-7　PCM 模块电路组成框图

1. PCM 编码器

1)输出时钟和帧同步时隙信号观测

用示波器同时观测抽样时钟信号(TP504)和输出时钟信号(TP503)，观测时以 TP504 作同步。分析和掌握 PCM 编码抽样时钟信号与输出时钟的对应关系(同步沿、脉冲宽度等)。

2)抽样时钟信号与 PCM 编码数据测量

方法一：将跳线开关 K501 设置在 T 位置，KO01 置于右端(外部信号输入)用函数信号发生器产生一个频率为 1000Hz、电平为 $2V_{p\text{-}p}$ 的正弦波测试信号送入信号测试端口 J005 和 J006(地)。

用示波器同时观测抽样时钟信号(TP504)和编码输出数据信号端口(TP502)，观测时以 TP504 作同步。分析和掌握 PCM 编码输出数据与抽样时钟信号(同步沿、脉冲宽度)及输出时钟的对应关系。

方法二：将输入信号选择开关 K501 设置在 T 位置，将交换模块内测试信号选择开关 KO01 设置在内部测试信号 1_2 位置(左端)。此时由该模块产生一个 3.2kHz 的测试信号，送入 PCM 编码器。

(1)用示波器同时观测抽样时钟信号(TP504)和编码输出数据信号端口(TP502)，观测时以 TP504 作同步。分析和掌握 PCM 编码输出数据与帧同步时隙信号、发送时钟的对应关系。

(2)将发通道增益选择开关 K502 设置在 T 位置(右端)，通过调整电位器 W501 改变发通道的信号电平。用示波器观测编码输出数据信号(TP502)随输入信号电平变化的相对关系。

2. PCM 译码器

将跳线开关 K501 设置在 T(右端)，K502 设置在 N，K504 设置在 LOOP 位置(右端)。

此时将 PCM 输出编码数据直接送入本地译码器，构成自环。用函数信号发生器产生一个频率为 1004Hz、电平为 $2V_{p\text{-}p}$ 的正弦波测试信号送入信号测试端口 J005 和 J006(地)。

PCM 译码器输出模拟信号观测步骤如下。

(1)用示波器同时观测解码器输出信号端口(TP506)和编码器输入信号端口(TP501)，观测信号时以 TP501 作同步。定性地观测解码恢复出的模拟信号质量。

(2)将测试信号频率固定在 1004Hz，改变测试信号电平，定性地观测解码恢复出的模拟信号质量。观测信噪比随输入信号电平变化的相对关系。

(3)将测试信号电平固定在 $2V_{p\text{-}p}$，调整测试信号频率，定性地观测解码恢复出的模拟信号质量。观测信噪比与输入信号频率变化的相对关系。

3. 系统性能指标测量

1)PCM 编译码系统动态范围测量

动态范围是指在满足一定信噪比的条件下，允许输入信号电平变化的范围。通常规定测试信号的频率为 1004Hz，动态范围应满足 CCITT 建议的框架(样板值)，如图 6-8 所示。测试时将跳线开关 K501 设置在 T 位置，K504 设置在 LOOP 位置，此时使 PCM 编码器和译码器构成自环。

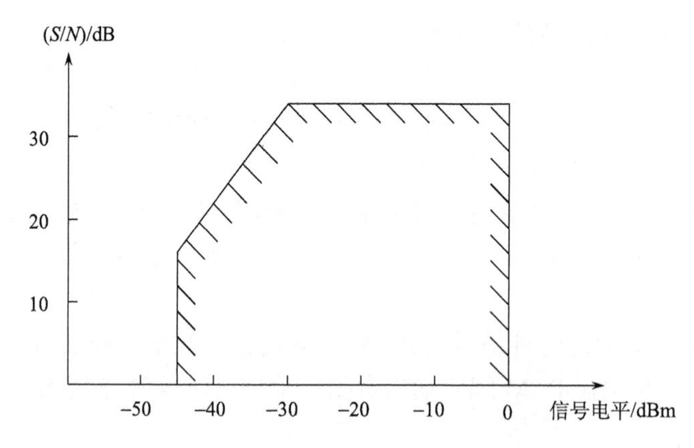

图 6-8 PCM 编译码系统动态范围样板图

动态范围的测试连接见图 6-9。测量时，输入信号由小至大调节，测量不同电平时的信噪比值，记录测量数据。为确保器件安全，不要求学生对输入信号的临界过载信号进行验证，取输入信号的最大幅度为 $5V_{p\text{-}p}$(注：如无音频损伤测试仪时，可以用示波器定性地观察模拟信号受量化噪声及电路噪声的影响)。

2)PCM 编译码系统信噪比测量

跳线开关设置同上，测试连接如图 6-9 所示。

测量时，选择一个最佳编码电平(通常为–10dBr)，在此电平下测试不同频率下的 S/N 值。频率选择 300Hz、500Hz、800Hz、1004Hz、2010Hz、3000Hz、3400Hz，直接从音频损伤测试仪上读取数据，记录测量数据。该项测量视配备的教学仪表决定。

3)频率特性测量

跳线开关设置同上。用函数信号发生器产生一个频率为 1004Hz、电平为 $2V_{p\text{-}p}$ 的正弦波测试信号送入信号测试端口 J005 和 J006(地)。用示波器(或电平表)测量输出信号端口 TP506 的电平。测量频率范围是 250～4000Hz。

4)信道自环增益测量

跳线开关设置同上。用函数信号发生器产生一个频率为 1004Hz、电平为 $2V_{p\text{-}p}$ 的正弦波测试信号送入信号测试端口 J005 和 J006。用示波器(或电平表)测量输出信号端口(TP506)的电平。将收发电平的倍数(增益)换算为 dB 表示。

5)PCM 编译码系统信道空闲噪声测量

跳线开关设置同上，测试连接如图 6-9 所示。

空闲噪声指标从音频损伤测试仪上直接读取。该项测量视配备的教学仪表决定。

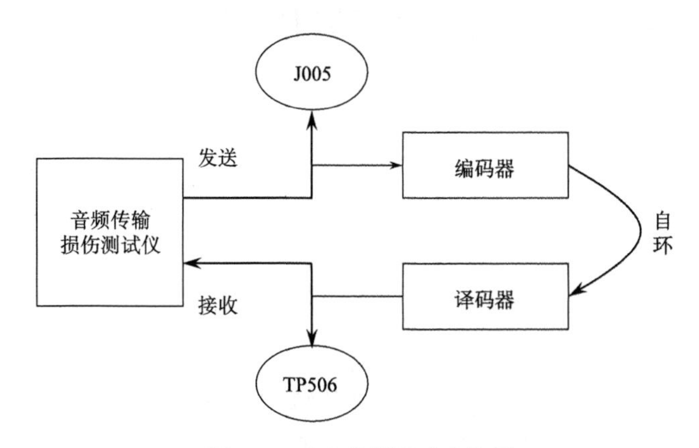

图 6-9　动态范围测试连接图

6.5　实验报告及要求

(1)实验目的、实验仪器、实验原理和实验步骤。

(2)记录测量数据，画出各测量点波形和相应的曲线。

(3)分析总结实验测试结果。

(4)PAM 中，当 $f_s > 2f_h$ 和 $f_s < 2f_h$ 时，低通滤波器输出的波形分别是什么？

(5)对 PCM 系统的系统性能进行分析，总结其特点。

实验 7　汉明码实验

7.1　实 验 目 的

通过纠错编解码实验，加深对纠错编解码理论的理解。

7.2　实 验 仪 器

(1)通信原理综合实验箱一台。

(2)示波器一台。

(3)误码测试仪一台。

(4)频谱仪一台。

7.3　实 验 原 理

差错控制编码的基本做法是：在发送端被传输的信息序列上附加一些监督码元，这些多余的码元与信息之间以某种确定的规则建立校验关系。接收端按照既定的规则检验信息码元与监督码元之间的关系，一旦传输过程中发生差错，则信息码元与监督码元之间的校验关系将受到破坏，从而可以发现错误，甚至纠正错误。

通信原理综合实验系统中的纠错码系统采用汉明码。汉明码是一种能纠正单个错误的线性分组码，它的特点如表 7-1 所示。

表 7-1　汉明码的特点

码长	信息码位	监督码位	最小码距	纠错能力
$n=2^m-1$	$k=2^m-m-1$	$r=n-k$	$d=3$	$t=1$

表 7-1 中，m 是大于等于 2 的正整数，给定 m 后，即可构造出具体的汉明码(n, k)。当 m=3 时，即为(7,4)汉明码。

汉明码的监督矩阵有 m 行 n 列，它的 n 列分别由除了全 0 之外的 m 位码组构成，每个码组只在某列中出现一次。系统中的监督矩阵为

$$H=\begin{pmatrix} 1 & 1 & 1 & 0 & 1 & 0 & 0 \\ 0 & 1 & 1 & 1 & 0 & 1 & 0 \\ 1 & 1 & 0 & 1 & 0 & 0 & 1 \end{pmatrix} \tag{7.1}$$

其相应的生成矩阵为

$$G=\begin{pmatrix}1&0&0&0&1&0&1\\0&1&0&0&1&1&1\\0&0&1&0&1&1&0\\0&0&0&1&0&1&1\end{pmatrix} \tag{7.2}$$

汉明编码器和译码器原理图如图 7-1 和图 7-2 所示。

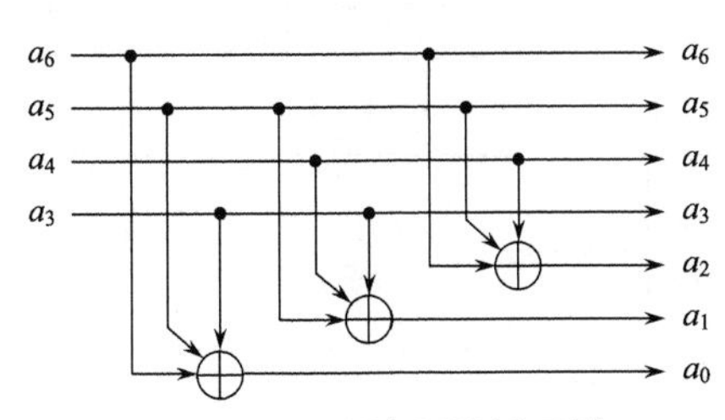

图 7-1　汉明编码器原理图

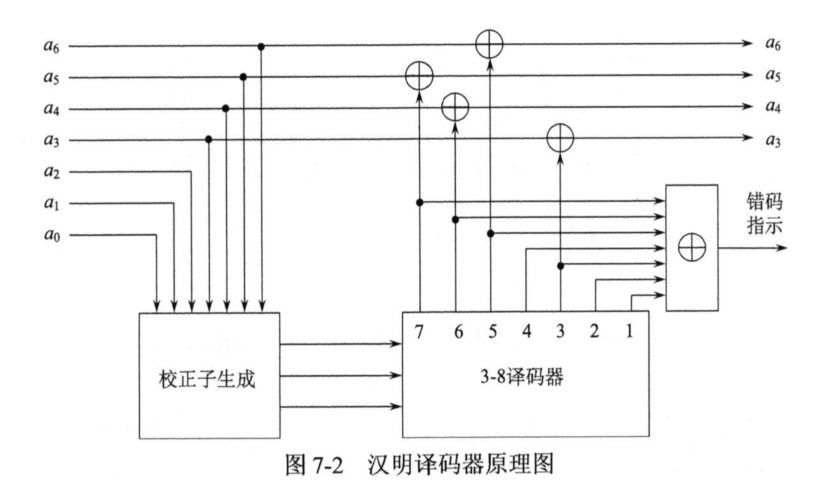

图 7-2　汉明译码器原理图

(7，4)汉明编码输入数据与监督码元生成如表 7-2 所示。编码输出数据最先输出是 a_6 位，其次是 a_5 ,a_4,…，最后输出 a_0 位。汉明编译码模块实验电路功能组成框图如图 7-3 和图 7-4 所示。

表 7-2　(7, 4)汉明编码输入数据与监督码元生成表

4 位信息位 a_6,a_5,a_4,a_3	3 位监督码元 a_2,a_1,a_0	4 位信息位 a_6,a_5,a_4,a_3	3 位监督码元 a_2,a_1,a_0
0000	000	1000	101
0001	011	1001	110
0010	110	1010	011
0011	101	1011	000
0100	111	1100	010
0101	100	1101	001
0110	001	1110	100
0111	010	1111	111

汉明编码模块实验电路工作原理描述如下。

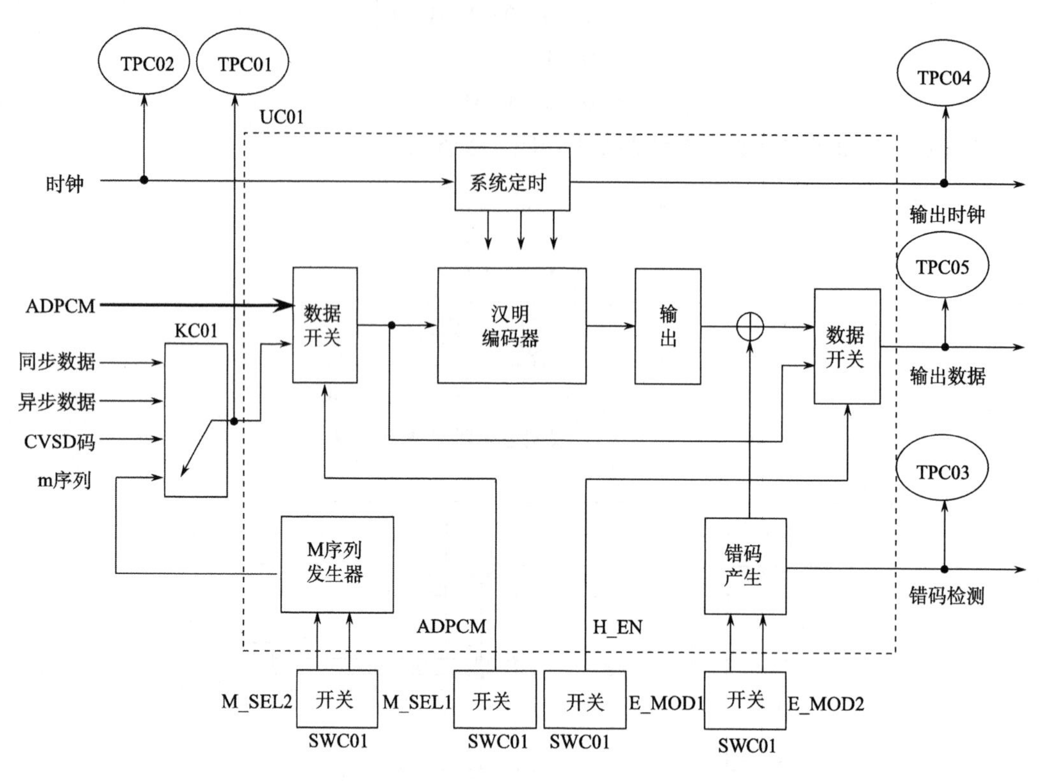

图 7-3　汉明编码模块实验电路功能组成框图

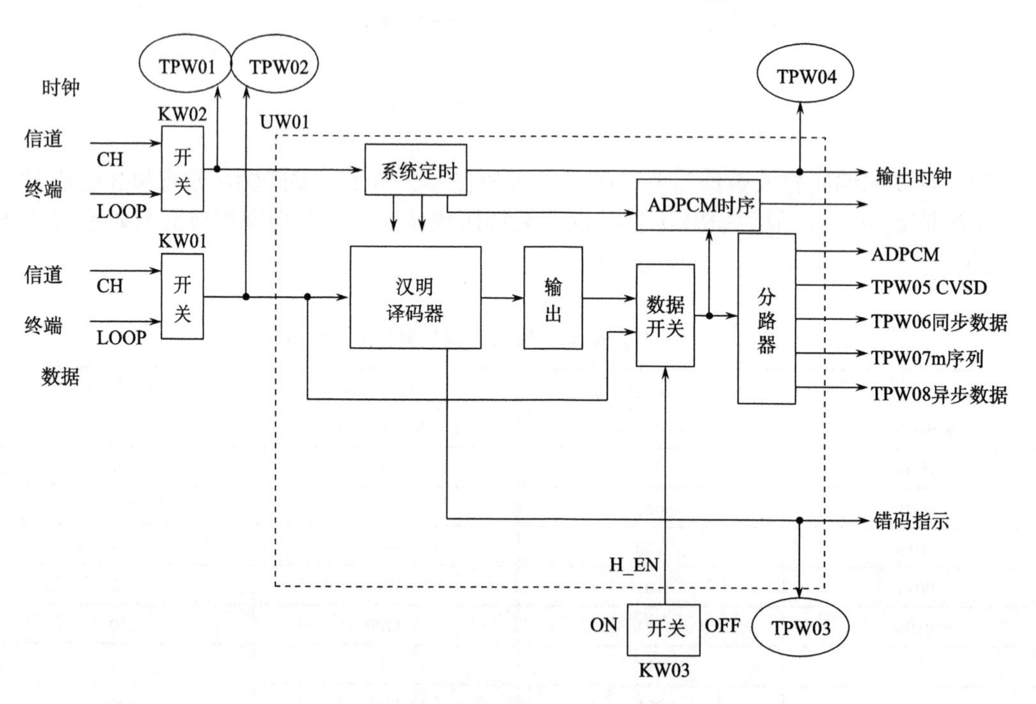

图 7-4　汉明译码模块实验电路功能组成框图

1. 输入数据

汉明编码输入数据可以来自ADPCM1模块的ADPCM码字，或来自同步数据端口数据、异步端口数据、CVSD编码数据、m序列。选择ADPCM码字，工作方式选择开关由SWC01中的ADPCM状态决定，当处于ADPCM状态时(插入跳线器)，汉明编码器对ADPCM信号编码；处于非ADPCM状态时(拔除跳线器)，输入编码数据来自开关KC01所设置的位置，分别为同步数据端口数据、异步端口数据、CVSD编码数据和m序列。

2. m序列发生器

m序列用于测试汉明编码规则，输出信号与开关SWC01位置如表7-3所示。

表7-3 跳线器SWC01与产生输出数据信号

选项	SWC01 设置状态			
M_SEL2	□ □	■━■	□ □	■━■
M_SEL1	□ □	□ □	■━■	■━■
m序列	0/1码	00/11码	0010111	15位码长

3. 编码使能开关

此开关应与接收端汉明译码器使能开关同步使用，该开关处于使能状态(H_EN短路器插入)，汉明编码器工作，否则汉明编码器不工作(注：汉明编码器不工作时，ADPCM和CVSD语音数据无法通话，这是因为编码速率与信道速率不匹配)。

4. 错码产生

错码产生专门为测量汉明译码器的纠错和检错性能设计。开关SWC01位置与插入错码参数如表7-4所示。

表7-4 跳线器SWC01与插入错码信号

选项	SWC01 设置状态			
E_MOD0	□ □	■━■	□ □	■━■
E_MOD1	□ □	□ □	■━■	■━■
错码序列	无错码	错1位	错2位	错更多

错码可以用示波器从错码指示端口TPC03监测。汉明编码模块各测试点定义如下。

(1) TPC01：输入数据。

(2) TPC02：输入时钟。

(3) TPC03：错码指示(无加错时，该点为低电平)。

(4) TPC04：编码模块输出时钟(56kHz/BPSK/DBPSK)。

(5) TPC05：编码模块输出数据(56Kbit/s/BPSK/DBPSK)。

汉明译码模块实验电路工作原理描述如下。

1)输入信号选择开关

开关KW01和KW02用于选择输入信号和时钟，各来自解调器信道或直接来自汉明编码模块。当KW01和KW02设置在1_2位置(CH：左端)，则输入信号来自信道；开关KW01和KW02设置在2_3位置(LOOP：右端)，则输入信号来自汉明编码模块。

2)汉明译码器

主要由串/并变换器、校正子生成器、3-8译码器和纠错电路构成。

3)汉明译码使能开关

SW03中的H_EN与发端编码使能开关同步使用。汉明译码模块各测试点定义如下。

(1)TPW01：输入时钟(56kHz BPSK/DBPSK)。

(2)TPW02：输入数据(56Kbit/s BPSK/DBPSK)。

(3)TPW03：检测错码指示。

(4)TPW04：输出时钟。

(5)TPW05：CVSD数据输出。

(6)TPW06：同步数据输出。

(7)TPW07：m序列输出。

(8)TPW08：异步数据输出。

7.4 实 验 步 骤

首先通过菜单将调制方式设置为BPSK或DBPSK方式，并选择外部数据输入。然后用中频电缆连接KO02和JL02，建立中频自环。

将汉明译码模块内输入信号和时钟选择开关KW01和KW02设置在1_2位置(左端)。将跳线器KK01和KL01设置在1_2位置，Ki01和Ki02跳线器插入，将噪声模块内的噪声输出电平调整开关SWO01设置为10000001。

汉明编码模块内工作方式选择开关为SWC01，将编码使能开关(H_EN)插入，ADPCM数据断开；加扰使能跳线器E_MOD0和E_MOD1拔出；设置m序列方式为00(M_SEL2和M_SEL1拔出)，如图7-5所示，此时m序列输出为1/0码。

最后将输入数据选择开关KC01设置在m序列(DT_M)位置。具体实验步骤如下。

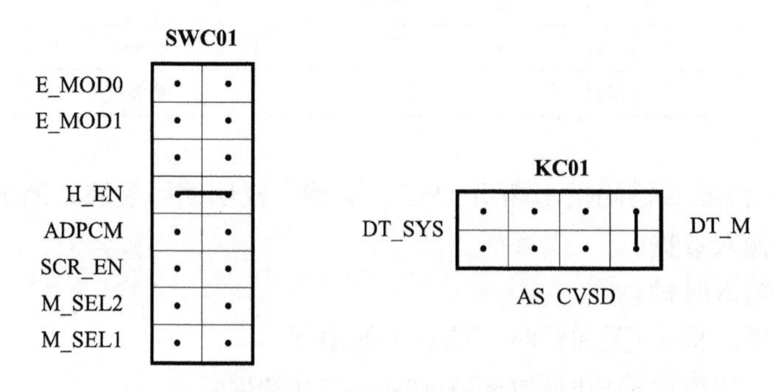

图7-5 SWC01和KC01设置方式

1. 编码规则验证

(1)用示波器同时观测编码输入信号 TPC01 波形和编码输出波形 TPC05，观测时以 TPC01 同步，记录至少一个完整的汉明编码输出周期波形，并检查其是否符合汉明编码规则(参见表 7-2)。

注：输入和输出数据速率不同，输入数据速率为 32Kbit/s，输出数据速率为 56Kbit/s。

(2)设置 m 序列方式为 10(M_SEL2 插入，M_SEL1 拔下)，此时 m 序列输出为 11/00 码(见表 7-3)。用示波器同时观测编码输入信号 TPC01 波形和编码输出波形 TPC05，观测时以 TPC01 同步，记录至少一个完整的汉明编码输出周期波形，并检查其是否符合汉明编码规则。

(3)设置 m 序列方式为 01(M_SEL1 插入，M_SEL2 拔出)，重复上述测量步骤。

(4)设置 m 序列方式为 11(M_SEL1 和 M_SEL2 都插入)，重复上述测量步骤。

注：后面两种 m 序列周期因非 4bit 的倍数，一个汉明编码输出周期是 4 个 m 序列。

2. 译码数据输出测量

(1)用示波器同时观测汉明编码输入 TPC01 波形和汉明译码输出 m 序列波形 TPW07，观测时以 TPC01 同步。测量译码输出数据与发端信号是否保持一致。

(2)设置不同的 m 序列方式，重复上述实验，验证汉明编译码的正确性。

问题与思考：(KO01 置于左边，K501 置于右边)当 m 序列产生输出 0/1 码或 00/11 码或 7 位 m 序列时(都是短周期数据)，观测编译码信号是否一致。然后保持设置不变，将实验箱关机后再开机，有可能发生译码输出与编码数据不一致。

如不一致，可将 SWC01 中的 M_SEL1 和 M_SEL2 两个开关都插入(输入测试信号为 15 位的长 m 序列)，就可正确译码。然后拔去 M-SEL2， 改变输入为 7 位短 m 序列，仍能正确译码；或者将 KC01 中的选择开关从 m 序列改到 CVSD 一段时间(加入一段随机码)，再改回到 m 序列也可正确译码。这是为什么?请参阅表 7-2 进行分析。在实际通信中如何解决这个问题?

3. 译码同步过程观测

将汉明编码模块工作方式选择开关 SWC01 的编码使能开关 (H_EN) 插入；ADPCM 数据有效(ADPCM 插入)。将汉明译码模块的输入信号和时钟选择开关 KW01 和 KW02 设置在 1_2 位置(左端)。

(1)用示波器检测汉明译码模块内错码检测指示输出波形 TPW03。将汉明编码模块内工作方式选择开关SWC01的编码使能开关(H_EN) 断开，观测 TPW03 变化；再将 H_EN 插入，观测汉明译码的同步过程，记录测量结果。

(2)将 ADPCM 数据换为 m 序列(ADPCM 断开，M_SEL1 和 M_SEL2 跳线器插入)，重复上述测量步骤，分析测量结果。

4. 发端加错信号观测

将汉明编码模块工作方式选择开关 SWC01 的编码使能开关(H_EN) 插入；ADPCM 数

据有效(ADPCM 插入)。将汉明译码模块内输入信号和时钟选择开关 KW01 和 KW02 设置在 1_2 位置。

(1)用示波器同时测量汉明编码模块内加错指示 TPC03 和汉明译码模块内错码检测指示输出波形 TPW03 的波形，观测时以 TPC03 同步，此时无错码。

(2)将汉明编码模块工作方式选择开关 SWC01 的加错开关 E_MOD0 接入，产生 1 位错码，定性观测汉明译码能否检测出错码，记录结果。

(3)将汉明编码模块工作方式选择开关 SWC01 的加错开关 E_MOD1 接入，产生 2 位错码，定性观测汉明译码能否检测出错码，记录结果。

(4)将汉明编码模块工作方式选择开关 SWC01 的加错开关 E_MOD0 和 E_MOD1 都插入，产生更多错码，定性观测汉明译码能否检测出错码和失步，记录结果。

5. 收端错码检测能力观测和错码纠错性能测量

首先通过菜单将调制方式设置为 BPSK(或 DBPSK)方式；将汉明编码模块工作方式选择开关 SWC01 的编码使能开关(H_EN) 插入，ADPCM 数据断开；将输入数据选择开关 KC01 设置在同步数据输入 DT-SYS (最左端)。然后将汉明译码模块内输入信号和时钟选择开关 KW01 和 KW02 设置在 1_2 位置。最后将误码测试仪 RS422 端口通过转换电缆与实验箱同步模块的 JH02 插座连接(**注意插入方向：JH02 插座面对实验箱左下角为 1 脚；插头上有小三角符号的为 1 脚。误码测试仪必须断电后连接**)。

(1)加电后将误码测试仪模式设置为“连续”，码类选择为 9 级 m 序列，接口时钟设置为“外接时钟”，接口类型选择 RS422 方式。按“测试”键进行测试，测量误码率。

(2)将汉明编码模块工作方式选择开关 SWC01 的加错开关 E_MOD0 接入，产生 1 位错码(每隔 15 个分组，在一个分组中产生 1bit 错码)，测量误码率，看汉明编译码系统能否纠 1 位错码，记录结果。

(3)将汉明编码模块工作方式选择开关 SWC01 的加错开关 E_MOD1 接入，产生 2 位错码(每隔 15 个分组，在一个分组中产生 2 比特错码)，测量误码率，看汉明编译码系统能否纠 2 位错码，记录结果。

(4)将汉明编码模块工作方式选择开关 SWC01 的加错开关 E_MOD0 和 E_MOD1 都插入，产生更多错码(在每一个分组中产生一个错误比特)，能否测量误码?为什么?

7.5 实验报告及要求

(1)实验目的、实验仪器、实验原理和实验步骤。

(2)记录测量数据，画出各测量点波形和相应的曲线。

(3)分析总结实验测试结果。

(4)分析讨论汉明编码系统的性能及应用的局限性。

实验 8　基于 MATLAB 的模拟信号传输系统实验

8.1　实 验 目 的

(1)掌握模拟幅度及角度调制/解调的原理和方法。

(2)掌握模拟幅度及角度调制信号的波形和频谱特点。

(3)掌握模拟幅度及角度调制系统的 MATLAB 仿真实现方法。

8.2　实 验 仪 器

PC(要求装有 MATLAB 软件)一台。

8.3　实 验 原 理

8.3.1　幅度调制/解调基本原理

幅度调制是由调制信号控制高频载波的幅度，使之随调制信号线性变化的过程。设正弦载波为 $s(t)=A\cos(\omega_c t+\varphi_0)$，其中，$A$ 为载波幅度；ω_c 为载波角频率；φ_0 为载波初始相位，一般可记为 0。幅度调制信号可表示为

$$s_m(t)=Am(t)\cos(\omega_c t+\varphi_0) \tag{8.1}$$

对应频谱可以表示为

$$S_m(\omega)=\frac{A}{2}\left[M(\omega+\omega_c)+M(\omega-\omega_c)\right] \tag{8.2}$$

由式(8.1)、式(8.2)可以看出，已调信号的幅度随基带信号成正比变化，其频谱是基带信号频谱的简单搬移。这种搬移是线性的，因此幅度调制又称为线性调制。

图 8-1 为幅度调制的一般模型，通过选择不同特性的滤波器便可以得到各种幅度调制信号，如调幅(AM)、双边带(DSB)、单边带(SSB)及残留边带(VSB)信号等。

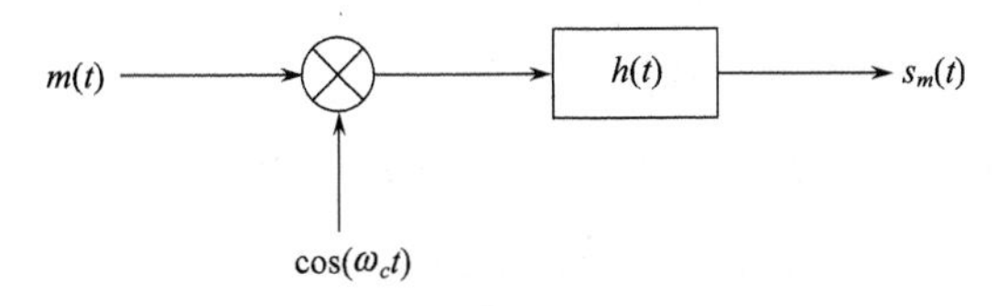

图 8-1　幅度调制的一般模型

解调是调制的逆过程，作用是从接收到的已调信号中恢复原基带信号(调制信号)。幅度调制属于线性调制，它的解调方式有两种，即相干解调和非相干解调。其中，相干解调是指有本地载波参与解调，利用了信号的幅度信息和相位信息，适用于各种幅度调制方式

的解调。非相干解调是指利用信号的幅度信息，它仅适用于标准调幅(AM)信号的解调，这里仅介绍相干解调。

为了无失真地恢复基带信号，接收端必须提供与发送端载波严格同步(同频同相)的本地载波(称为相干载波)，它与接收信号相乘并经过低通滤波后，可得到解调信号，如图 8-2 所示。

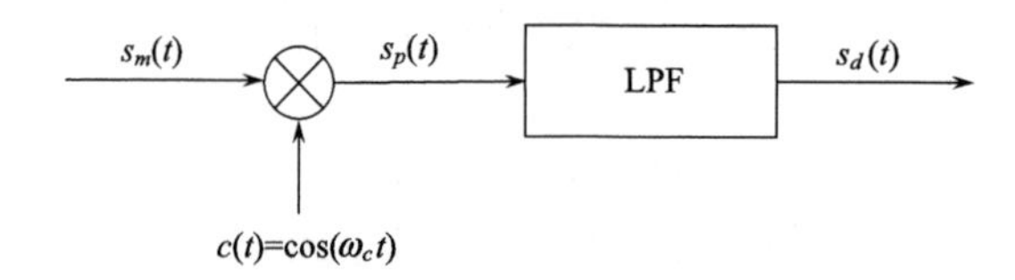

图 8-2　相干解调器的一般模型

已调信号的表达式为

$$s_m(t)=s_c(t)\cos(\omega_c t)+s_s(t)\sin(\omega_c t) \tag{8.3}$$

与相干载波相乘(假设接收端与发送端载波同频同相) 得到信号 $s_p(t)$ 为

$$\begin{aligned} s_p(t)&=s_m(t)\cos(\omega_c t)\\ &=\frac{1}{2}s_c+\frac{1}{2}s_c(t)\cos(2\omega_c t)+\frac{1}{2}s_s(t)\sin(2\omega_c t) \end{aligned} \tag{8.4}$$

经过低通滤波和隔直流后，得到信号 $s_d(t)$ 为

$$s_d(t)=\frac{1}{2}s_c(t)\to\frac{1}{2}m(t) \tag{8.5}$$

对于各种线性调制方式 $s_c(t)$ 中都包含了 $m(t)$ 信息，由此，完成了解调过程。

1. 双边带调制

设均值为零的模拟基带信号为 $m(t)$，DSB 信号为

$$s(t)=m(t)\cos(\omega_c t) \tag{8.6}$$

当 $m(t)$ 是随机信号时，其功率谱密度为

$$P_s(f)=\frac{1}{4}\left[P_M(\omega-\omega_c)+P_M(\omega+\omega_c)\right] \tag{8.7}$$

当 $m(t)$ 是确知信号时，其频谱为

$$S_{\mathrm{DSB}}(\omega)=\frac{1}{2}\left[M(\omega-\omega_c)+M(\omega+\omega_c)\right] \tag{8.8}$$

其中，$P_M(\omega)$ 是 $m(t)$ 的功率谱密度；$M(\omega)$ 是 $m(t)$ 的频谱。

DSB 信号频谱除不含有载频分量离散谱之外，与 AM 信号频谱完全相同，仍由上下对称的两个边带组成。故 DSB 信号是不带载波的双边带信号，DSB 的带宽为基带信号带宽的两倍，即

$$B_{\mathrm{DSB}}=2B_M=2f_{\mathrm{H}} \tag{8.9}$$

其中，$B_M=f_{\mathrm{H}}$ 为调制信号带宽；f_{H} 为调制信号的最高频率。

对于接收端而言，$m(t)$ 均值为 0，因此调制后的信号不含离散的载波分量，若接收端能恢复出载波分量，则可采用以下相干解调

$$r(t)=s_{\text{DSB}}(t)\cos(\omega_c t)=m(t)\cos^2(\omega_c t)=\frac{1}{2}m(t)+\frac{1}{2}m(t)\cos(2\omega_c t) \tag{8.10}$$

再用低通滤波器滤去高频分量，得

$$m_0(t)=\frac{1}{2}m(t) \tag{8.11}$$

即无失真地恢复出原始信号。

2. 标准调幅

AM 是诸多调制方式中最简单的一种模拟调制方式，AM 信号的时域表达式为

$$s_{\text{AM}}(t)=\left[A_0+m(t)\right]\cos(\omega_c t)=A_0\cos(\omega_c t)+m(t)\cos(\omega_c t) \tag{8.12}$$

频域表达式为

$$S_{\text{AM}}(\omega)=\pi A_0\left[\delta(\omega+\omega_c)+\delta(\omega-\omega_c)\right]+\frac{1}{2}\left[M(\omega+\omega_c)+M(\omega-\omega_c)\right] \tag{8.13}$$

其中，A_0 为外加的直流分量；$m(t)$ 为模拟基带信号，可以是确知信号也可以是随机信号，但通常认为其平均值为 0，即 $\overline{m(t)}=0$。

AM 信号是带有载波的双边带信号，它的带宽为基带信号带宽的两倍，即

$$B_{\text{AM}}=2B_m=2f_{\text{H}} \tag{8.14}$$

AM 信号波形可用包络检波法很容易地恢复原始信号，但为了保证包络检波时不发生失真，必须满足 $A_0\geqslant|m(t)|_{\max}$，否则将出现过调幅现象而带来失真。

对于接收端而言，一般来说 AM 信号有两种解调方式，即相干解调法和非相干解调法，这里只介绍相干解调法。对于相干解调法而言，将已调 AM 信号乘以一个与调制器同频同相的载波，得

$$\begin{aligned}s_{\text{AM}}(t)\cos(\omega_c t)&=\left[A_0+m(t)\right]\cos^2(\omega_c t)\\&=\frac{1}{2}\left[A_0+m(t)\right]+\frac{1}{2}\left[A_0+m(t)\right]\cos(2\omega_c t)\end{aligned} \tag{8.15}$$

再经过低通滤波器，滤去第 2 项高频分量，即可无失真地恢复出原始调制信号

$$m_0(t)=\frac{1}{2}\left[A_0+m(t)\right] \tag{8.16}$$

3. 单边带调制

单边带信号(上边带)可以表示为

$$s(t)=m(t)\cos(2\pi f_c t)-\hat{m}(t)\sin(2\pi f_c t) \tag{8.17}$$

同理，单边带下边带信号可表示为

$$s(t)=m(t)\cos(2\pi f_c t)+\hat{m}(t)\sin(2\pi f_c t) \tag{8.18}$$

在接收端，可以通过图 8-2 相干解调的方式对单边带信号进行解调。

8.3.2　角度调制/解调基本原理

线性调制是通过改变载波的幅度来实现基带调制信号的频谱搬移，而非线性调制除了进行频谱搬移之外，它所形成的信号频谱不再保持原来基带信号的频谱形状。也就是说，已调信号频谱与基带信号频谱之间存在着非线性变换关系。非线性调制通常是通过改变载波的频率或相位来达到的，而频率或相位的变化都可以看成载波角度的变化，故这种调制又称角度调制。角度调制就是频率调制（Frequency Modulation, FM）和相位调制（Phase Modulation, PM）的统称。

角度调制信号的一般表达式为

$$C(t)=A\cos\left[\omega_c t+\varphi(t)\right] \tag{8.19}$$

其中，A 是载波的幅度；$[\omega_c t+\varphi(t)]$ 是已调信号的瞬时相位，$\varphi(t)$ 为瞬时相位偏移。

当载波的幅度不变时，用基带信号 $m(t)$ 去控制载波的瞬时频率的调制方法称为 FM 信号。调频的主要方法有直接调频和间接调频。在本次实验中采用间接调制调频方法。

调频波的表达式为

$$\begin{aligned} s_{\mathrm{FM}}(t)&=A\cos\left[\omega_c t+\varphi(t)\right]=A\cos\left[\omega_c+K_{\mathrm{FM}}\int_{-\infty}^{t}m(\tau)\mathrm{d}\tau\right]\\ &=A\cos(\omega_c t)\cdot\cos\left[K_{\mathrm{FM}}\int_{-\infty}^{t}m(\tau)\mathrm{d}\tau\right]-A\sin(\omega_c t)\cdot\sin\left[K_{\mathrm{FM}}\int_{-\infty}^{t}m(\tau)\mathrm{d}\tau\right] \end{aligned} \tag{8.20}$$

先将调制信号进行微分后再进行频率调制的方法称为 PM，此方法称为间接调相，与此相对应，直接调相的表达式为

$$s_{\mathrm{PM}}=A\cos\left[\omega_c t+K_{\mathrm{PM}}m(t)\right] \tag{8.21}$$

调制信号的解调分为相干解调和非相干解调两种。相干解调仅适用于窄带调频信号，且需同步信号，故应用范围受限；而非相干解调不需同步信号，且对于窄带角度调制信号和宽带角度调制信号均适用，因此是角度调制系统的主要解调方式。在本实验过程中选择用非相干解调方法进行解调。

调频信号的解调是要产生一个与输入调频的频率呈线性关系的输出电压。完成这个频率与电压变换关系的器件是频率解调器。解调器种类很多，有斜率鉴频器、锁相环、频率负反馈解调器等。下面介绍常用的鉴频器解调装置。

鉴频器的作用是把输入信号的频率变化转换成输出电压瞬时幅度的变化，也就是说，鉴频器输出电压的瞬时幅度与输入调频波的瞬时频率偏移成正比。鉴频器的数学模型可以等效为一个带微分器的包络检波器，如图 8-3 所示。

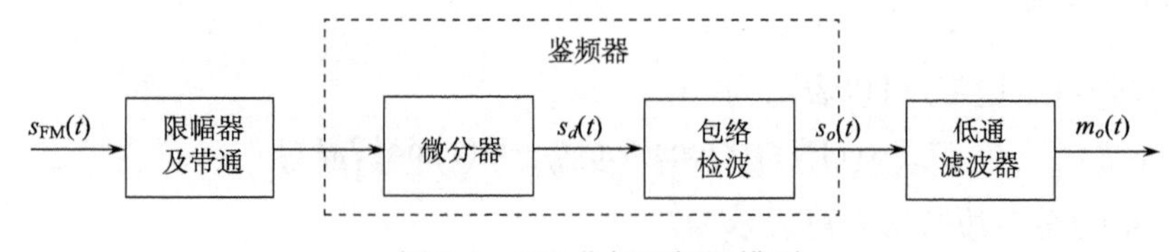

图 8-3　FM 非相干解调模型

设输入调频信号为

$$s_i(t) = s_{\mathrm{FM}}(t) = A\cos\left(\omega_c t + K_{\mathrm{FM}}\int_{-\infty}^{t} m(\tau)\mathrm{d}\tau\right) \tag{8.22}$$

经过微分器把调频信号变成调幅调频波，输出信号为

$$\begin{aligned} s_d(t) &= \frac{\mathrm{d}s_i(t)}{\mathrm{d}t} = \frac{\mathrm{d}s_{\mathrm{FM}}(t)}{\mathrm{d}t} \\ &= -\left[\omega_c + K_{\mathrm{FM}}m(t)\right]\sin\left(\omega_c t + K_{\mathrm{FM}}\int_{-\infty}^{t} m(\tau)\mathrm{d}\tau\right) \end{aligned} \tag{8.23}$$

包络检波的作用是从输出信号的幅度变化中检出调制信号。包络检波器输出为

$$s_o(t) = K_d\left[\omega_c + K_{\mathrm{FM}}m(t)\right] = K_d\omega_c + K_d K_{\mathrm{FM}}m(t) \tag{8.24}$$

其中，K_d 称为鉴频灵敏度（V/Hz），是已调信号单位频偏对应的调制信号的幅度，经低通滤波器后加隔直流电容，隔除无用的直流，得

$$m_o(t) = K_d K_{\mathrm{FM}}m(t) \tag{8.25}$$

宽带调相信号不能直接用相位解调器来解调，可以根据 PM 与 FM 之间的关系采用鉴频器来解调 PM 信号。将 PM 信号经鉴频器的输出电压正比于 $\mathrm{d}m(t)/\mathrm{d}t$，再经过积分器得到与 $m(t)$ 成比例的输出信号。

8.4 实验内容及步骤

8.4.1 实验内容

掌握 AM、DSB、SSB、FM、PM 调制/解调系统的原理，利用 MATLAB 软件仿真 AM、DSB、SSB、FM、PM 调制/解调的过程，画出并分析在调制/解调过程中几个不同节点的时域波形及功率谱。

8.4.2 实验步骤

1. 幅度调制及解调

(1) 运行 MATLAB 软件，新建一个.m 文件。

(2) 编写幅度调制代码，首先产生一个信息信号和一个载波信号，利用幅度调制原理进行调制。

(3) 采用 awgn 函数添加信道噪声，画出信号波形和频谱图。

(4) 采用带通滤波器接收信号，画出滤波后信号波形和频谱图。

(5) 采用相干解调方式恢复信号，画出解调信号波形和频谱图。

2. 角度调制及解调

(1) 运行 MATLAB 软件，新建一个.m 文件。

(2) 编写角度调制代码。首先产生一个信息信号，对信息信号进行积分运算后乘以调制指数 K_{FM} (FM)，或直接乘以调制指数 K_{PM} (PM)；再产生一个载波信号，利用式(8.20)所示的 I、Q 支路相乘的方法进行调制。

(3) 采用 awgn 函数添加信道噪声，画出信号波形和频谱图。

(4) 采用带通滤波接收信号，画出滤波后信号波形和频谱图。

(5) 采用非相干解调处理信号。将信号经过微分器，将微分后的信号进行包络检波，隔除直流分量后还原出原信息信号(FM)或原信息信号的微分值(PM)。还原 PM 信号还要经过一个积分器，画出其输出信号波形和频谱图。

8.4.3 关键函数介绍

1. 噪声函数

y = awgn(x,SNR)：在信号 x 中加入高斯白噪声。信噪比 SNR 以 dB 为单位。x 的强度假定为 0dBW。如果 x 是复数，就加入复噪声。

y = awgn(x,SNR，SIGPOWER)：如果 SIGPOWER 是数值，则其代表以 dBW 为单位的信号强度；如果 SIGPOWER 为'measured'，则函数将在加入噪声之前测定信号强度。

y = awgn(…,POWERTYPE)：指定 SNR 和 SIGPOWER 的单位。POWERTYPE 可以是'dB'或'linear'。如果 POWERTYPE 是'dB'，那么 SNR 以 dB 为单位，而 SIGPOWER 以 dBW 为单位。如果 POWERTYPE 是'linear'，那么 SNR 作为比值来度量，而 SIGPOWER 以 W 为单位。

2. 滤波器函数

虽然 FIR 滤波器的幅频特性没有 IIR 滤波器好，延时也比同类指标的 IIR 滤波器要大很多，但其具有严格的线性相位特性。目前 FIR 滤波器的设计方法主要有 3 种：窗函数法、频率取样法和切比雪夫等纹波逼近的最优设计方法。各种设计方法都有其优缺点，其中窗函数法比较简单，可以应用现成的窗函数公式，在技术指标要求不高的场合使用比较灵活。故本实验中采用 Kaiser 窗设计 FIR 滤波器实现滤波。

用 Kaiser 窗设计 FIR 滤波器时要进行参数估计。Kaiserord 函数用返回滤波器的阶数 n 和 beta 参数去指定一个函数 fir1 需要的 Kaiser 窗。

用到的函数主要如下：

```
[n, Wn, beta, ftype]=kaiserord(fcuts, mags, devs, fsamp)
```

该函数计算出滤波器的大约阶数 n，频带的边缘归一化频率 Wn，以及参数 beta 和 ftype。其中参数 fcuts 是频带边缘频率向量，mags 是各频带的理想幅值向量，devs 是通带与阻带纹波向量，用于限制通带与阻带的波动幅度，fsamp 为采样频率。

不同类型(高通、低通、带通和带阻)滤波器对应的 fcuts 和 mags 值遵循以下规则。

(1) 低通滤波器：fcuts 为二元矢量，分别对应通带截止和阻带截止频率，mags 为二元矢量，分别对应通带与阻带的理想幅值，一般设置为 mags=[1 0]。

(2) 高通滤波器：与低通情况类似，不同的是二元矢量 fcuts 的第一个元素为阻带截止频率，第二个元素为通带截止频率，而 mags 一般设置成 mags=[0 1]。

(3) 带通滤波器：fcuts 为四元矢量，分别对应两个通带截止频率和两个阻带起始频率，例如，fcuts=[16000 17500 22500 24000]，表示 17500～22500Hz 为通带，阻带为小于 16000Hz

及大于 24000Hz 区域，mags 为三元矢量，可设置为 mags=[0 1 0]；hh = fir1(*n*，Wn，ftype，kaiser(*n*+1，beta)，'noscale')。其中 Kaiser(*n*+1，beta)函数表示返回一个 *n* 点的 Kaiser 窗，参数 beta 是 Kaiser 窗的 β 参数，在 kaiserord()函数中获得，它影响着窗函数傅里叶变化中旁瓣的衰减。函数 fir1()返回一个包含 *n* 阶 FIR 滤波器的系数向量，其归一化截止频率为 Wn。'noscale'表示不对滤波器归一化。

下面给出低通与带通的 Kaiser 窗 FIR 滤波器的主要程序。

1)低通滤波器设计

```
fsamp=1e6;                %采样频率为1MHz
fcuts=[3000 20000];  %通带截止频率为3000Hz，阻带截止频率为20000Hz
mags=[1 0];
devs=[0.01 0.05];       % 通带波动1%，阻带波动5%
[n, Wn, beta, ftype]=kaiserord(fcuts, mags, devs, fsamp);
hh=fir1(n, Wn, ftype, kaiser(n+1, beta), 'noscale');
figure
[H, f]=freqz(hh, 1, 1024, fsamp);  % 通过freqz函数查看滤波器的频率响应
plot(f, abs(H)); grid on;
```

图 8-4 为低通型 Kaiser 窗 FIR 滤波器的幅频特性曲线。实际中，也可使用 freqz(hh)直接获得幅频和相频特性曲线，如图 8-5 所示。

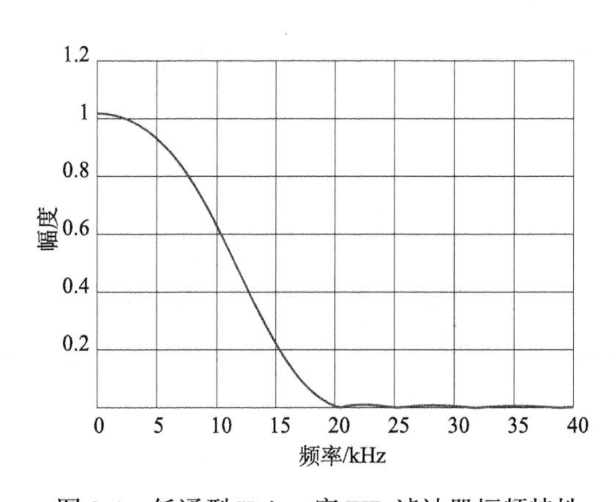

图 8-4 低通型 Kaiser 窗 FIR 滤波器幅频特性

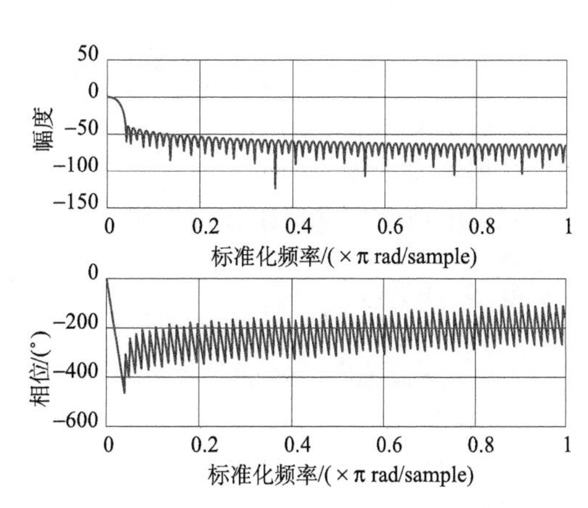

图 8-5 低通型 Kaiser 窗滤波器幅频与相频特性

2)带通滤波器设计

```
fsamp=1e6;            %采样频率为1MHz
fcuts=[16000 17500 22500 24000];
mags=[0 1 0];
devs=[0.05 0.01 0.05];
[n, Wn, beta, ftype]=kaiserord(fcuts, mags, devs, fsamp);
hh=fir1(n, Wn, ftype, kaiser(n+1, beta), 'noscale');
figure
[H, f]=freqz(hh, 1, 1024, fsamp);
```

```
plot(f, abs(H)); grid on;
```

幅频特性曲线如图 8-6 所示。

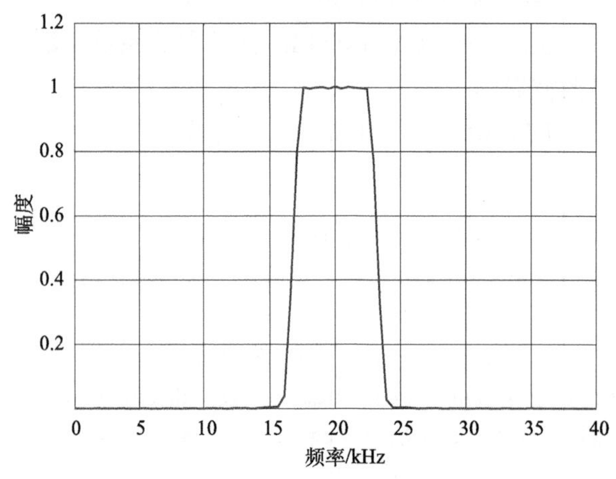

图 8-6　带通型 Kaiser 窗滤波器幅频特性

3)滤波器使用

本实验采用基于 FFT 迭代相加方法的 FIR 滤波函数 fftfilt()，格式如下：

```
st_p=fftfilt(hh, st_noise);
```

其中，hh 为 Kaiser 窗滤波器产生的滤波系数向量；st_noise 为输入的待滤波信号；st_p 为得到的滤波后信号。

4)积分器设计

利用梯形面积进行积分，具体代码如下：

```
w1=0 ;w2=0;
for m=1:len
    w1=mt(m) + w2;             %mt为待积分的信号
    w2=mt(m) + w1;
    fi(m)=w1/(2*fs);           %fi为积分后信号
end
fi=fi*2*pi/max(abs(fi));       %对积分后信号fi进行归一化处理，并乘以调频指数2*pi
```

5)包络检波器设计

利用 hilbert 变换的绝对值形式进行包络检波，函数如下：

```
st_dm=abs(hilbert(diff_st_noise));
              %diff_st_noise为输入的待检波信号，st_dm为包络检波得到的信号
```

6)频谱计算及绘制

```
Y=fft(X);                        %将信号X进行傅里叶变换，点数为信号长度
f=(0:40000)*fs/40001-fs/2;
plot(f, fftshift(abs(Y)));  %fftshift是将FFT的直流分量移到频谱中心
```

8.5 实验仿真结果

基带信号为 2kHz 余弦波，载波频率为 20kHz，采样率为 1MHz，分别实现 AM、DSB、LSB、USB、FM、PM 的调制/解调，考虑信道噪声(加性高斯白噪声)，仿真结果如图 8-7～图 8-23 所示。

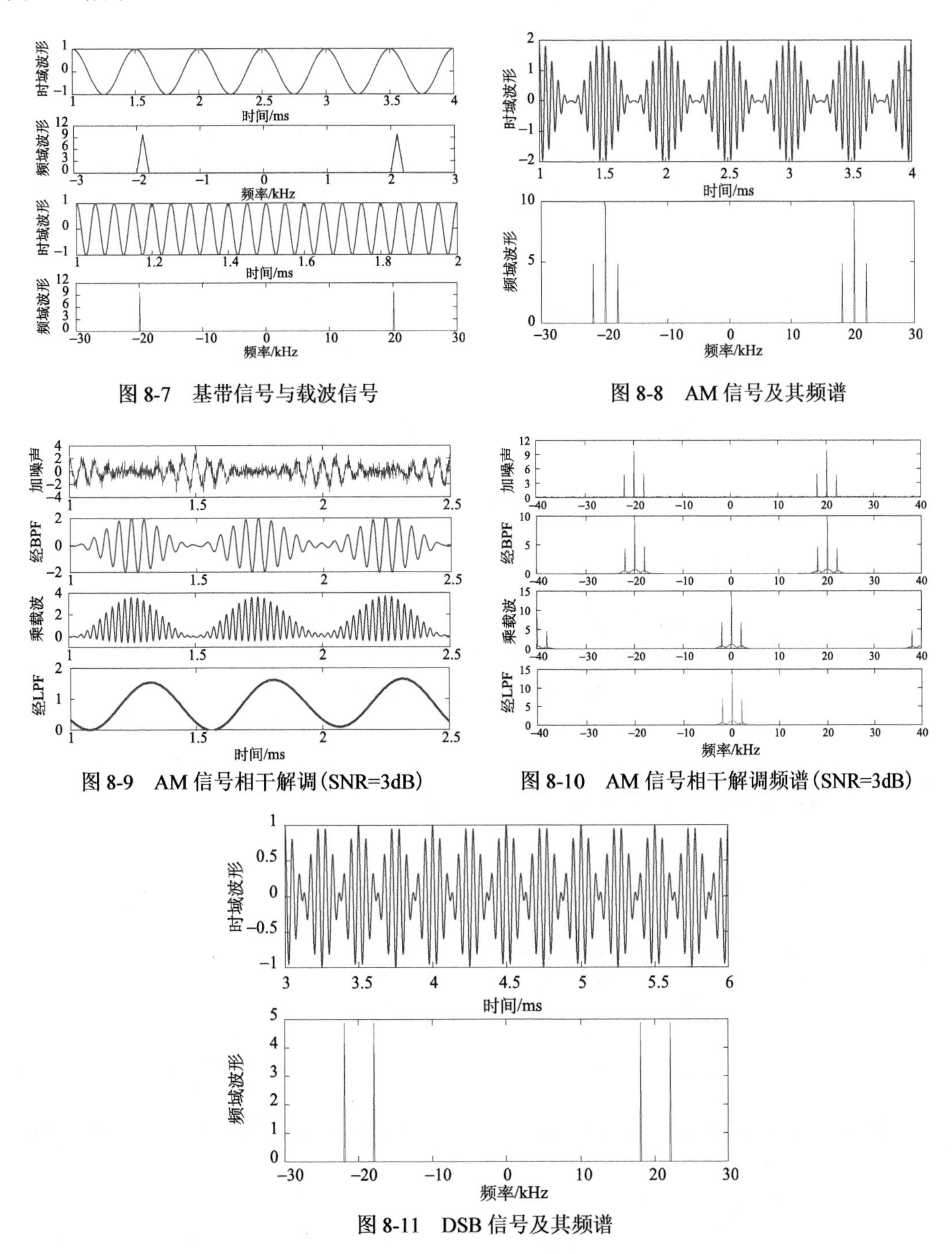

图 8-7　基带信号与载波信号

图 8-8　AM 信号及其频谱

图 8-9　AM 信号相干解调(SNR=3dB)

图 8-10　AM 信号相干解调频谱(SNR=3dB)

图 8-11　DSB 信号及其频谱

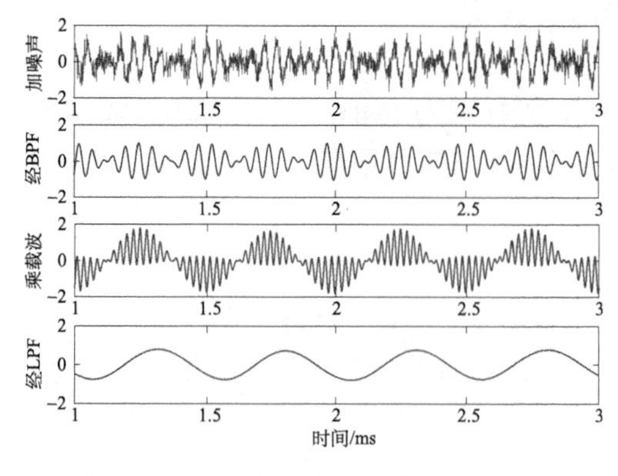

图 8-12　DSB 信号相干解调(SNR=3dB)

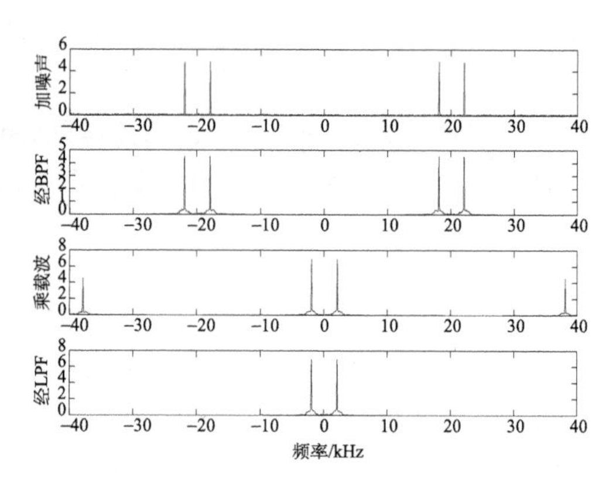

图 8-13　DSB 信号相干解调频谱(SNR=3dB)

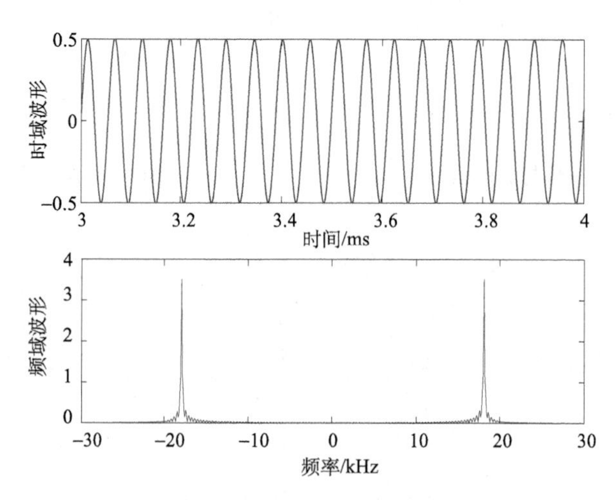

图 8-14　LSB 信号及其频谱

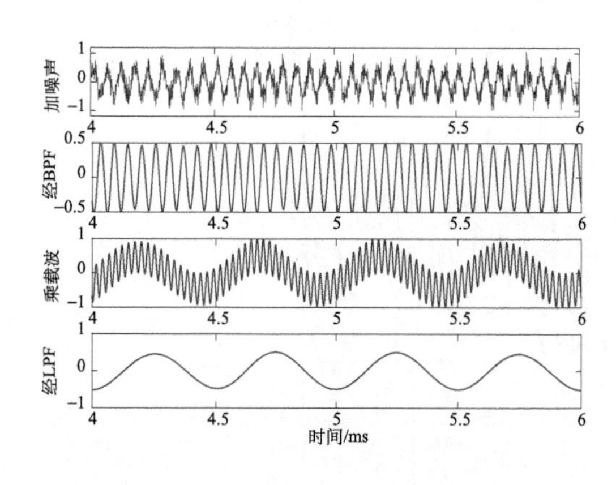

图 8-15　LSB 信号相干解调(SNR=3dB)

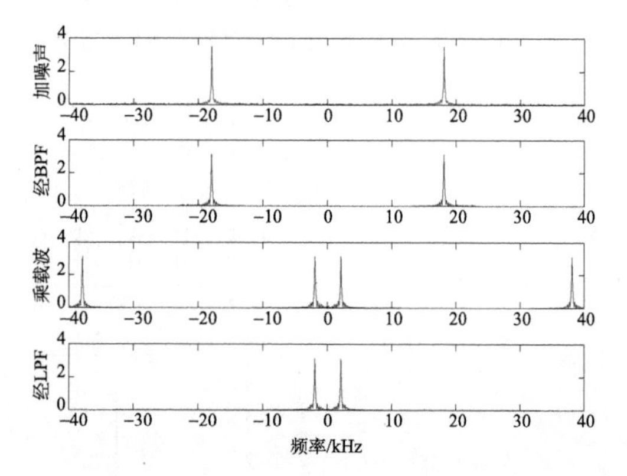

图 8-16　LSB 信号相干解调频谱(SNR=3dB)

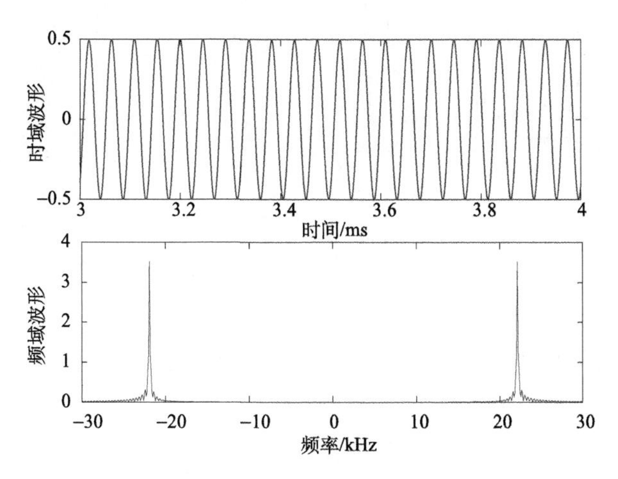

图 8-17　USB 信号及其频谱

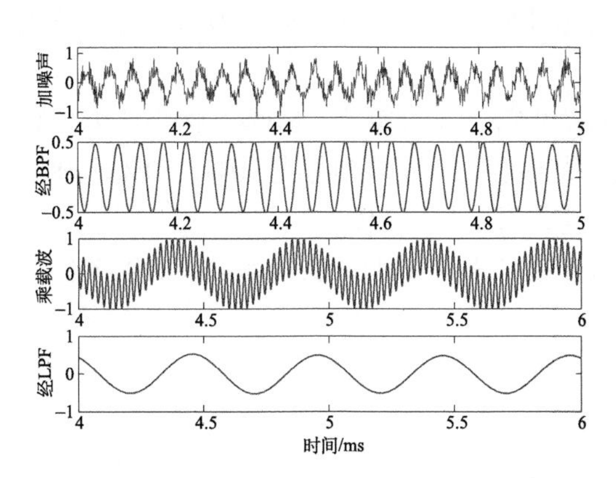

图 8-18　USB 信号相干解调(SNR=3dB)

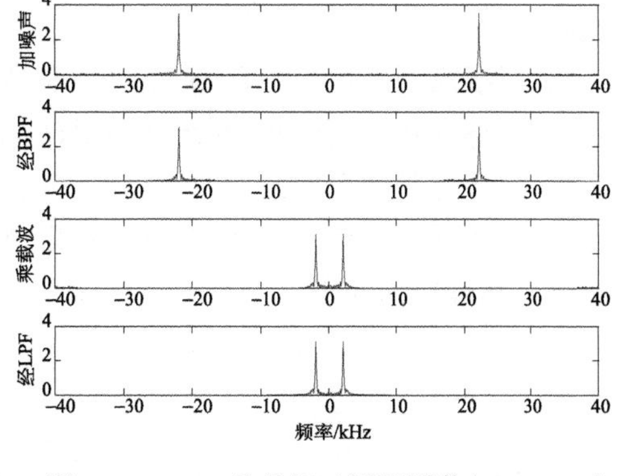

图 8-19　USB 信号相干解调频谱(SNR=3dB)

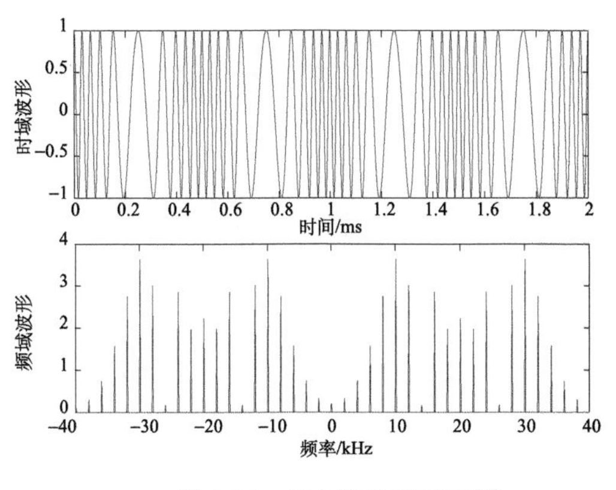

图 8-20　FM 信号及其频谱

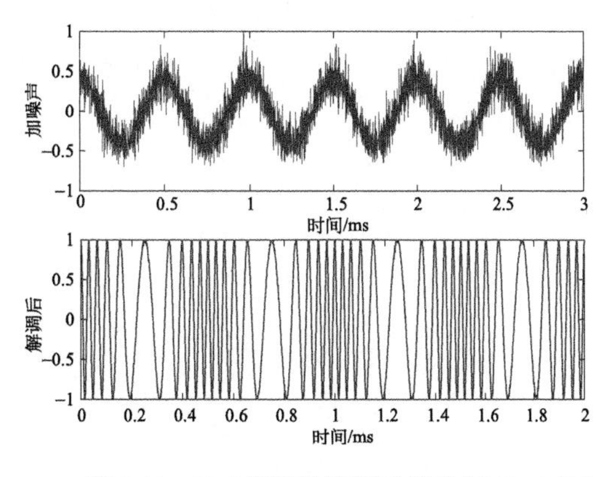

图 8-21　FM 信号及解调后信号(SNR=3dB)

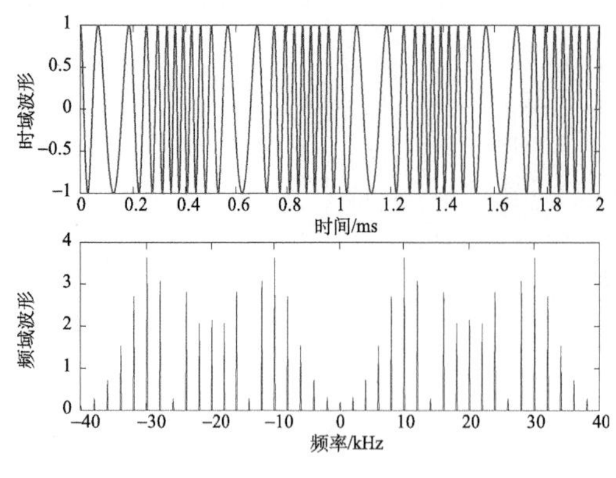

图 8-22　PM 信号及其频谱

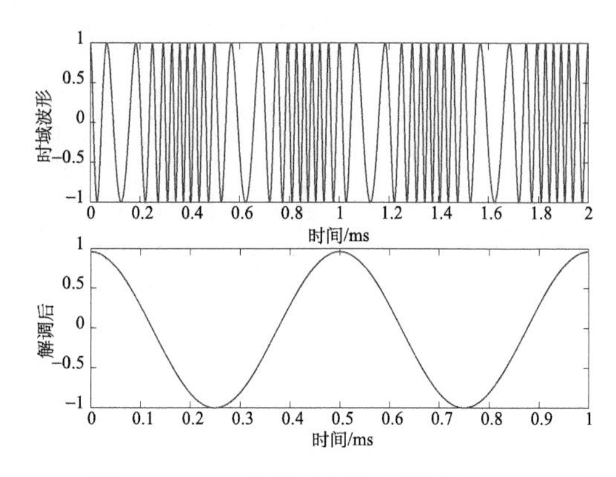

图 8-23　PM 信号及解调后信号(SNR=3dB)

8.6　实验报告及要求

(1)选择 AM 或 DSB 中的任何一个，给出实验原理框图、实验结果及分析和程序源代码。

(2)要求画出信号频率为 2kHz，载波频率为 20kHz，采样率为 1MHz，信噪比为 5dB 时，对应框图每一点的波形及频谱图(信息信号、载波信号、已调制信号(0%、50%、100%调制)、通过带通滤波器后的信号、解调后的信号)并附上程序源代码。

(3)选择一个角度调制方式(FM 或 PM)完成信号的调制/解调：实验原理图、实验结果及分析和程序源代码。

实验 9　基于 MATLAB 的数字信号传输系统实验

9.1　实 验 目 的

(1)掌握数字基带传输通信系统的组成。
(2)掌握数字基带信号的波形和功率谱特点。
(3)掌握眼图的相关知识。
(4)利用 MATLAB 仿真画出几种数字基带信号的波形及功率谱函数。

9.2　实 验 仪 器

PC(要求装有 MATLAB 软件)一台。

9.3　实 验 原 理

数字通信系统可进一步细分为数字基带传输通信系统和数字频带传输通信系统，模拟信号数字化传输通信系统。本实验主要研究数字基带传输通信系统。

9.3.1　数字基带传输通信系统

从原理上说，数字信息可以直接用数字代码序列表示和传输，但在实际传输中，视系统的要求和信道的情况，一般需要进行不同形式的编码，并且选用一组取值有限的离散波形来表示。这些取值离散的波形可以是未经调制的电信号，也可以是调制后的信号。未经调制的数字信号所占据的频谱从零频率或很低频率开始，称为数字基带信号。在某些具有低通特性的有线信道中，特别是在传输距离不太远的情况下，基带信号可以不经过载波调制而直接进行传输。例如，在计算机局域网中直接传输基带脉冲。这种不经载波调制而直接传输数字基带信号的系统，称为数字基带传输通信系统，其系统框图如图 9-1 所示。

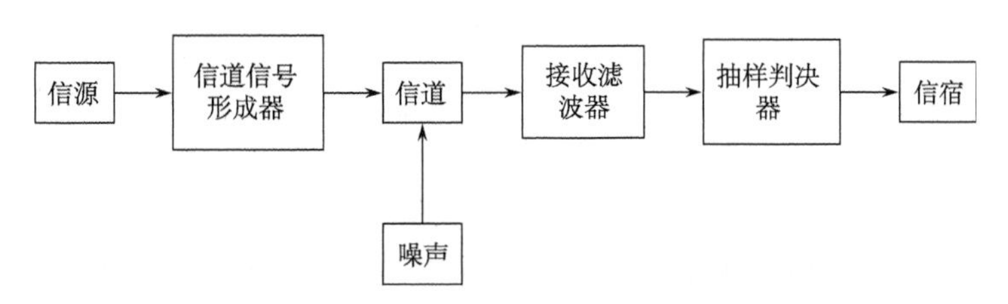

图 9-1　数字基带传输通信系统框图

图 9-1 是一个典型的数字基带信号传输通信系统框图，其中各部分的功能和信号传输的物理过程简述如下。

1)信道信号形成器

它的功能是产生适合于信道传输的基带信号波形。

2)信道

允许基带信号通过的媒质，通常称为有线信道。信号通过信道时，会受信道特性的影响产生失真，还会引入噪声。

3)接收滤波器

用来接收信号，尽可能滤除信道噪声和其他干扰，对信道特性进行均衡，使输出的基带波形有利于抽样判决。

4)抽样判决器

在传输特性不理想及噪声背景下，在规定时刻(由位定时脉冲控制)对接收滤波器的输出波形进行抽样判决，以恢复或再生基带信号。

9.3.2 数字基带信号

数字基带信号是信源发出的、未经调制或频谱变换、直接在有效频带与信号频谱相对应的信道上传输的数字信号，是消息代码的电波形，用不同的电平或脉冲来表示相应的消息代码。数字基带信号种类很多，如单/双极性码、单/双极性归零码、差分码、AMI 码、HDB_3码、PST 码以及双相码等。

在实际系统中，对传输用的基带信号的要求主要有两点。

(1)对各种代码的要求，期望将原始信息符号编制成适合于传输用的码型。

(2)对所选码型的电波形要求，期望电波形适宜于在信道中传输。

前一问题称为传输码型的选择；后一问题称为基带脉冲的选择。

下面以矩形脉冲为例介绍几种基本的基带信号波形。

1. 单极性不归零码

单极性不归零码波形如图 9-2 所示，它用正电平和零电平的脉冲分别对应二进制码 1 和 0。

2. 双极性不归零码

双极性不归零码波形如图 9-3 所示，它用正电平和负电平的脉冲分别表示二进制码 1 和 0。

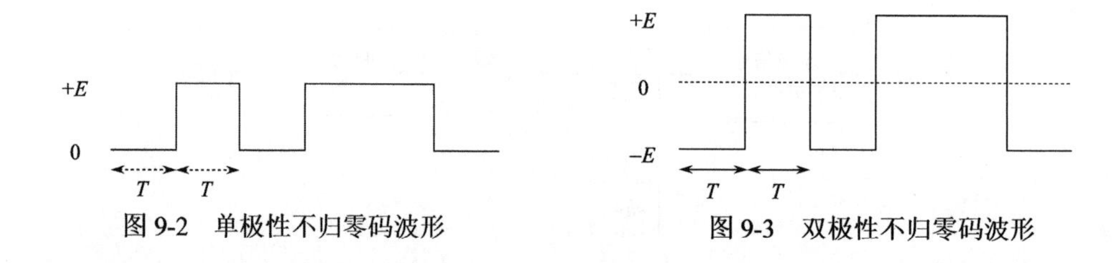

图 9-2 单极性不归零码波形　　图 9-3 双极性不归零码波形

3. 单极性归零码

单极性归零码波形如图 9-4 所示。所谓归零(Return-to-Zero，RZ)波形是指它的有电脉

冲宽度 τ 小于码元宽度 T，即信号电压在一个码元终止时刻前总要回到零电平。通常，归零波形使用半占空码，即占空比(τ/T)为 50%。

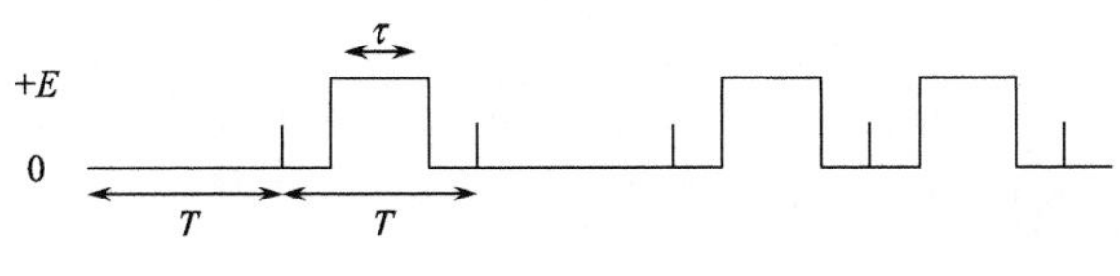

图 9-4　单极性归零码波形

4. 双极性归零码

双极性归零码波形如图 9-5 所示，它是双极性码的归零形式，兼具双极性和归零码的特点。

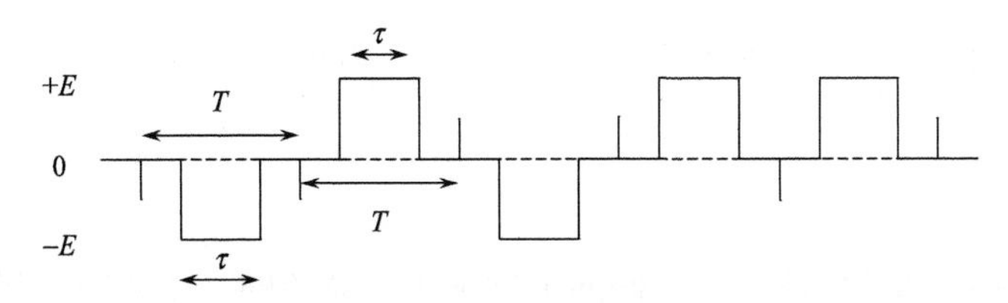

图 9-5　双极性归零码波形

本实验采用图 9-4 所示的由矩形脉冲组成的单极性归零码波形。

9.3.3　数字基带信号的功率谱密度

数字基带信号的数学表达式为

$$s(t)=\sum_{n=-\infty}^{+\infty}s_n(t) \tag{9.1}$$

其中

$$s_n(t)=\begin{cases}g_1(t-nT_s), & P\\ g_2(t-nT_s), & 1-P\end{cases} \tag{9.2}$$

其中，$g_1(t)$ 和 $g_2(t)$ 分别表示消息码元 0 和 1；T_s 为码元宽度。

数字基带信号功率谱密度公式为

$$\begin{aligned}P_s(f)=&f_sP(1-P)\left|G_1(f)-G_2(f)\right|^2\\&+\sum_{m=-\infty}^{+\infty}f_B^2\left|PG_1(mf_B)+(1-P)G_2(mf_B)\right|^2\xi(f-mf_B)\end{aligned} \tag{9.3}$$

图 9-6 和图 9-7 分别给出了单极性信号和双极性信号的功率谱密度，从图 9-6 和图 9-7 可以看出以下几点。

(1) 数字基带信号功率谱密度包含连续谱和离散谱。连续谱始终存在，决定信号的功率分布，用于确定信号的带宽。

(2) 离散谱在某些情况下不存在，当离散谱存在时即为码元频率的 N 次谐波分量，携带

了位同步定时信息，用于接收端位同步定时提取。当符号 0 出现的概率

$$P = \frac{1}{1 - \frac{g_1(t)}{g_2(t)}} = k \tag{9.4}$$

且 $0 < k < 1$ 时，不存在离散谱。

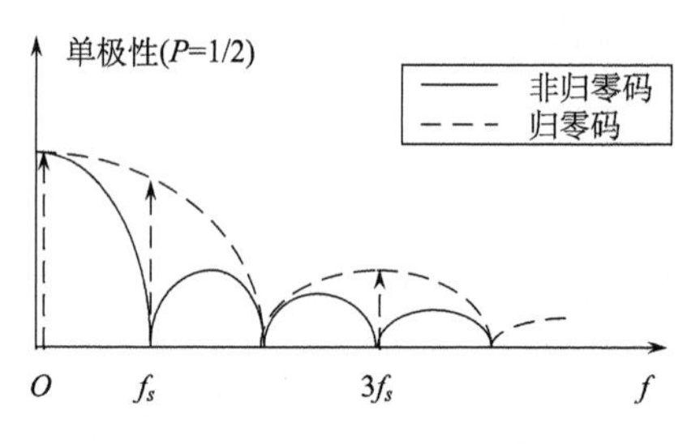

图 9-6　单极性信号的功率谱密度

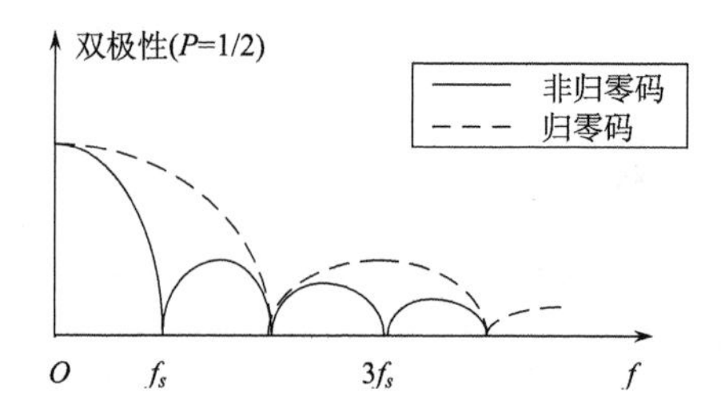

图 9-7　双极性信号的功率谱密度

9.3.4　眼图

对于一个实际的基带传输系统，码间干扰是不可避免的，而码间干扰问题与发送滤波器特性、信道特性、接收滤波器特性等因素有关，因而误码率的计算就变得非常困难，特别是在信道特性不能完全确定的情况下，甚至得不到一种合适的定量分析方法，利用眼图可以方便地估计系统性能。

在无噪声存在的情况下，一个二进制的基带系统将在接收滤波器输出端得到一个基带脉冲的序列。如果基带传输特性是无码间干扰的，用示波器观察信号波形，并将示波器扫描周期调整到码元的周期 T，这时信号波形的每一个码元将重叠在一起。由于信号波形是无码间干扰的，因而重叠的图形完全重合，故示波器显示的迹线又细又清晰，如图 9-8 所示。当波形存在码间干扰时，示波器显示的图像如图 9-9 所示。

从图 9-8 和图 9-9 我们可以看到，当波形无码间干扰时，眼图像一只完全张开的眼睛，当波形存在码间干扰时，示波器的扫描迹线不完全重合，形成的线迹较粗而且不清晰。眼图中央的垂直线表示最佳抽样时刻，眼图的“眼睛”张开大小反映了码间干扰的强弱。应该注意的是，从图形上并不能观察到随机噪声的全部形态。

图 9-10 给出了眼图的模型，其中：

(1) 最佳抽样时刻应是“眼睛”张开最大的时刻。

(2) 对定时误差的灵敏度可由眼图的斜边斜率决定，斜率越大，对应的定时误差就越灵敏。

(3) 眼图的阴影区的垂直高度表示信号幅度畸变范围。

(4) 眼图中央的横轴位置对应判决门限电平。

(5) 在抽样时刻，上下两个阴影区的间隔距离的一半为噪声容限，若噪声瞬时值超过它，就可能发生错误判决。

(6) 图中倾斜黑线与横轴相交的区间表示了接收波形零点位置的变化范围，即过零点畸变，它对利用信号零交点的平均位置来提取定时信息的接收系统有很大影响。

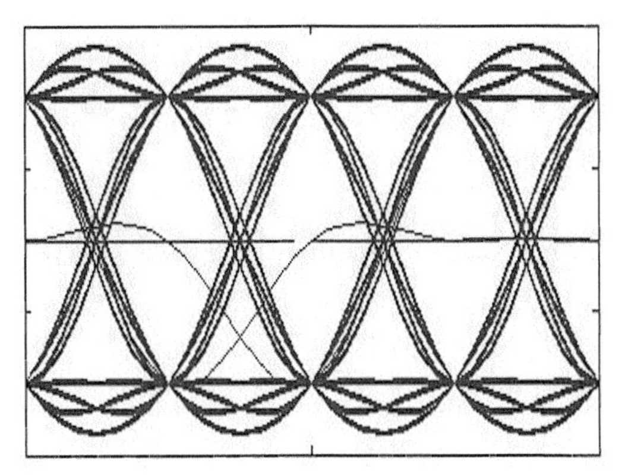

图 9-8　无码间干扰时的眼图

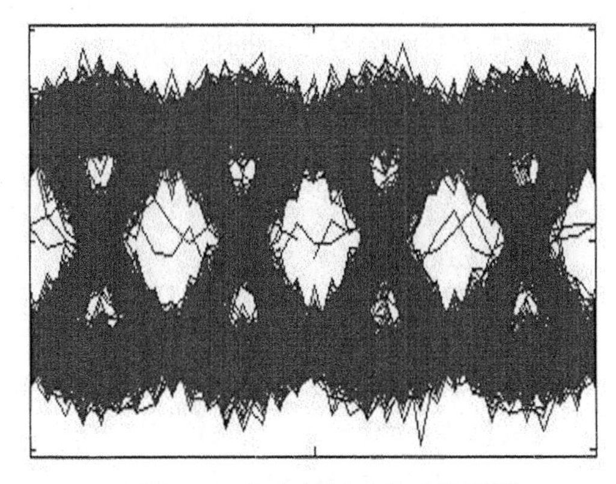

图 9-9　存在码间干扰时的眼图

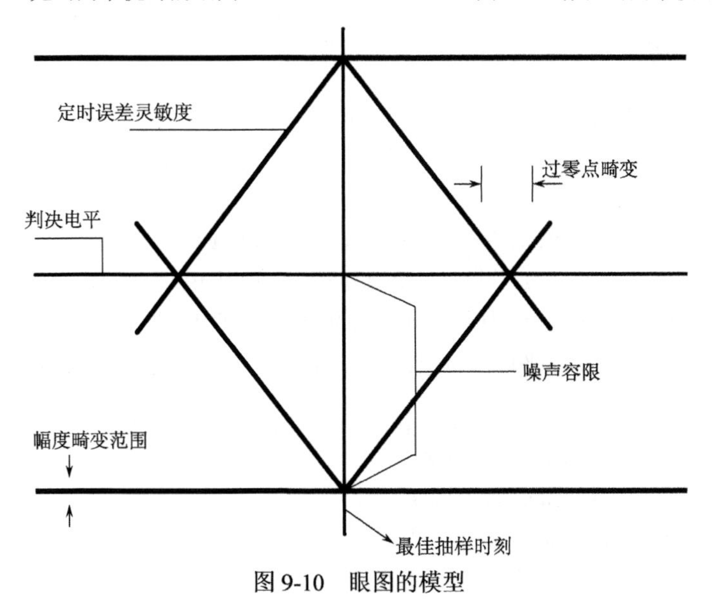

图 9-10　眼图的模型

9.4　实验内容及步骤

9.4.1　实验内容

掌握数字基带传输通信系统的组成原理及眼图的相关知识，利用 MATLAB 软件仿真几种数字基带信号的传输过程，画出并分析数字基带信号在传输过程中几个不同节点的时域波形及功率谱。

9.4.2　实验步骤

(1) 运行 MATLAB 软件，新建一个.m 文件。

(2) 运用 randint 函数生成随机的比特流作为输入的数据源。

(3) 利用数据源产生数字基带信号，画出信号波形和频谱图。

(4) 采用 awgn 函数添加信道噪声，画出信号波形和频谱图。

(5) 采用匹配滤波器接收信号，画出滤波后信号波形和频谱图。

(6)对滤波后信号进行抽样判决。

9.4.3 主要函数介绍

1)用 randint 函数产生长为 length 的比特流

例如:

```
input=randint(1, length);
```

2)产生单极性归零信号

```
for i=1:length(bit)       %length(m)表示信号m的长度
    if bit(i)==0
        bits=zeros(1, N);
    else
        bits=ones(1, N);
    end
    sig=[sig, bits];
end
```

3)添加噪声

添加噪声的部分详细情况请查看实验八 8.4.3 节关键函数介绍部分。

滤波器设计，在 MATLAB 下设计 IIR 滤波器可使用 Butterworth 函数设计出巴特沃斯滤波器，使用 Cheby1 函数设计出切比雪夫 I 型滤波器，使用 Cheby2 设计出切比雪夫 II 型滤波器，使用 ellipord 函数设计出椭圆滤波器。下面主要介绍第三种方法。用到的主要函数如下:

```
Wp=a/(fs/2); %若为低通则a为一个频率值，若为带通则a为一个频率范围[a1  a2]
Rp=c;         %c为通带最大衰减分贝
Rs=d;         %d为阻带最小衰减分贝
[b, a]=ellip(n, Rp, Rs,  Wp);
sf0=filter(b, a, signal)
```

4)功率谱绘制

第一步:

```
cxn=xcorr(bitg, 'unbiased');  %计算序列的自相关函数
nfft=1024;
CXk=fft(cxn, nfft);
Pxx=abs(CXk);
```

第二步:

```
index=0:round(nfft/2-1);
k=index*fs/nfft;
plot_Pxx=10*log10(Pxx(index+1));
```

第三步:

```
plot(k, plot_Pxx);
```

9.5 实验仿真结果

以下仿真中采用的基带信号是多元码波形，具体仿真条件是随机码元个数为 100，码元速率为 100Hz，载频为 1000Hz，信噪比为 10。基带信号经过信道、接收滤波器，最后经抽样判决后输出。实验仿真结果如图 9-11～图 9-15 所示。

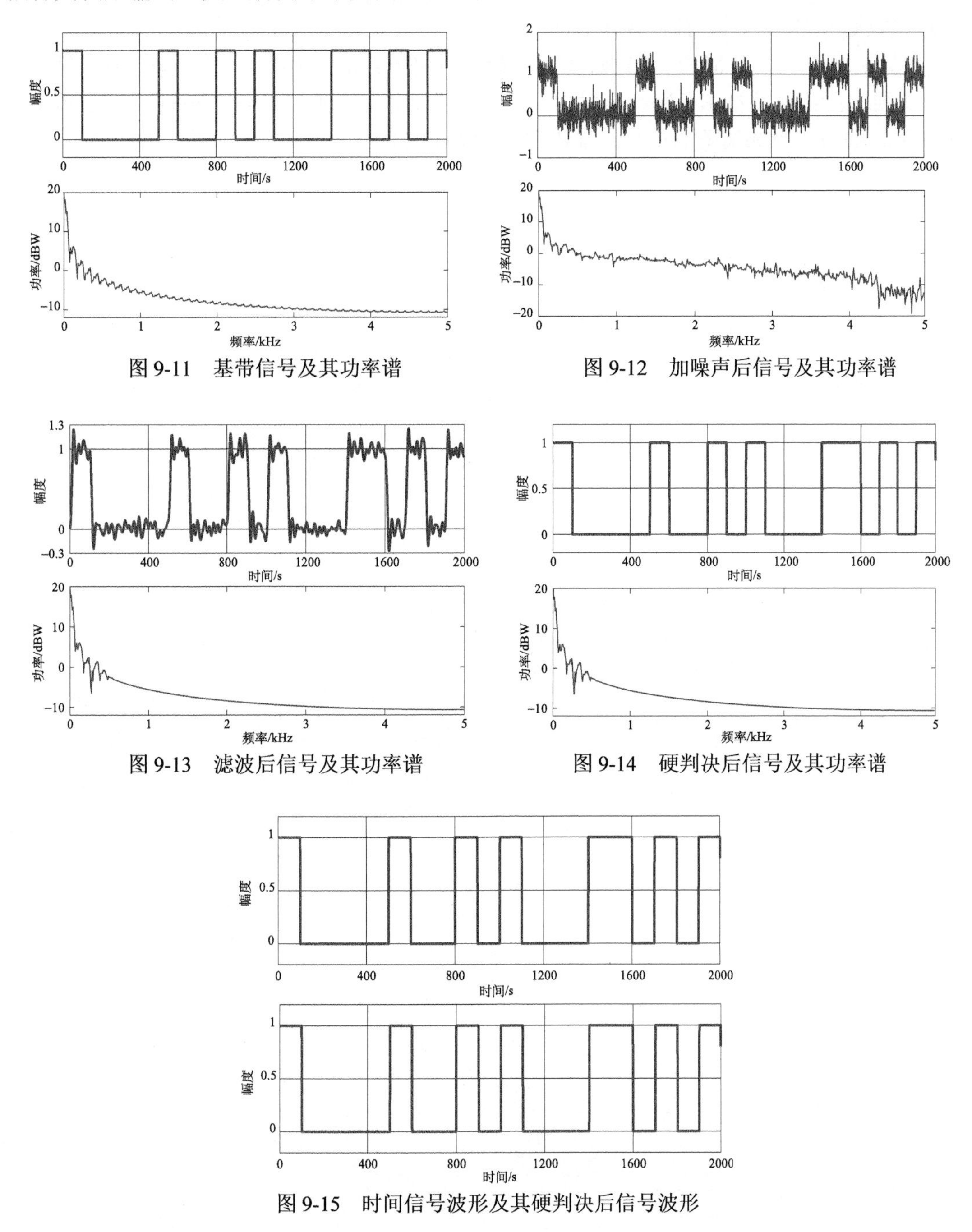

图 9-11　基带信号及其功率谱

图 9-12　加噪声后信号及其功率谱

图 9-13　滤波后信号及其功率谱

图 9-14　硬判决后信号及其功率谱

图 9-15　时间信号波形及其硬判决后信号波形

9.6 实验报告及要求

(1) 写出完整的实验原理框图和程序源代码，并给出实验结果及分析。

(2) 要求用 MATLAB 实现数字基带系统的传输，数字基带信号采用单极性归零码，要求画出系统框图中每一个输出点的信号波形以及功率谱图(基带信号、通过信道后的信号、通过接收滤波器的信号、抽样判决后的信号)。

(3) 扩展要求：用 MATLAB 实现数字基带系统的传输，数字基带信号采用双极性不归零码，要求画出系统框图中每一个输出点的信号波形以及功率谱图(基带信号、通过信道后的信号、通过接收滤波器的信号、抽样判决后的信号)。

第三篇　课程设计

实验 10　基于 MATLAB 的通信系统综合仿真实验

10.1　实验目的

(1) 掌握脉冲编码调制的原理和方法。
(2) 掌握 PCM 通信系统的 MATLAB 仿真实现方法。
(3) 理解量化级数量化方法和量化信噪比之间的关系。

10.2　实验仪器

(1) PC(要求装有 MATLAB 软件)一台。
(2) 示波器一台。
(3) 频谱仪一台。

10.3　实验原理

通信系统分为模拟通信系统和数字通信系统，如果在发送端的信息源中添加一个模/数转换装置，在接收端添加一个数/模转换装置，则可以在数字系统中传输模拟信号，模拟信号的数字传输系统如图 10-1 所示。

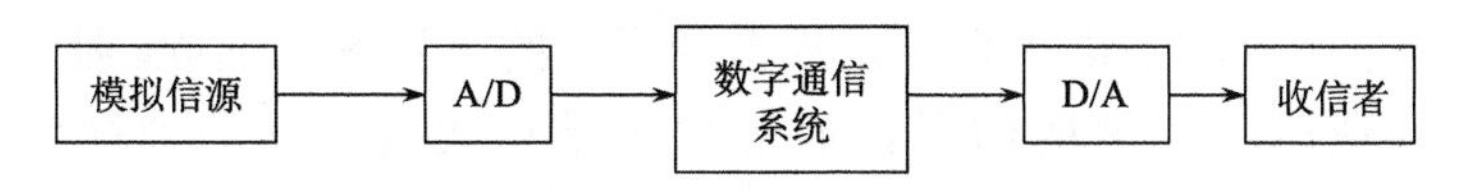

图 10-1　模拟信号数字传输系统框图

模拟信息源输出的模拟信号需经过抽样和量化后得到输出电平序列才可以将每一个量化电平用编码方式传输。将模拟信号的抽样量化值变换成代码，称为脉冲编码调制(PCM)。其中所谓的编码就是将量化后的信号变换成代码，其相反过程称为译码。这里编码和译码属于信源编码的范畴，差错控制编码和译码属于信道编码。PCM 通信系统框图如图 10-2 所示。

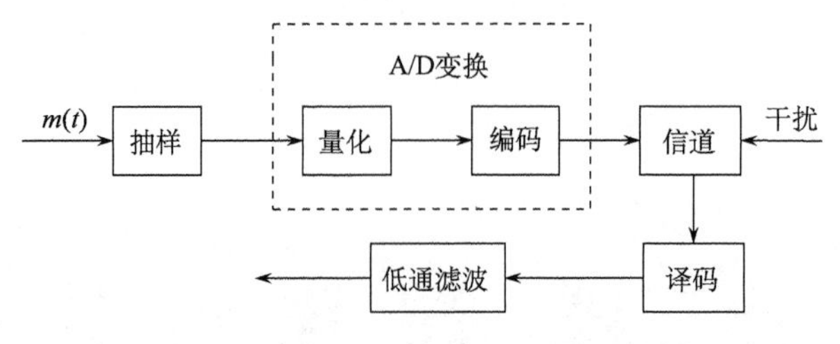

图 10-2　PCM 通信系统框图

在图 10-2 中，输入的模拟信号 $m(t)$ 经抽样、量化、编码后变成了数字信号(PCM 信号)，经信道传输到达接收端，由译码器恢复出抽样值序列，再由低通滤波器滤出模拟基带信号。量化与编码的组合称为模/数变换器(A/D 变换器)；译码与低通滤波的组合称为数/模变换器(D/A 变换器)。前者完成由模拟信号到数字信号的变换，后者则相反，完成数字信号到模拟信号的变换。

1. 抽样定理

抽样定理是指一个带宽受限于 $(0, f_{\mathrm{H}})$ 的时间连续信号 $m(t)$，如果以 $T_s \leqslant 1/(2f_{\mathrm{H}})$ 的间隔对它进行等间隔抽样，则 $m(t)$ 被各均匀采样值完全确定。若原信息为 $f(t)$，则抽样信号表示为

$$f_s(t) = f(t)d_T(t) \tag{10.1}$$

其频谱表示为

$$F(\omega) = \frac{1}{2p}[M(\omega) * d_\omega(\omega)] \tag{10.2}$$

由卷积关系式得

$$F(\omega) = \frac{1}{T}\sum_{n=-\infty}^{n=+\infty} M(\omega - n\omega_s) \tag{10.3}$$

抽样定理全过程如图 10-3 所示。

抽样定理告诉我们，如果对某一个带宽有限的时间连续信号(模拟信号)进行抽样，且抽样速率达到一定数值时，那么根据这些抽样值就能够准确地确定原信号。这就是说，若要传输模拟信号，不一定要传输模拟信号本身，可以只传输抽样定理得到的抽样值。因此，该定理就为模拟信号的数字传输提供了理论基础。

利用预先给定的有限个电平来表示模拟抽样值的过程称为抽样。抽样是把一个时间连续的信号变换成时间离散的信号，而量化则是将取值连续的抽样变成取值离散的抽样。

2. 模拟信号的量化

1)均匀量化

把输入信号的取值区域按等距离分割的量化称为均匀量化。均匀量化的每个量化区间的量化电平均取在一个区间的中点。量化间隔 Δv 取决于输入信号的变化范围和量化电平数。

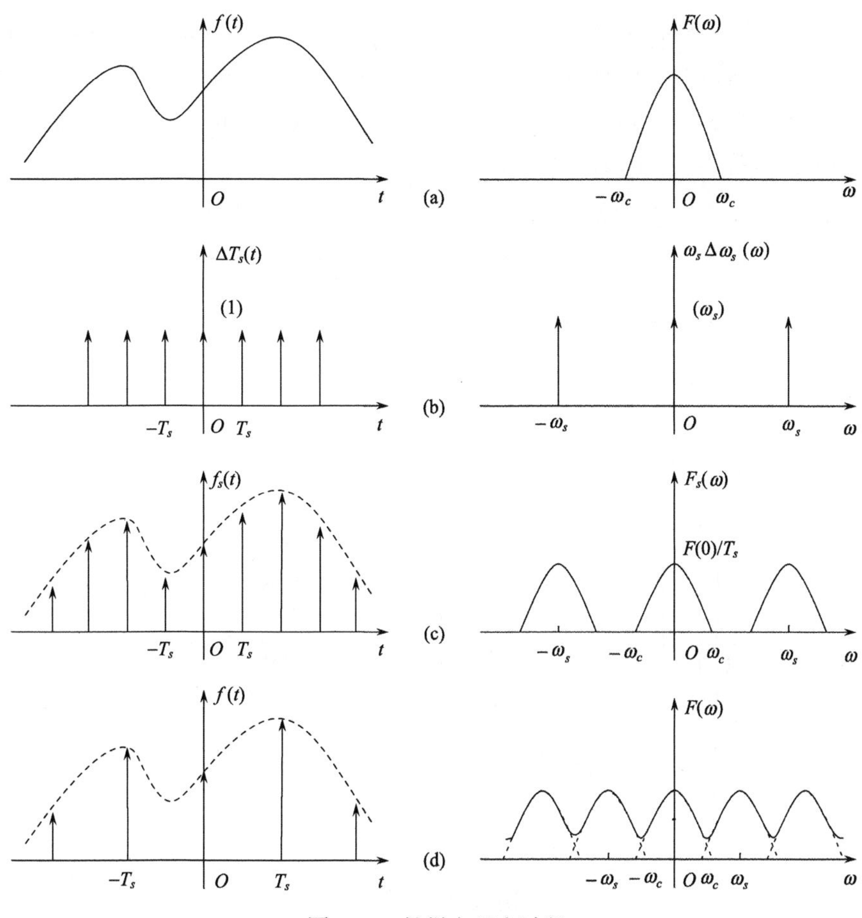

图 10-3 抽样定理全过程

2）非均匀量化

非均匀量化的方法通常是将抽样值通过压缩再进行均匀量化。通常使用的压缩器中，大多数采用对数式压缩，即 $y = \ln x$ 。广泛采用的两种对数压缩率是 μ 压缩律和 A 压缩律。美国采用 μ 压缩律，我国和欧洲各国均采用 A 压缩律。

A 压缩律表示为

$$y = \frac{Ax}{1 + \ln A}, \quad 0 < x \leqslant \frac{1}{A} \tag{10.4}$$

$$y = \frac{1 + \ln Ax}{1 + \ln A}, \quad \frac{1}{A} < x \leqslant 1 \tag{10.5}$$

其中，y 为归一化的压缩器输出电压；x 为归一化的压缩器输入电压；A 为压扩参数，表示压缩的程度。

实际中，往往采用近似于 A 压缩律函数规律的 13 折线（$A = 87.6$）的压扩特性。这样，它基本上保持了连续压扩特性曲线的优点，又便于用数字电路实现。13 折线形成的方法是把 x 轴的 0-1 分成 8 个不均匀段，而 y 轴的 0-1 均匀地分成 8 段，与 x 轴的八段一一对应，如图 10-4 所示。

在第三象限中，压缩特性的形状与图 10-4 所示的第一象限压缩特性的形状相同，且它们以原点奇对称，所以负方向也有 8 段直线，合起来共有 16 个线段。正向一、二两段和负向一、二两段的斜率相同，这四段实际上为一条直线，因此，正、负双向的折线总共由 13 条直线段构成，故称为 13 折线。

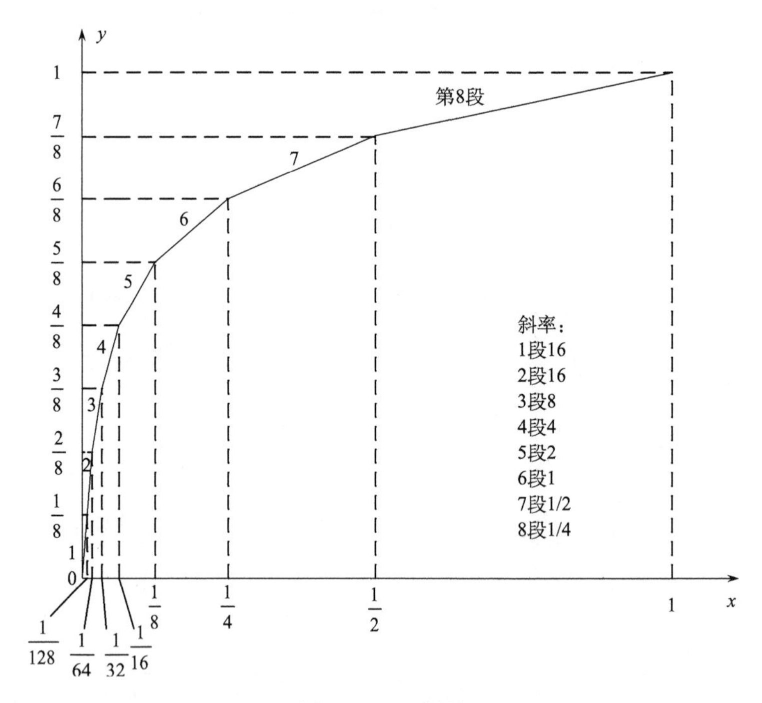

图 10-4　13 折线

3. 编码

编码的过程即将已经量化的电平变换成代码。常用的二进制码型有自然二进制和折叠二进制两种，如表 10-1 所示。两种码型相比，折叠二进制码具有以下优势。

表 10-1　自然二进制码与折叠二进制码

样值脉冲极性	量化间隔序号	自然二进制码	折叠二进制码
正极性部分	7	111	111
	6	110	110
	5	101	101
	4	100	100
负极性部分	3	011	000
	2	010	001
	1	001	010
	0	000	011

(1) 可以用最高位表示信号的正负，其余的码表示信号的绝对值。即用第一位表示极性后，双极性信号可以用单极性编码方法，大为简化编码过程。

(2) 若传输过程中出现误码，对小信号的影响较小，有利于减小平均量化噪声。因此，在编码中用折叠二进制码比用自然二进制码优越。

而在 13 折线法中，无论输入信号是正是负，均按 8 段折叠(8 个段落进行编码)，若用 8 位折叠二进制码表示输入信号的量化电平，其中第 1 位表示量化值的极性，第 2～4 位(段落码)的 8 种可能状态分别表示 8 个段落的段落电平，其余 4 位码(段内码)每一个段落有 16 个均匀划分的量化间隔。这样，便将压缩、量化和编码合为一体。

10.4　实验内容及步骤

10.4.1　实验内容

掌握 PCM 通信系统的相关原理，利用 MATLAB 软件仿真实现发送信号为正弦信号，均匀量化编码为折叠二进制码的 PCM 通信系统，画出并分析 PCM 通信系统几个不同节点的时域波形。采用 13 折线法量化是本实验的拓展内容。

10.4.2　实验步骤

(1) 运行 MATLAB 软件，新建一个.m 文件。

(2) 编写调制代码：首先产生正弦模拟信号，经过自然采样和均匀量化，从而转换为折叠二进制码。

(3) 采用 awgn 函数添加信道噪声，画出信号波形和频谱图。

(4) 对接收信号译码。

(5) 采用低通滤波器接收信号，画出滤波后信号波形和频谱图。

10.4.3　主要函数介绍

(1) 添加噪声的部分详细情况请查看实验 8 中 8.4.3 节。

(2) 滤波设计的部分详细情况查看实验 9 中 9.4.3 节。函数编写的过程中，$W_p=a/(f_s/2)$，此处 a 可以取 0.05，R_p 可以取 0.01，R_s 可以取 20。

10.5　实验仿真结果

以下仿真首先产生一个正弦模拟信号，原始信号和恢复后信号如图 10-5 所示，设置仿真条件采样率为 100Hz，量化位数为 7，信号频率为 1Hz，信号幅度为 1。经过自然采样和均匀量化，转换为折叠二进制码，采样和量化后信号如图 10-6 所示。接着采用 awgn 函数添加信道噪声，并对接收信号进行译码，最后采用低通滤波器接收信号，得出滤波后信号波形和频谱图如图 10-7 所示。

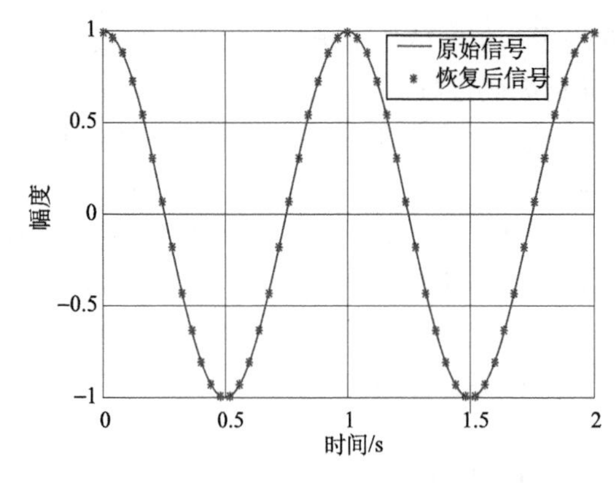

图 10-5　原始信号与恢复后信号

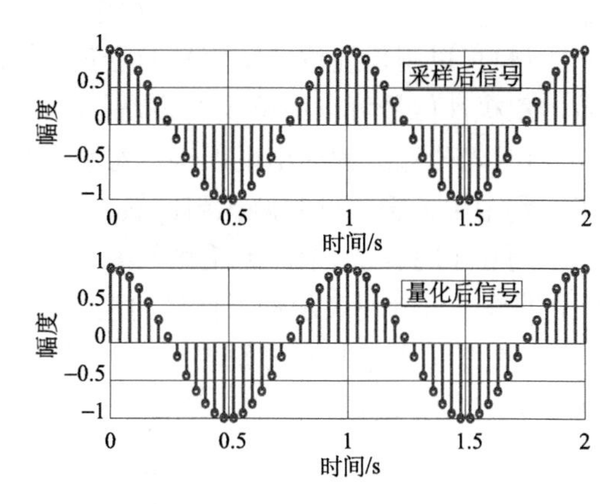

图 10-6　采样和量化后信号

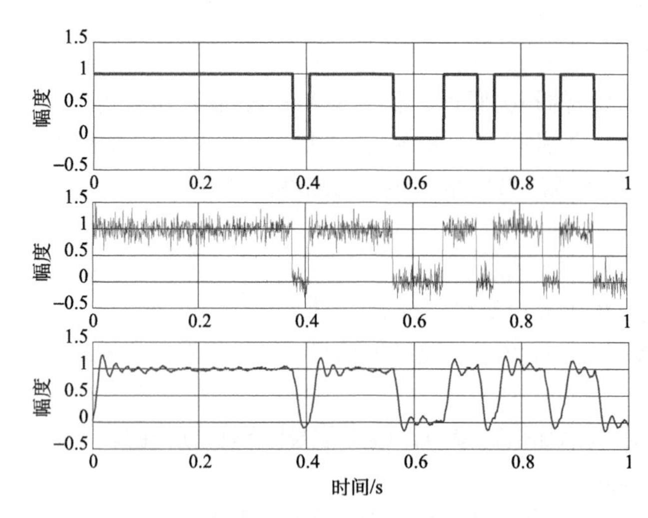

图 10-7　量化、加入噪声和滤波后波形

10.6　实验报告及要求

(1)写出完整的实验原理框图和程序源代码，并给出实验结果及分析。

(2)信号波形要求选取一个周期，脉冲宽度小于周期的 1/32，绘出信号波形、采样波形、量化后波形、编码后波形、添加噪声后波形、译码后波形及低通滤波后输出的波形(与输入信号放入同一张图上观察误差)并附上程序源代码。

实验 11　基于 FPGA 的模拟通信系统综合实验

11.1　实 验 目 的

(1) 熟悉 Foundation Series ISE 集成开发环境。
(2) 熟悉 VHDL 或 Verilog HDL 硬件编程语言。
(3) 熟悉 AM/DSB/SSB/FM/PM 模拟调制原理及特点。
(4) 掌握用 MATLAB 设计 FIR 滤波器的方法。
(5) 掌握 AM/DSB/SSB/FM/PM 调制的 FPGA 实现。

11.2　实 验 仪 器

(1) 软件无线电实验箱一台。
(2) PC(要求装有 ISE 集成开发环境、Modelsim 软件、MATLAB 软件)一台。
(3) 信号发生器一台。
(4) 示波器一台。
(5) 频谱仪一台。

11.3　实 验 原 理

调制是指把信号转化为适合在信道中传输形式的一种过程，最常用的模拟调制方式有幅度调制和角度调制两种。

11.3.1　幅度调制

设正弦载波 $s(t)=A\cos(\omega_c t+\varphi_0)$，其中 A 为载波幅度；ω_c 为载波角频率；φ_0 为载波初始相位(一般为 0)，则幅度调制信号可表示为

$$s_m(t)=Am(t)\cos(w_c t+j_0) \tag{11.1}$$

其中，$m(t)$ 为信息信号。将得到的信号通过不同类型的滤波器可得到各种幅度的调制信号，幅度调制滤波法模型如图 11-1 所示。

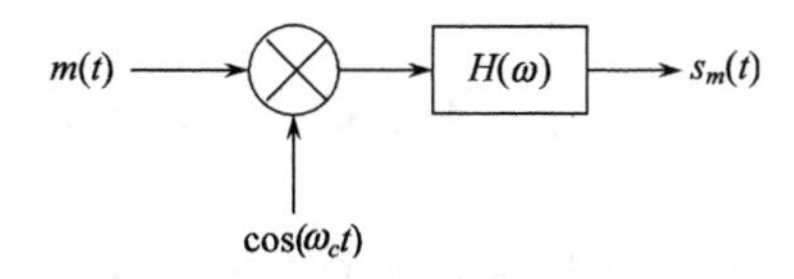

图 11-1　幅度调制滤波法模型

1. 调幅(AM)

假设信息信号 $m(t)$ 均值为 0，将其叠加直流偏量 A_0，且 $A_0 \geqslant |m(t)|_{\max}$，当 $H(\omega)$ 为理想低通滤波器时即可输出 AM 调制信号(图 11-2)，对应时域表达式为

$$s_{\mathrm{AM}}(t) = [A_0 + m(t)]\cos(\omega_c t) = A_0 \cos(\omega_c t) + m(t)\cos(\omega_c t) \tag{11.2}$$

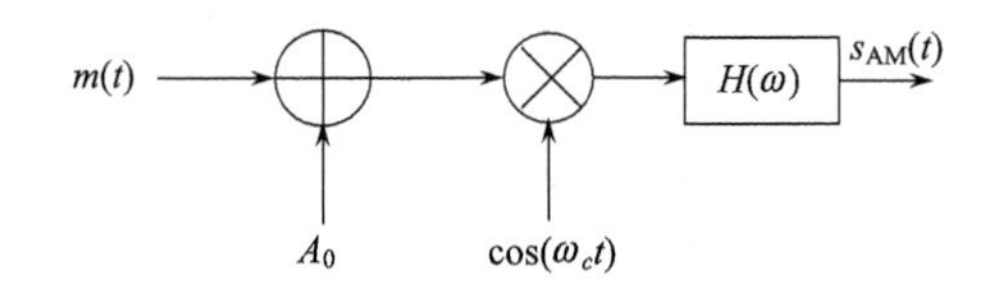

图 11-2　AM 调制模型

设信息信号最高频率为 f_{H}，由于 AM 信号为带有载波的双边带信号，带宽为基带信号带宽的两倍，即

$$B_{\mathrm{AM}} = 2B_M = 2f_{\mathrm{H}} \tag{11.3}$$

其中，$B_M = f_{\mathrm{H}}$ 为信息信号带宽。采用包络检波法对 AM 调制信号进行解调时，为了保证波形不失真必须满足 $A_0 \leqslant |m(t)|_{\max}$，否则将出现过调幅现象而带来失真。

2. 双边带调制(DSB)

当 AM 调制模型中没有直流时，输出即为双边带信号(图 11-3)，对应时域表达式为

$$s_{\mathrm{DSB}}(t) = m(t)\cos(\omega_c t) \tag{11.4}$$

其中，$m(t)$ 表示均值为零的信息信号。

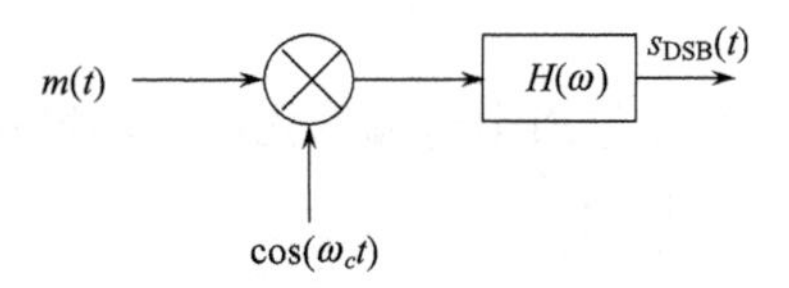

图 11-3　DSB 调制模型

DSB 信号频谱不含有载频分量，由上下对称的两个边带组成，带宽与 AM 信号相同，即

$$B_{\mathrm{DSB}} = B_{\mathrm{AM}} = 2B_M = 2f_{\mathrm{H}} \tag{11.5}$$

其中，f_{H} 为信息信号的最高频率。

3. 单边带调制(SSB)

信息信号双边带调制后，频谱关于载波对称，实际中只需传输单个边带，就可完全恢复出原始信息信号。

滤波法可以实现单边带调制，其基本实现原理如图 11-4 所示。其中，$H(\omega)$ 表示单边带滤波器的传输函数。当 $H(\omega)$ 具有理想高通特性时，即

$$H(\omega)=H_{\mathrm{USB}}(\omega)=\begin{cases}1, & |\omega|>\omega_c\\0, & |\omega|\leqslant\omega_c\end{cases}\tag{11.6}$$

它可以滤除下边带，保留上边带(USB)。当$H(\omega)$具有理想低通特性时，即

$$H(\omega)=H_{\mathrm{LSB}}(\omega)=\begin{cases}1, & |\omega|<\omega_c\\0, & |\omega|\geqslant\omega_c\end{cases}\tag{11.7}$$

它可以滤除上边带，保留下边带(LSB)。

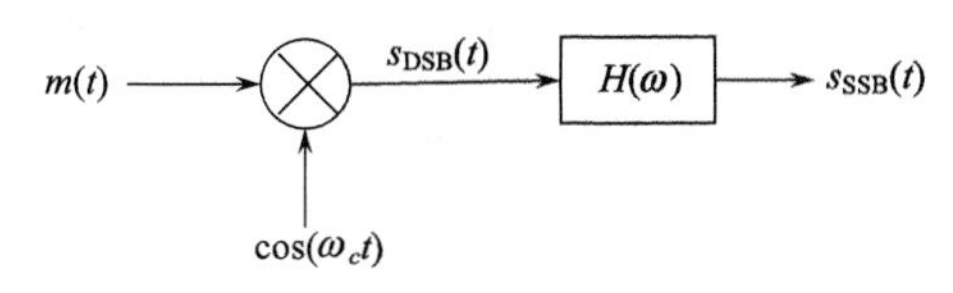

图 11-4　SSB 调制模型

SSB 信号实现比 AM、DSB 信号要复杂，但 SSB 调制方式在传输信息时不仅可以节省发射功率，而且它所占用的频带宽度为$B_{\mathrm{SSB}}=f_{\mathrm{H}}$，比 AM 和 DSB 减少了一半。

11.3.2　角度调制

角度调制信号的一般表达式为

$$s_m(t)=A\cos[\omega_c t+\varphi(t)]\tag{11.8}$$

其中，A为载波幅度；$[\omega_c t+\varphi(t)]$为信号的瞬时相位，记为$\theta(t)$；$\varphi(t)$为相对于载波相位$\omega_c t$的瞬时相位偏移。

相位调制(PM)，是指瞬时相位偏移随信息信号$m(t)$作线性变化，即

$$\varphi(t)=K_p m(t)\tag{11.9}$$

其中，K_p为调相灵敏度(rad/V)。

频率调制(FM)，是指瞬时频率偏移随信息信号$m(t)$成比例变化，即

$$\frac{\mathrm{d}\varphi(t)}{\mathrm{d}t}=K_f m(t)\tag{11.10}$$

其中，K_f为调频灵敏度(rad/(s·V))。相位偏移为

$$\varphi(t)=K_f\int m(\tau)\mathrm{d}\tau\tag{11.11}$$

设信息信号为单音正弦波，可表示为

$$m(t)=A_m\cos(\omega_m t)\tag{11.12}$$

当它对载波进行相位调制时，对应 PM 信号为

$$s_{\mathrm{PM}}(t)=A\cos[\omega_c t+K_p A_m\cos(\omega_m t)]=A\cos[\omega_c t+m_p\cos(\omega_m t)]\tag{11.13}$$

其中，$m_p = K_p A_m$ 称为调相指数，也等于最大相位偏移。

若进行频率调制时，对应 FM 信号为

$$s_{\mathrm{FM}}(t) = A\cos[\omega_c t + K_f A_m \int \cos(\omega_m \tau)\mathrm{d}\tau] = A\cos[\omega_c t + m_f \sin(\omega_m t)] \tag{11.14}$$

其中，m_f 称为调频指数(最大相位偏移)，可表示为

$$m_f = \frac{K_f A_m}{\omega_m} = \frac{\Delta\omega}{\omega_m} = \frac{\Delta f}{f_m} \tag{11.15}$$

其中，$\Delta\omega = K_f A_m$ 为最大角频偏；$\Delta f = m_f \cdot f_m$ 为最大频偏。

对于 FM 调制，结合 DDS IP 核的输出频率特性，输出频率可表示为

$$f_{\mathrm{out}} = \frac{\Delta\theta}{2^N} \times f_{\mathrm{clk}} \tag{11.16}$$

其中，f_{clk} 为输入的系统时钟；$\Delta\theta$ 为相位增量；N 为相位宽度。可见输出频率随 $\Delta\theta$ 线性变化。所以我们仅需将信息信号作为相位增量输入到 DDS 核中即可实现 FM 调制。对于单音信号，结合式(11.15)和式(11.16)可得

$$m_f = \frac{\Delta f}{f_m} = \frac{\dfrac{\Delta\theta_{\max}}{2^N} \times f_{\mathrm{clk}}}{f_m} = \frac{K_{\mathrm{FM}} A_m f_{\mathrm{clk}}}{2^N f_m} \tag{11.17}$$

由式(11.17)可得，改变 K_{FM} 的大小即可控制调频指数 m_f。

对 PM 调制，我们可以用信息信号控制 DDS 的相位偏移，从而使载波信号的相位偏移随信息信号 m_f 线性变化，实现 PM 调制。将其看作 FM 调制计算可得

$$\Delta\theta_{\max} = \frac{K_{\mathrm{PM}} \omega_m A_m}{f_{\mathrm{clk}}} = \frac{2\pi K_{\mathrm{PM}} A_m f_m}{f_{\mathrm{clk}}} \tag{11.18}$$

$$m_p = \frac{2\pi K_{\mathrm{PM}} A_m}{2^N} \tag{11.19}$$

11.3.3 幅度调制/解调

幅度调制都属于线性调制，它的解调方式有两种：相干解调和非相干解调。非相干解调利用信号的幅度信息，仅适用于标准 AM 调制。非相干解调由本地载波参与解调，利用信号的幅度信息和相位信息，适用于各种幅度调制信号的解调。相干解调模型如图 11-5 所示。

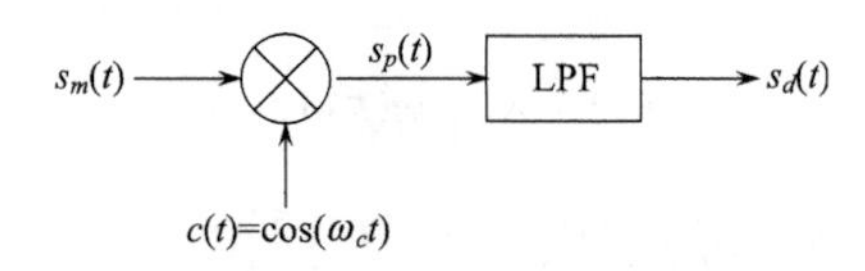

图 11-5 相干解调模型

AM 调制乘以相干载波后得

$$
\begin{aligned}
s_p(t) &= [A_0 + m(t)]\cos(\omega_c t)\cos(\omega_c t) \\
&= \frac{1}{2}[A_0 + m(t)][1+\cos(2\omega_c t)]
\end{aligned} \tag{11.20}
$$

经过低通滤波器和隔直流后得到

$$
s_d(t) = \frac{1}{2}m(t) \tag{11.21}
$$

DSB 调制乘以相干载波后得

$$
s_p = m(t)\cos^2(\omega_c t) = \frac{1}{2}m(t)[1+\cos(2\omega_c t)] \tag{11.22}
$$

经低通滤波器后得到

$$
s_d(t) = \frac{1}{2}m(t) \tag{11.23}
$$

SSB 调制乘以相干载波后得

$$
\begin{aligned}
s_p &= \frac{1}{2}m(t)\cos^2(\omega_c t) \mp \frac{1}{2}\hat{m}(t)\sin(\omega_c t)\cos(\omega_c t) \\
&= \frac{1}{4}[m(t) + m(t)\cos(2\omega_c t) \mp \hat{m}(t)\sin(2\omega_c t)]
\end{aligned} \tag{11.24}
$$

经低通滤波器后得到

$$
s_d(t) = \frac{1}{4}m(t) \tag{11.25}
$$

11.3.4 角度调制解调

角度调制信号乘以余弦相干载波后得

$$
\begin{aligned}
s_i(t) &= A\cos(\omega_c t + \varphi(t))\cos(\omega_c t) \\
&= A(\cos(\omega_c t)\cos(\varphi(t)) - \sin(\omega_c t)\sin(\varphi(t)))\cos(\omega_c t) \\
&= \frac{1}{2}A((1+\cos(2\omega_c t))\cos(\varphi(t)) - \sin(2\omega_c t)\sin(\varphi(t)))
\end{aligned} \tag{11.26}
$$

经过低通滤波器后得到

$$
s_i'(t) = \frac{1}{2}A\cos(\varphi(t)) \tag{11.27}
$$

同理可得信号乘以正弦相干载波后得

$$
s_q(t) = -\frac{1}{2}A\sin(\varphi(t)) \tag{11.28}
$$

得到的两路信号通过一定的解调算法即可得到原来的信息信号。角度调制解调模型如图 11-6 所示。

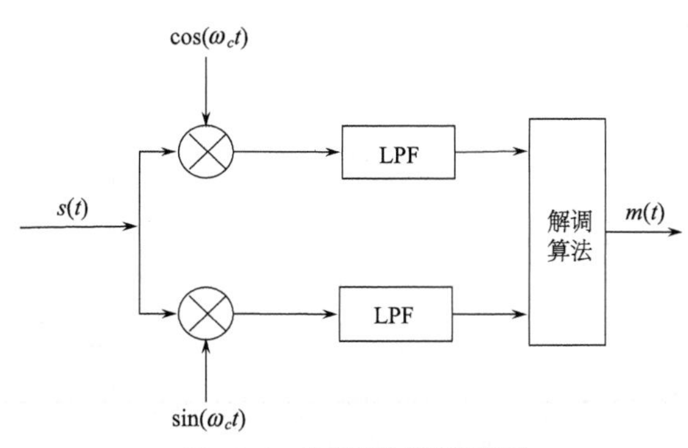

图 11-6 角度调制解调模型

11.4 实 验 方 案

11.4.1 实验内容

(1)系统参数：系统采样率为120MHz，载波为12MHz，内部信息信号为2MHz。

(2)通过拨码开关选择调制方式，对信息信号分别进行AM、DSB、USB/LSB、FM/PM调制，并进行相应的解调。

(3)通过Chipscope观察调制/解调后的波形。

(4)通过示波器和频谱仪观察调制/解调波形和频谱。

11.4.2 基本实现方案

基本实现框图如图11-7所示。

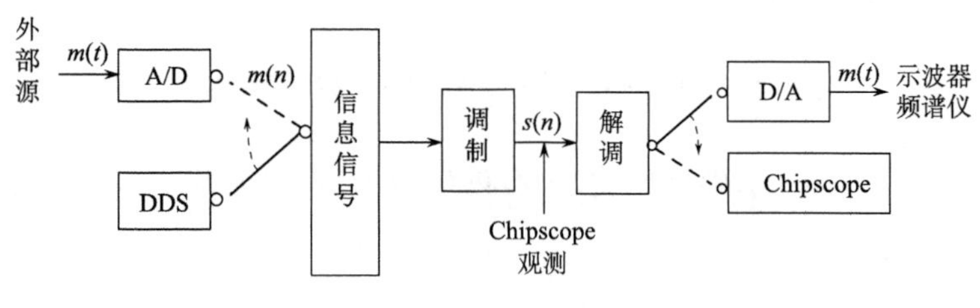

图11-7 实现框图

11.4.3 基于FPGA硬件实现平台

基于FPGA硬件平台实现框图如图11-8所示。表11-1为拨码开关定义方式。

表11-1 拨码开关定义方式

拨码开关	取值	定义
S2-4S2-3S2-2S2-1	0000	AM(K=1)
	0001	AM(K=0.5)
	010?	DSB
	0010	LSB
	0011	USB
	0110	FM(m_f=1)
	0111	FM(m_f=2.4)
	1000	PM(m_p=1)
	1001	PM(m_p=2.4)

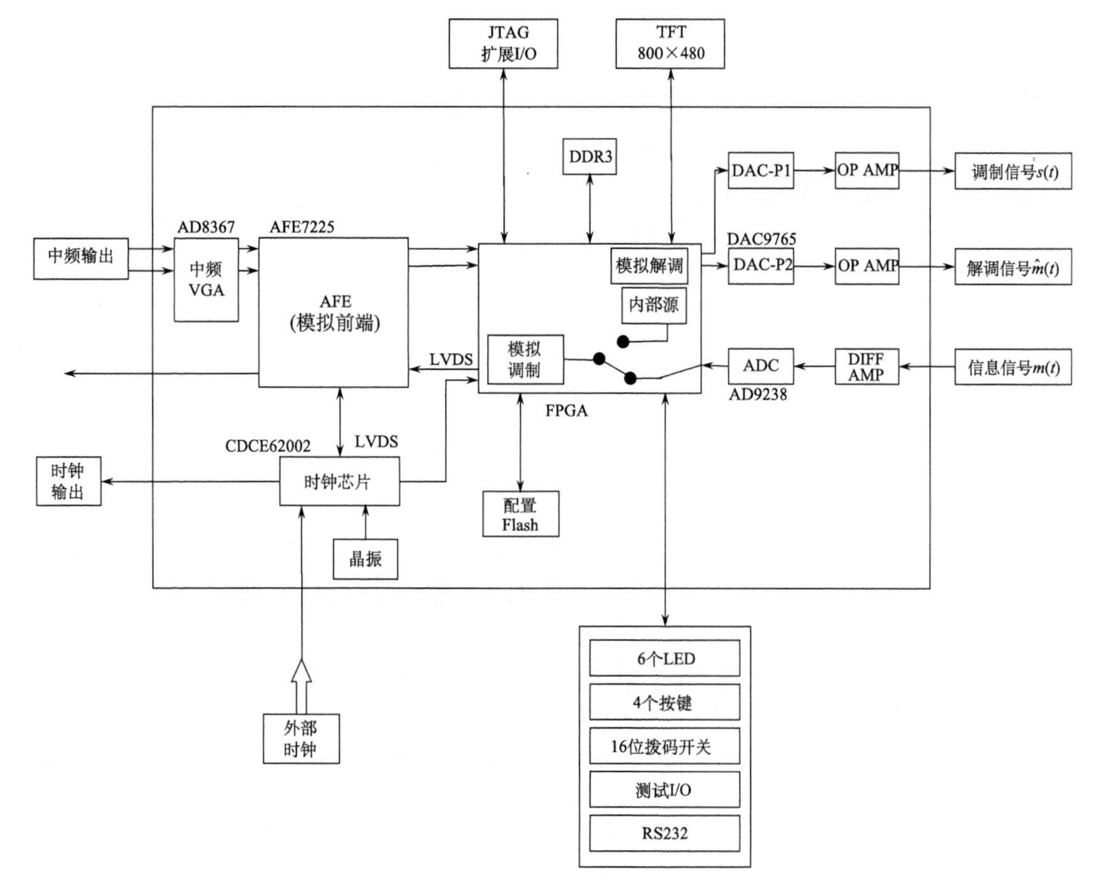

图 11-8　基于 FPGA 硬件平台实现框图

11.5　实验步骤

1. 新建工程

首先打开 ISE，执行 File→New Project 菜单命令，输入工程名称，在工程路径中单击 Browse 按钮，将工程放到指定目录。然后单击 Next 按钮进入下一页，选择芯片类型为 Spartan6 XC6SLX45T，指定综合工具为 XST(VHDL/Verilog)，仿真工具选择 Modelsim-SE Mixed。再单击 Next 按钮进入下一页，单击 Finish 按钮，就可以建立一个完整的工程，如图 11-9 所示。

2. 代码输入

在 ISE 代码管理区任意位置右击，在弹出的快捷菜单中选择 New Source 命令，会弹出如图 11-10 所示的 New Source Wizard 对话框。

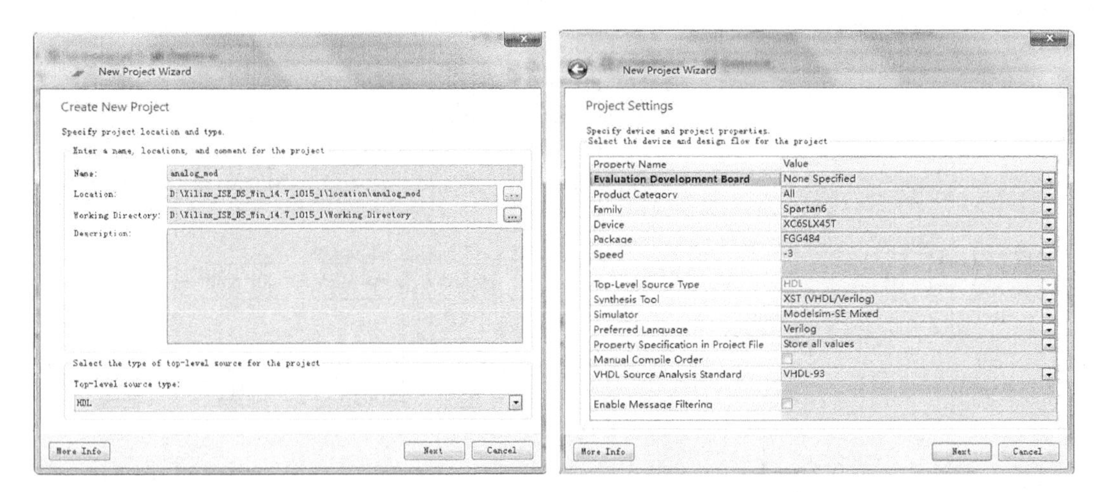

图 11-9　ISE 新建工程

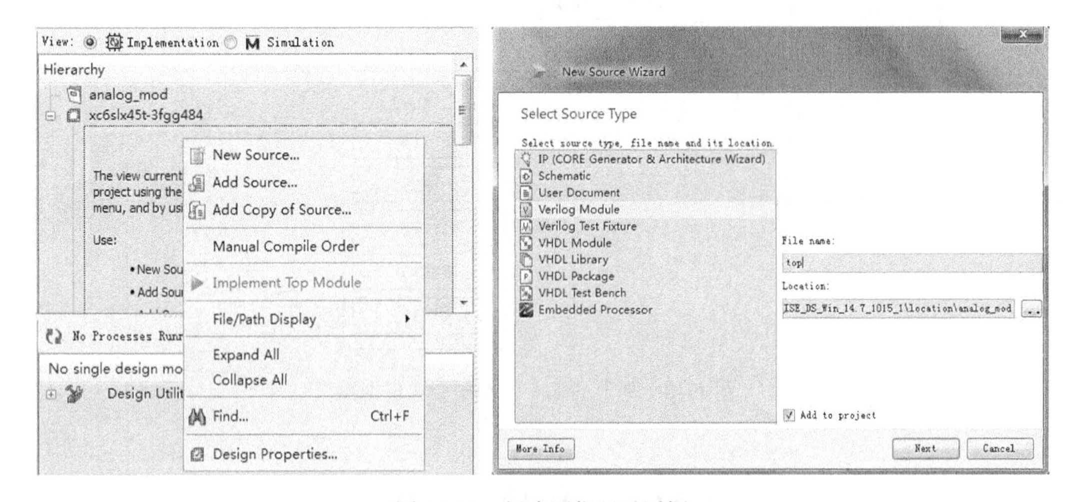

图 11-10　新建源代码对话框

左侧的列表用于选择代码的类型，选择 Verilog Module 选项，用于编写 Verilog HDL 代码。在 File name 文本框中输入 top，建立顶层文件，单击 Next 按钮进入端口定义对话框，如图 11-11 所示。其中，Module name 就是输入的 top，Port Name 表示端口名称，Direction 表示端口方向，MSB 表示信号的最高位，LSB 表示信号的最低位，单位信号的 MSB 和 LSB 不用填写。

定义了模块端口后，单击 Next 按钮进入下一步，单击 Finish 按钮完成创建。这样，ISE 会自动创建一个 Verilog 模块的例子，并且在源代码编辑区打开。简单的注释、模块和端口定义已经自动生成，剩下的工作就是在模块中实现代码。

3. DDS IP 核

调用 DDS IP 核，按照图 11-12 配置 DDS 输出两路频率为 12MHz 的正交载波信号，设置采样率为 120MHz，配置 DDS 输出频率可编程，单击 Generate 按钮。

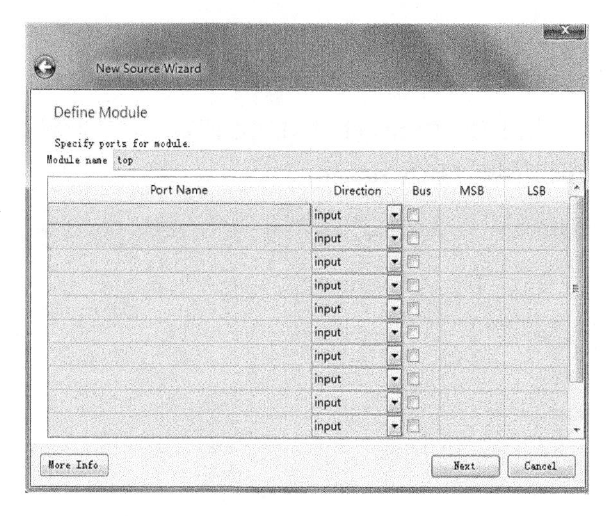

图 11-11　Verilog 模块端口定义对话框

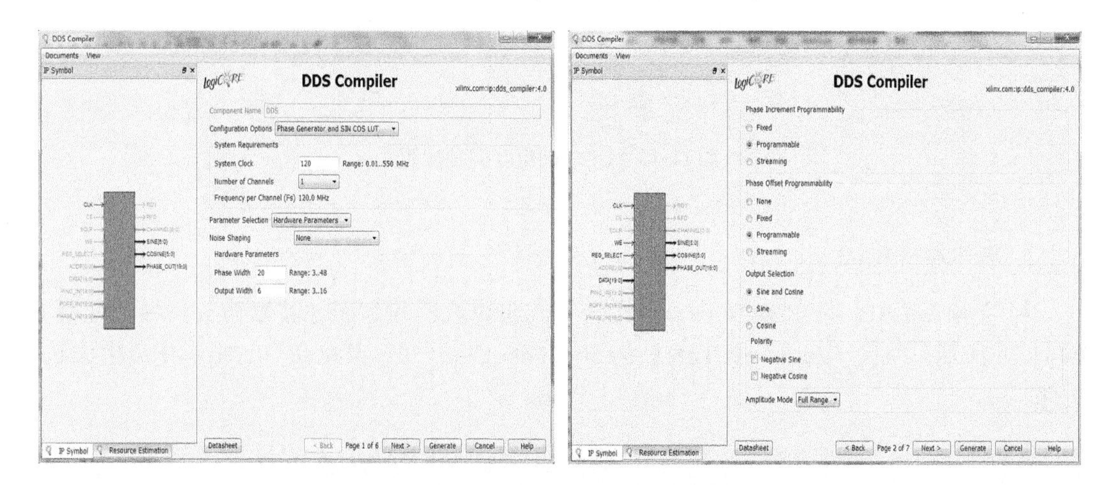

图 11-12　DDS 核信号产生配置

4. 例化 IP 模块

在 Source 工作区右击，在弹出的快捷菜单中选择 New Source 命令，在打开的对话框中选择 Verilog Module 文件类型，在 File name 栏中输入文件名，创建 IP 核的例化代码。

5. 创建信息信号波形产生模块

仿照步骤 3 和步骤 4 创建信息信号波形产生模块，信息信号频率为 2MHz，采样频率为 120MHz。

6. 配置 AD 芯片

使外部信号能够输入 FPGA，通过一个拨码开关选择信息信号是内部 DDS 产生的还是由外部信号源输入的。

7. 角度调制模块

如图 11-13 所示，利用 DDS IP 核进行 FM/PM 调制。系统时钟为 120M，相位宽度为 20 位，配置相位增量和相位偏置都为 stream。

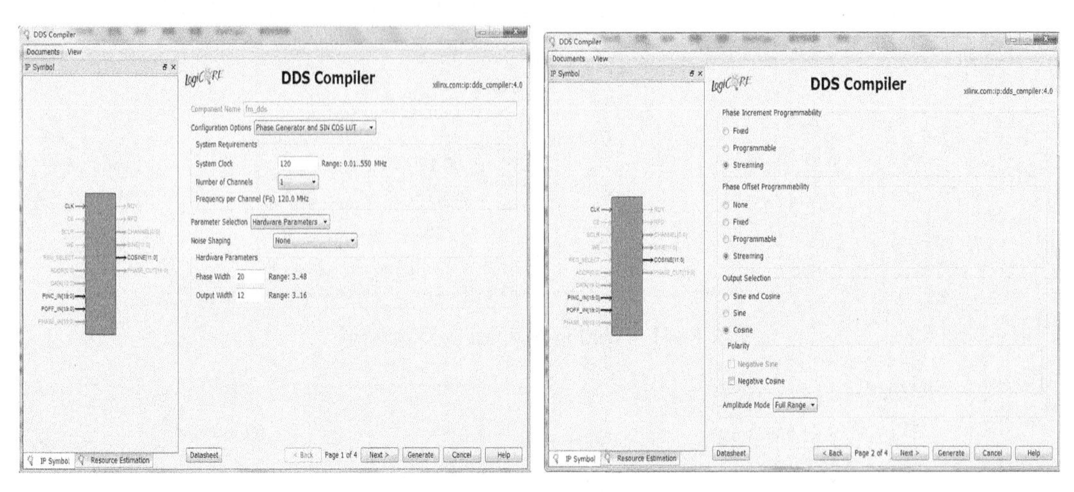

图 11-13　DDS 核角度调制配置

8. 滤波器设计

利用 MATLAB 的 FDATOOL 工具产生低通滤波器和高通滤波器系数，参数配置如图 11-14 所示。执行 Targets→XILINX Coefficient(.COE) file 菜单命令，定点化后生成 coe 文件。

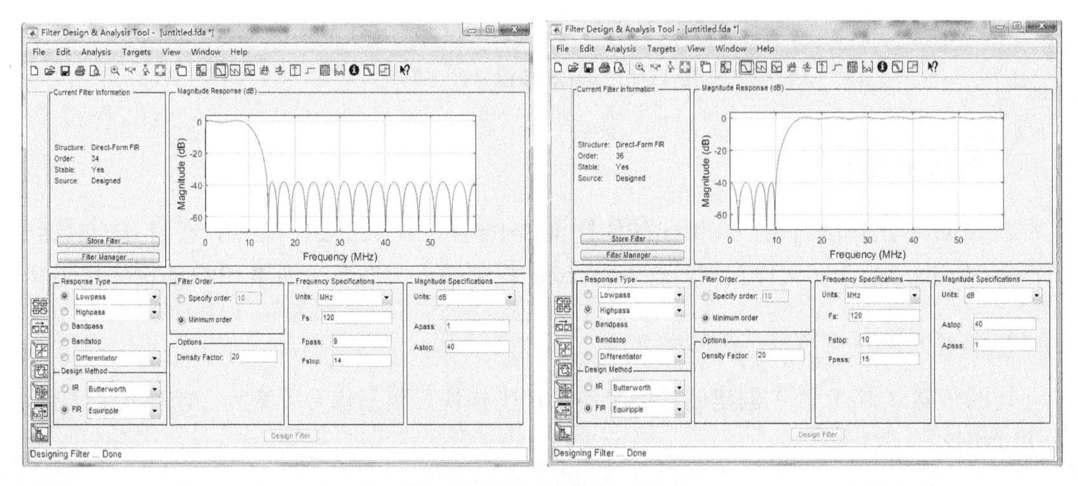

图 11-14　MATLAB 滤波器设计

9. FIR IP 核

在 Source 工作区右击，从弹出的快捷菜单中选择 New Source 命令，从打开的对话框中选择 IP Core 选项，在 File name 栏中输入文件名，找到 FIR Compiler 5.0。将以上生成的 coe 文件导入 FIR IP 核中，配置系统采样率和时钟频率为 120MHz，如图 11-15 所示。

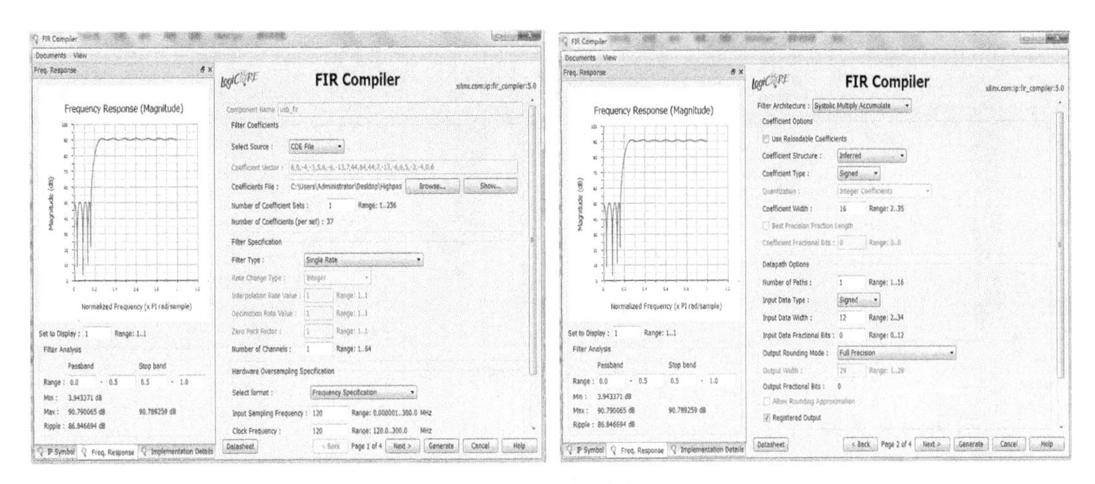

图 11-15　FIR 核配置

10. 角度调制/解调模块

用 CORDIC IP 核可以得到角度调制的信息信号，核配置参数见图 11-16，配置函数选择 Arc Tan，相位单位为 Radians，输出位宽 12 位。

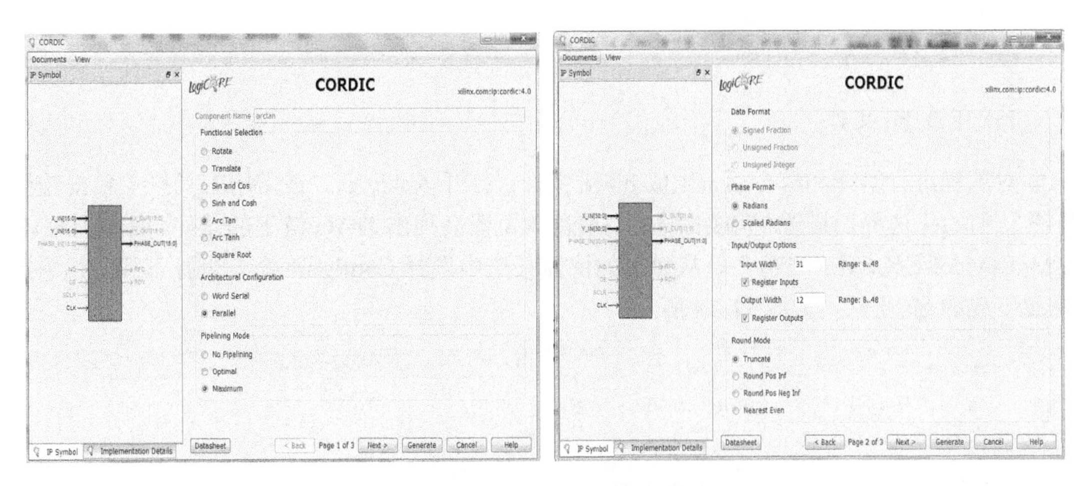

图 11-16　CORDIC 核配置

11. 集成控制核与在线逻辑分析仪

新建 ICON 和 ILA 的 IP 核，其中，ICON 核可使用默认配置，配置 ILA 核所需数据宽度，数据深度为 1024，触发器宽度为 1，ChipScope 配置如图 11-17 所示。

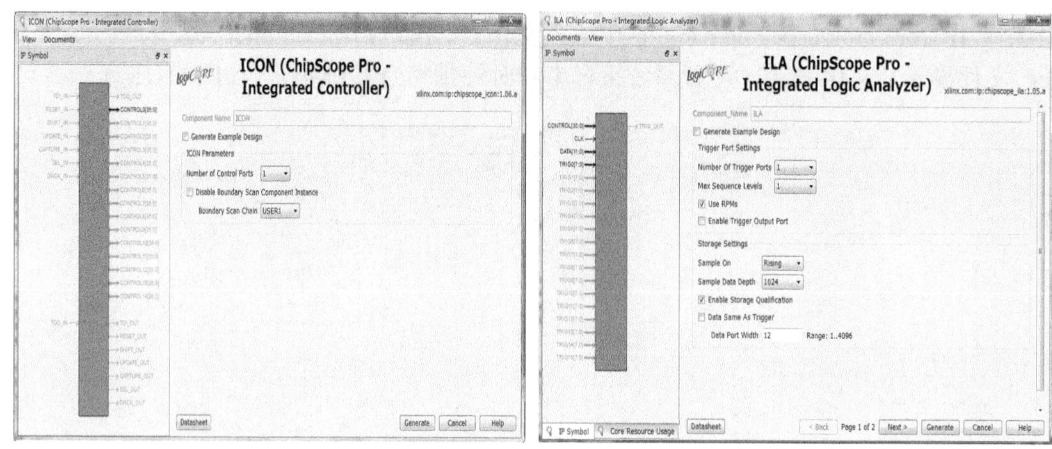

图 11-17　ChipScope 配置

12. 引脚约束文件

将约束文件加入工程，并结合实验箱的引脚编写约束文件，内容参考如下：

```
NET "clk"  LOC="E16";
NET "rst_n"   LOC="Y8";
NET "sw2[0]"  LOC="V13" ;
NET "sw2[1]"  LOC="U14";
NET "sw2[2]"  LOC="T15";
NET "sw2[3]"  LOC="AB17";
NET "sw1"  LOC="AB16";
```

13. 下载 bit 文件

对工程进行编译和综合后，生成 bit 流文件。打开 Analyzer，在常用工具栏上单击图标“![icon]”，初始化边界扫描链。完成扫描后，项目浏览器会列出 JTAG 链上的器件，右击“DEV：0 MyDevice0 (XC6SLX45T)”，从弹出的快捷菜单中选择 Configure 命令进行下载，并选择需要下载的 bit 文件，如图 11-18 所示。

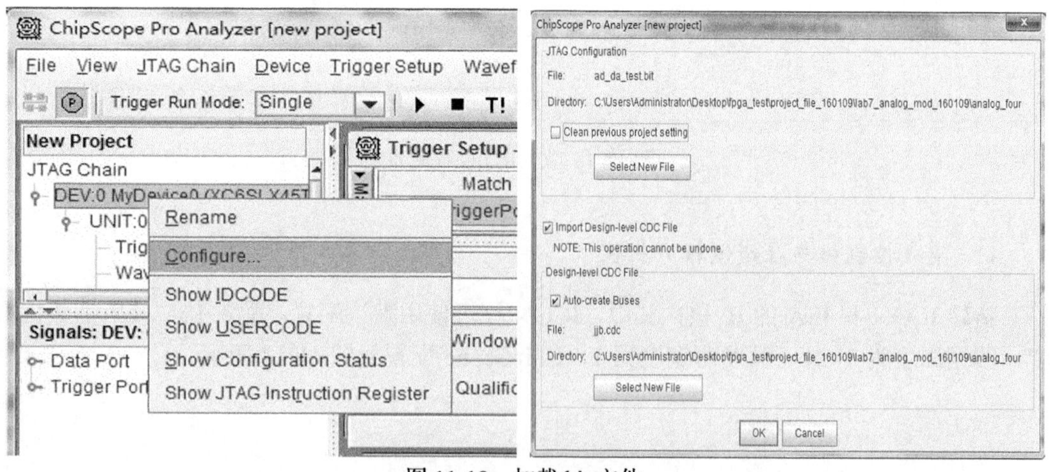

图 11-18　加载 bit 文件

14. 观察记录波形

将信号源、示波器和频谱仪进行连接，改变拨码开关位置，观察不同调制方式下输出信号的波形和频谱。

15. 烧录 bit 文件

运行配置目标器件进程，弹出 iMPACT 窗口，依次双击 Boundary Scan Create PROM File 节点，在 Step2 中选择 Device 为 xcf32p，单击 Add Storage Device 按钮；修改输出文件名和路径，设置 File Format 为 MCS；单击 OK 按钮，添加相应的 bit 文件，右击空白处，从弹出的快捷菜单中选择 Generate File 命令，产生 mcs 文件。在 Boundary Scan 界面的空白处右击，从弹出的快捷菜单中选择 Initialize Chain 命令，先后添加 bit 文件和 mcs 文件，在 Select Attached SPI/BPI 界面选择 SPI PROM 和 M25P32；最后 Category 选择 Device 1(Attached FLASH，M25P32)。完成烧录，如图 11-19 所示。

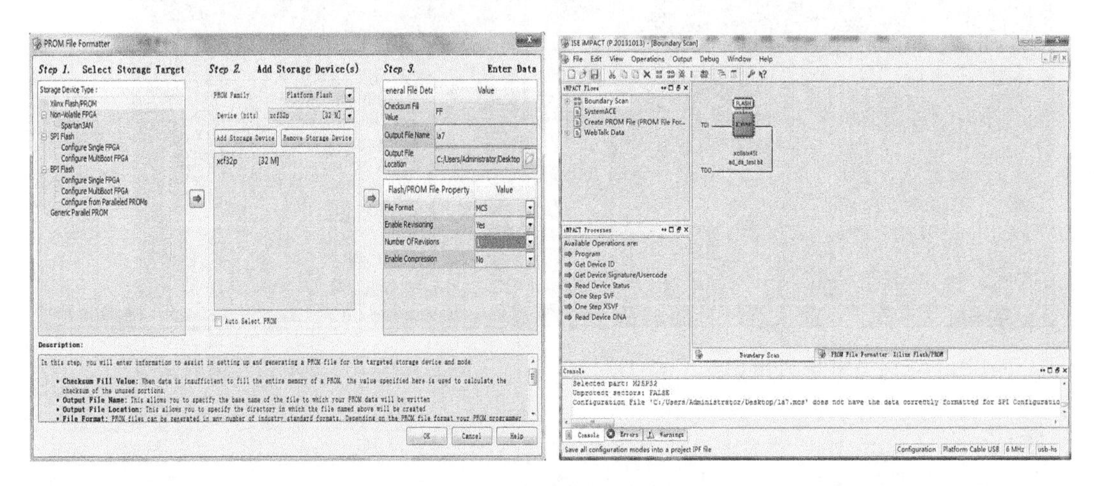

图 11-19 烧录 bit 文件

11.6 实验结果

设置系统参数为采样率 120MHz，载波 12MHz，内部信息信号为 2MHz。通过拨码开关选择调制方式，对信息信号分别进行 AM、DSB、USB/LSB、FM/PM 调制，并进行相应的解调。最后通过 Chipscope 观察调制/解调后的波形，通过示波器和频谱仪观察调制/解调波形和频谱。

(1)拨码开关为 0000 时，AM 调制/解调信号如图 11-20 所示，AM 调制/解调波形如图 11-21 所示，调制信号频谱如图 11-22 所示。

(2)拨码开关为 0001 时，AM 调制/解调信号如图 11-23 所示，AM 调制/解调波形如图 11-24 所示，调制信号频谱如图 11-25 所示。

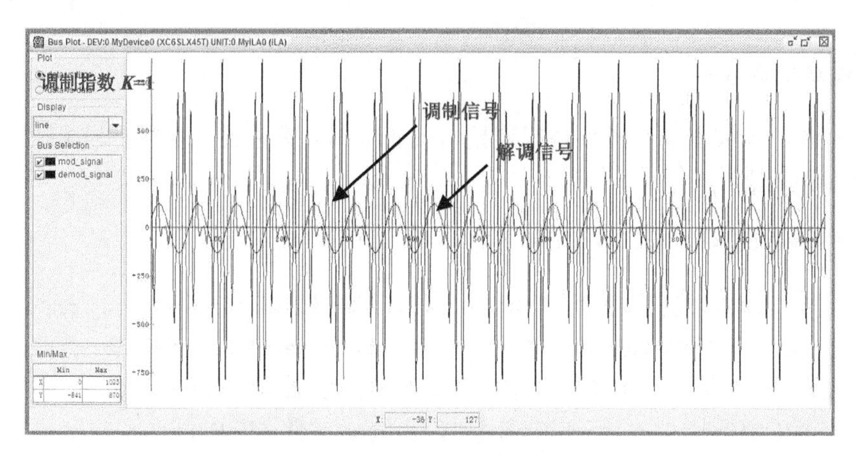

图 11-20　AM 调制/解调信号(K=1)

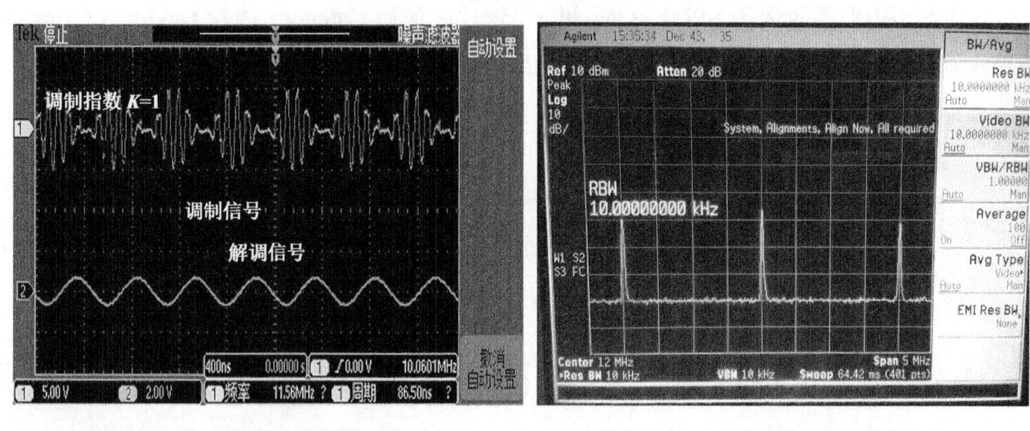

图 11-21　AM 调制/解调波形(K=1)　　　　图 11-22　AM 调制信号频谱(K=1)

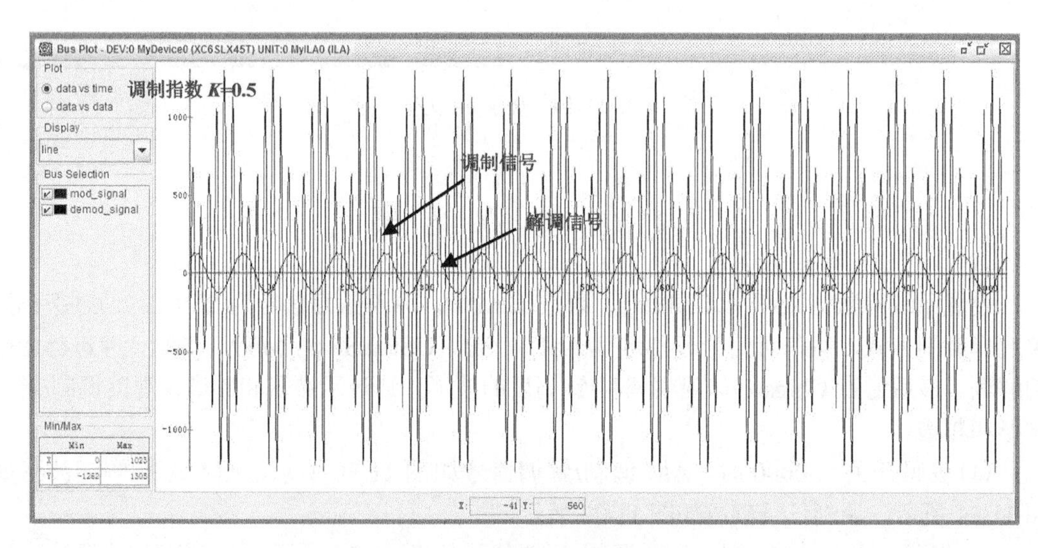

图 11-23　AM 调制/解调信号(K=0.5)

(3)拨码开关为 010?(?表示 0 或 1 均可)时，DSB 调制/解调信号如图 11-26 所示，DSB 调制/解调波形如图 11-27 所示，调制信号频谱如图 11-28 所示。

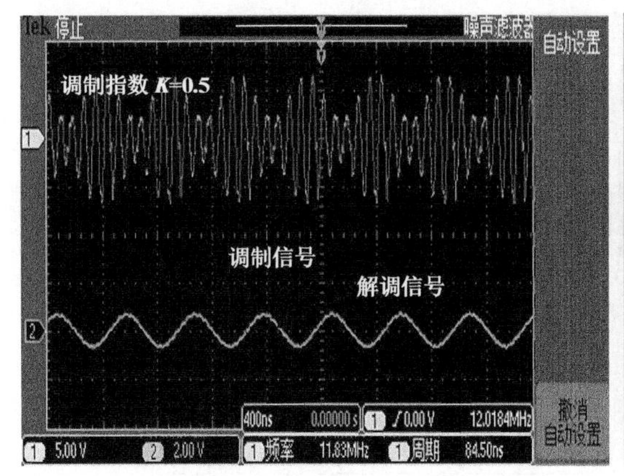

图 11-24　AM 调制/解调波形(K=0.5)

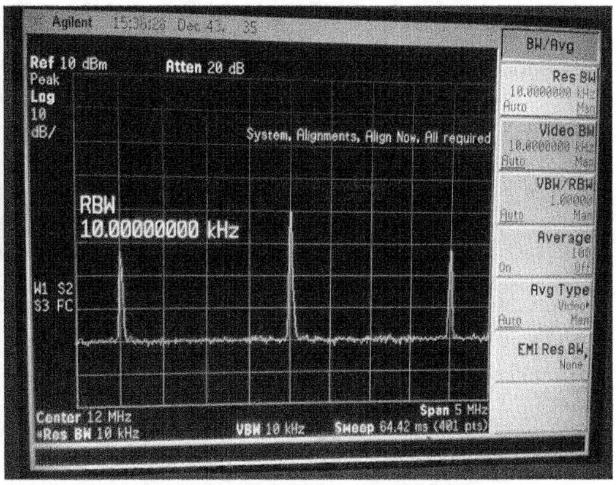

图 11-25　AM 调制信号频谱(K=0.5)

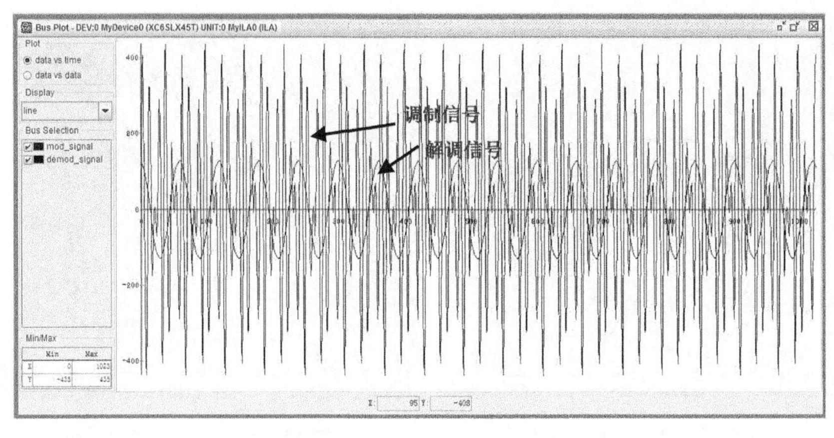

图 11-26　DSB 调制/解调信号

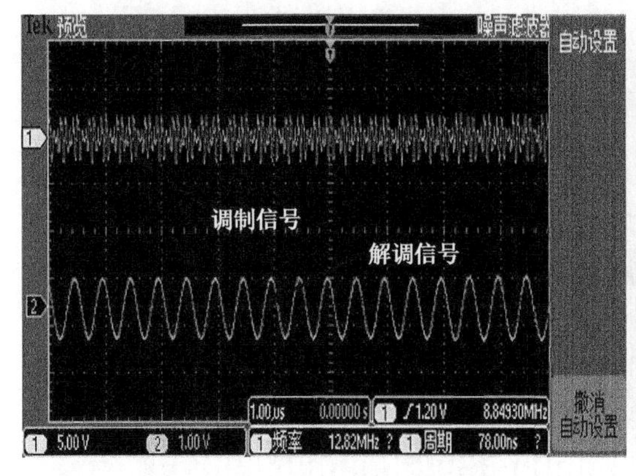

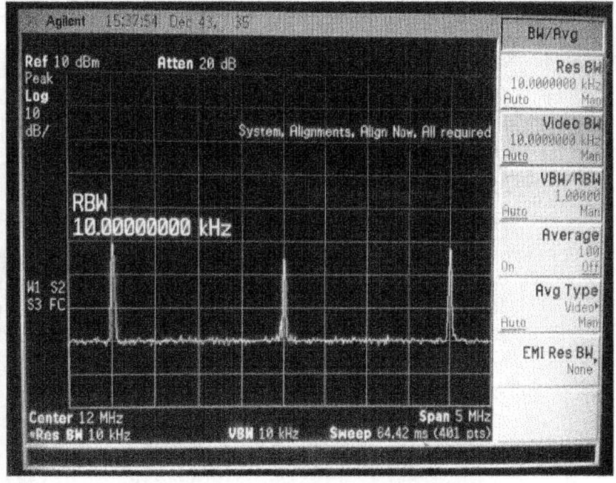

图 11-27　DSB 调制/解调波形

图 11-28　DSB 调制信号频谱

(4)拨码开关为 0010 时，LSB 调制/解调信号如图 11-29 所示，LSB 调制/解调波形如图 11-30 所示，调制信号频谱如图 11-31 所示。

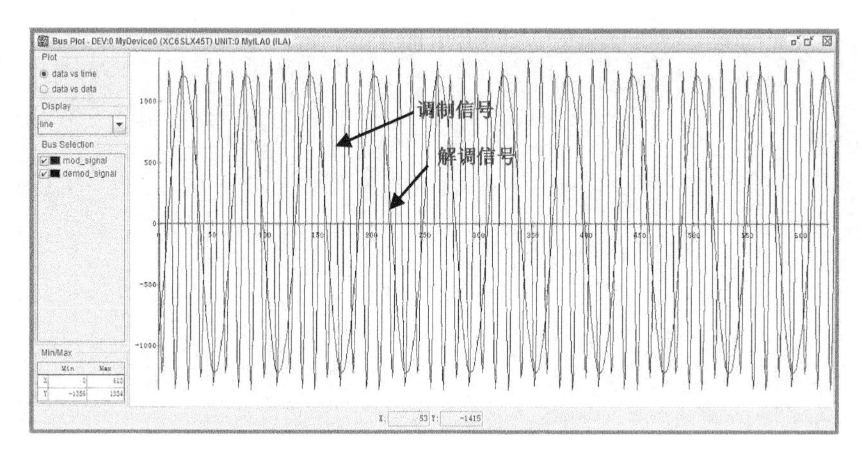

图 11-29　LSB 调制/解调信号

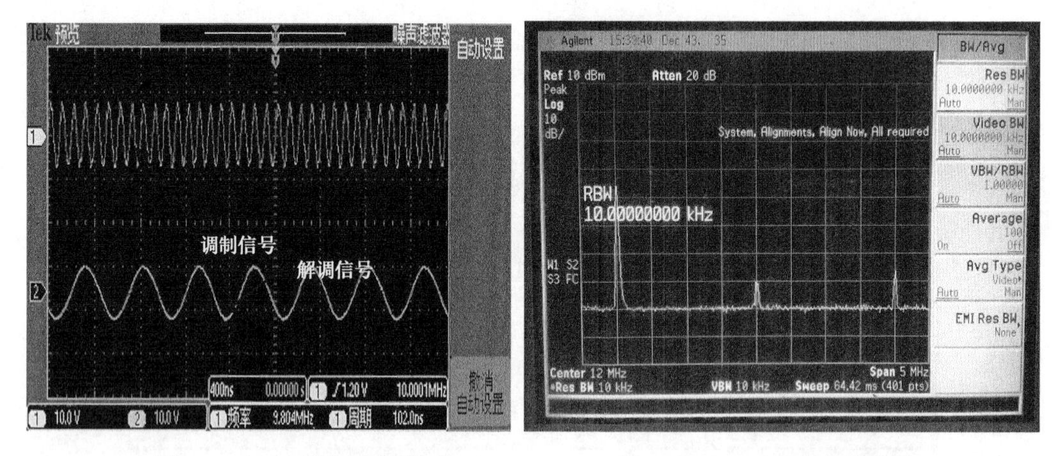

图 11-30　LSB 调制/解调波形　　　　图 11-31　LSB 调制信号频谱

(5)拨码开关为 0011 时，USB 调制/解调信号如图 11-32 所示，USB 调制/解调波形如图 11-33 所示，调制信号频谱如图 11-34 所示。

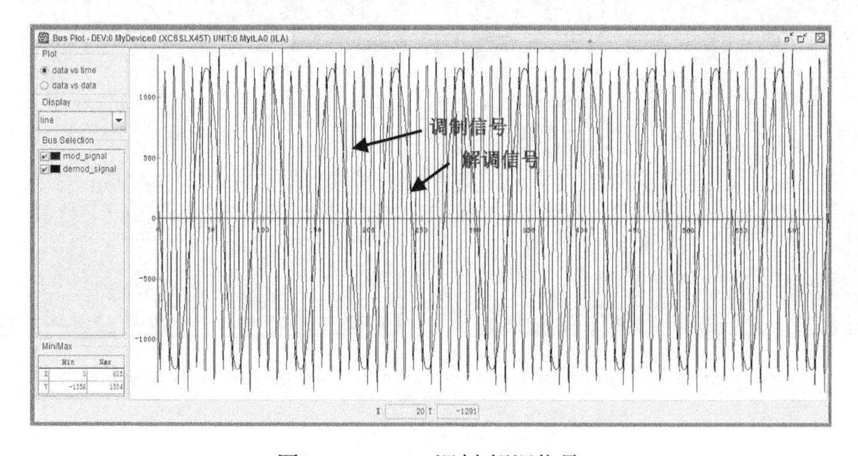

图 11-32　USB 调制/解调信号

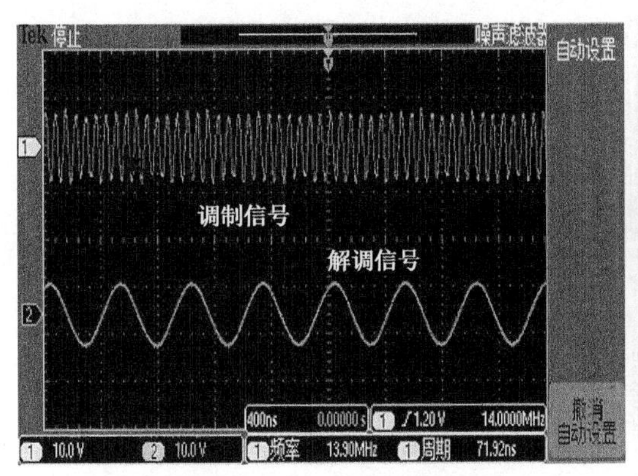

图 11-33 USB 调制/解调波形

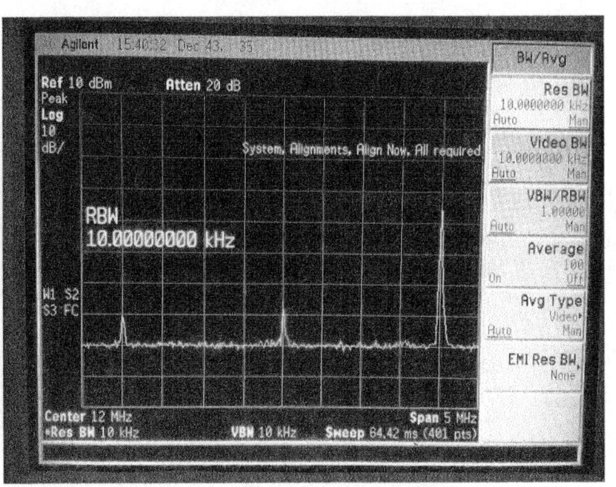

图 11-34 USB 调制信号频谱

(6)拨码开关为 0110 时，FM 调制/解调信号如图 11-35 所示，FM 调制/解调波形如图 11-36 所示，调制信号频谱如图 11-37 所示。

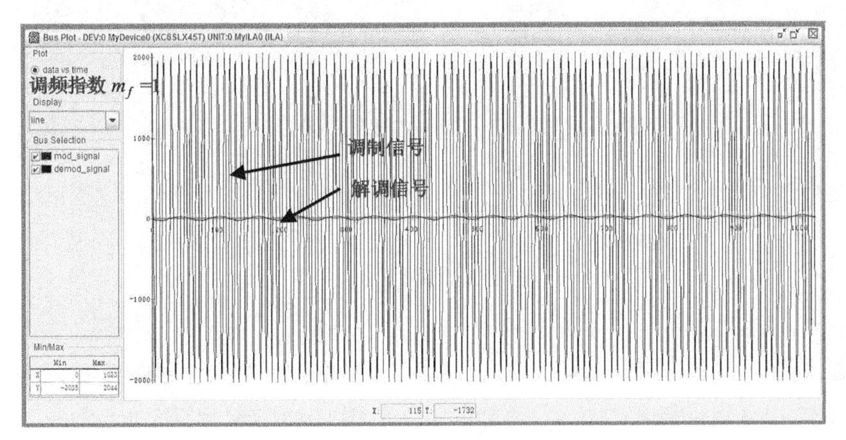

图 11-35 FM 调制/解调信号（$m_f=1$）

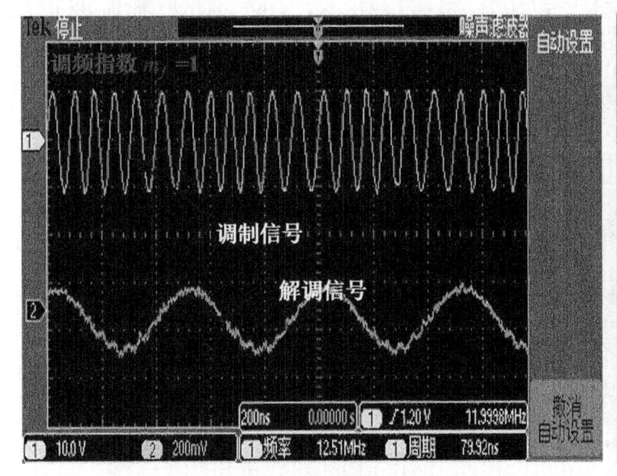

图 11-36 FM 调制/解调波形（$m_f=1$）

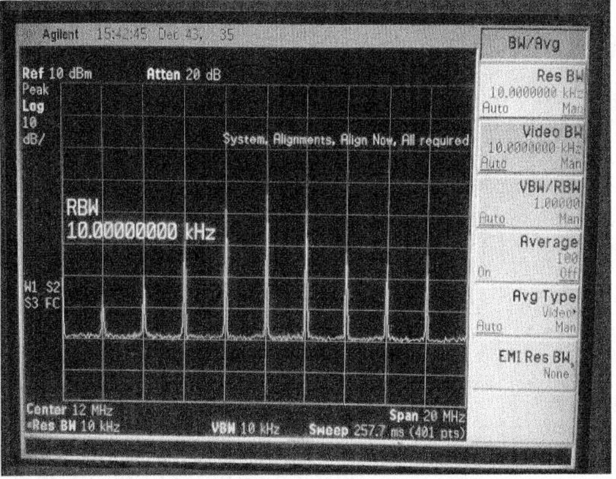

图 11-37 FM 调制信号频谱（$m_f=1$）

(7)拨码开关为 0111 时，FM 调制/解调信号如图 11-38 所示，FM 调制/解调波形如图 11-39 所示，调制信号频谱如图 11-40 所示。

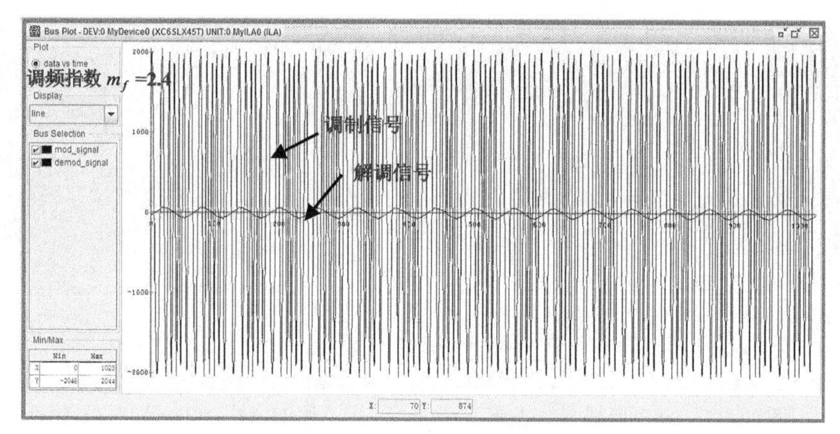

图 11-38　FM 调制/解调信号（$m_f = 2.4$）

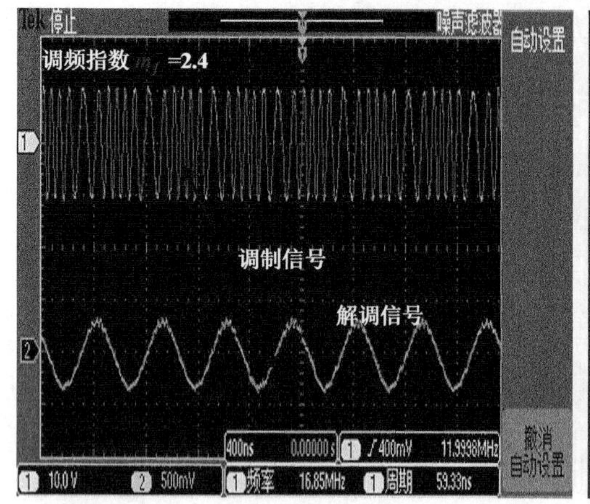

图 11-39　FM 调制/解调波形（$m_f = 2.4$）

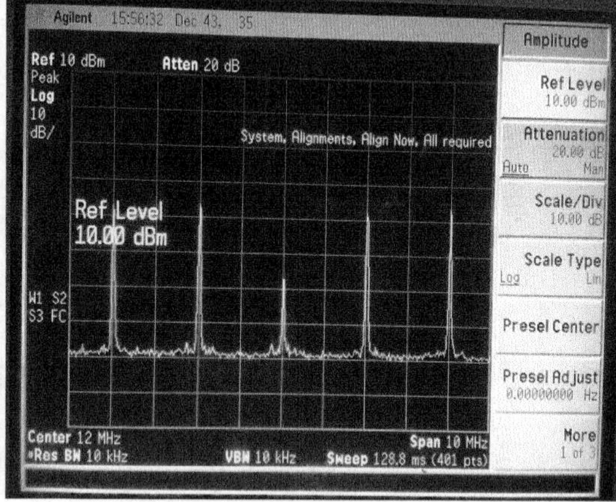

图 11-40　FM 调制信号频谱（$m_f = 2.4$）

(8)拨码开关为 1000 时，PM 调制/解调信号如图 11-41 所示，PM 调制/解调波形如图 11-42 所示，调制信号频谱如图 11-43 所示。

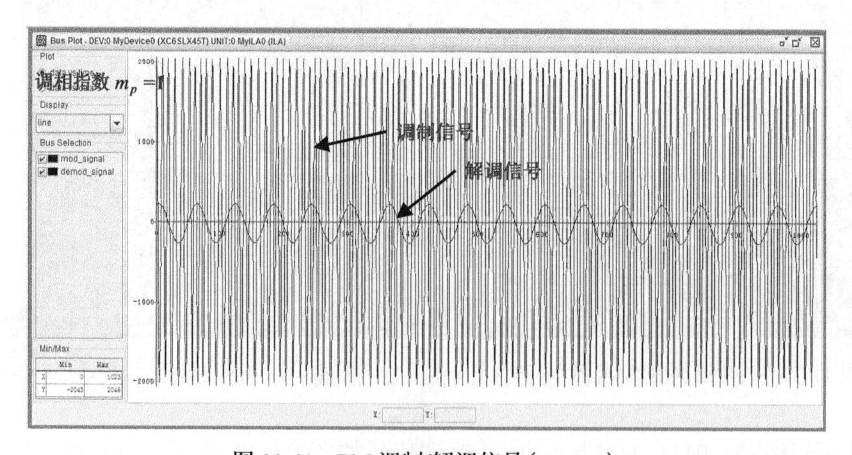

图 11-41　PM 调制/解调信号（$m_p = 1$）

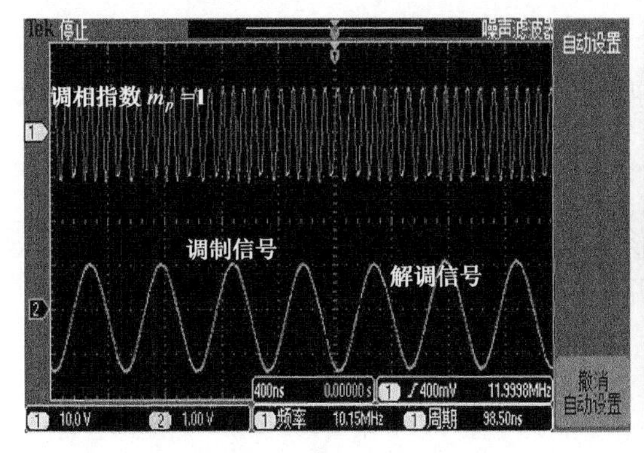

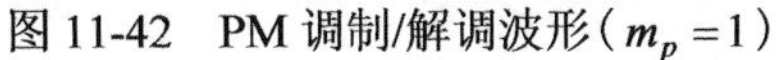

图 11-42　PM 调制/解调波形（$m_p=1$）

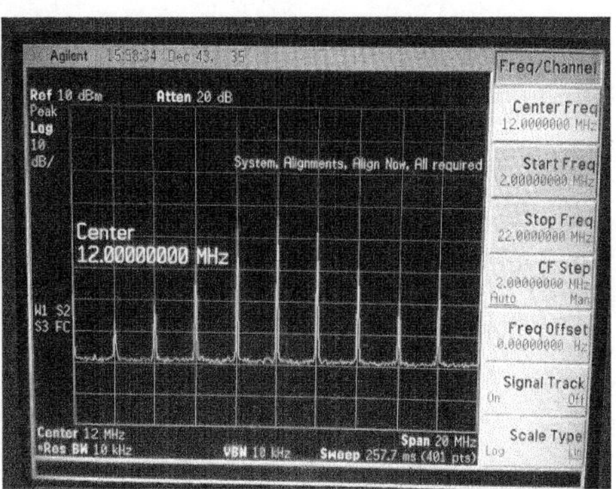

图 11-43　PM 调制信号频谱（$m_p=1$）

(9) 拨码开关为 1001 时，PM 调制/解调信号如图 11-44 所示，PM 调制/解调波形如图 11-45 所示，调制信号频谱如图 11-46 所示。

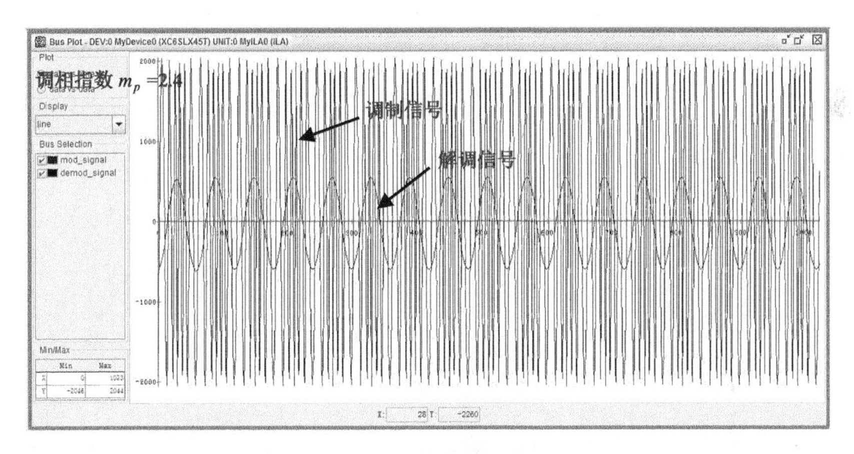

图 11-44　PM 调制/解调信号（$m_p=2.4$）

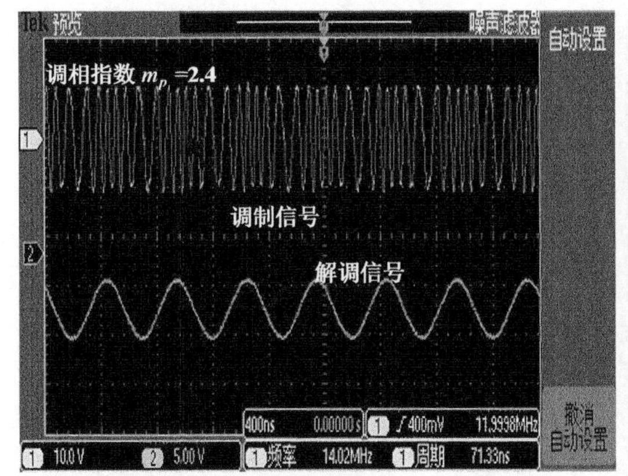

图 11-45　PM 调制/解调波形（$m_p=2.4$）

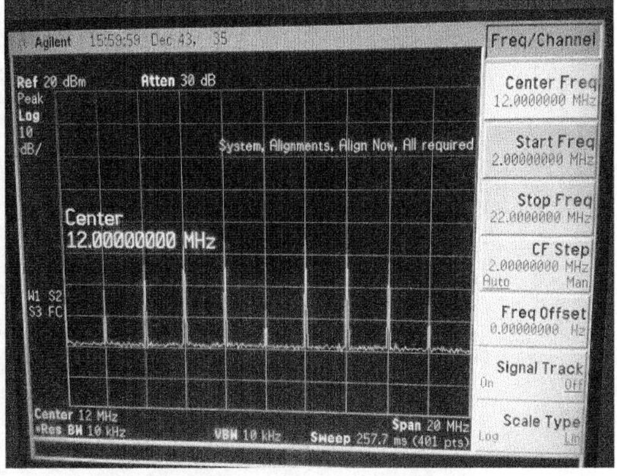

图 11-46　PM 调制信号频谱（$m_p=2.4$）

11.7 实验报告及要求

(1)编写 Verilog 代码实现 AM、DSB、USB/LSB 和 FM/PM 调制/解调。

(2)通过 ChipScope 观察调制/解调波形。

(3)通过示波器和频谱仪观察调制/解调波形和频谱。

实验 12　基于 FPGA 的通用数字调制系统实验

12.1　实 验 目 的

(1) 熟悉正交调制的基本原理。

(2) 熟悉 Xilinx 公司的 ISE FPGA 开发环境。

(3) 熟悉 VHDL 或 Verilog HDL 编程方法。

(4) 掌握 MATLAB、ChipScope 等辅助工具与 ISE 的联合使用。

(5) 掌握时钟配置和 DA 的控制方法。

12.2　实 验 仪 器

(1) 软件无线电实验箱一台。

(2) PC (要求装有 ISE 集成开发环境、ChipScope 软件、MATLAB 软件) 一台。

(3) 示波器一台。

12.3　实 验 原 理

12.3.1　正交调制原理

正交调制信号的时域表达式可统一表示为

$$s(t)=I(n)\cos(\omega_c t)+Q(n)\sin(\omega_c t) \tag{12.1}$$

其中，序列 $I(n)$、$Q(n)$ 称为已调信号的同相支路和正交支路。对于 MASK 而言，它利用载波幅值来传输数字信息，载波幅值可以取 M 个值

$$A_m=\frac{m}{M},\quad m=0,2,3,\cdots,M-1 \tag{12.2}$$

对应时域表达式为

$$s_{\text{MASK}}(t)=A_m\sum_n g(t-nT)\cos(\omega_c t) \tag{12.3}$$

其中，A_m 即幅值的取值由数字信息源决定，例如，对于 2ASK，信息源发 1 时 A_m 取 1，发 0 时 A_m 取 0；T 为载波周期；$g(t)$ 是持续时间为 T 的矩形波形。在正交调制中，MASK 调制只有一路信号 (12.3)，采用正交调制方式产生 MASK 信号时，同相支路和正交支路分别为

$$\begin{aligned}I(n)&=A_m\sum_n g(t-nt)\\Q(N)&=0\end{aligned} \tag{12.4}$$

对于 MPSK 而言，它利用具有多个相位状态的正弦波来代表多组二进制信息码元，即用载波的一个相位对应一组二进制信息码元。在 MPSK 信号中，载波相位可以取任意 M 个值，即

$$\theta_m = \frac{2pm}{M}, \quad m = 0,1,2,\cdots,M-1 \tag{12.5}$$

其中，$M = 2^k$ 且 k 为正整数。MPSK 信号可以表示为

$$\begin{aligned} s_{\text{MPSK}}(t) &= A\sum_n g(t-nT)\cos(\omega_c t + \theta_m) \\ &= A\sum_n g(t-nT)\cos\theta_m \cos(\omega_c t) - A\sum_n g(t-nT)\sin\theta_m \sin(\omega_c t) \end{aligned} \tag{12.6}$$

其中，MPSK 的载波幅值 A 为常数，θ_m 为载波相位，例如，对于 BPSK，信息源发 1 时，θ_m 取值为 π，发 0 时，θ_m 取 0。由式(12.6)可见，任意一个 MPSK 信号都可以写成两个正交载波进行多电平双边带调幅所得已调波之和。采用正交调制方式产生 MPSK 信号时，同相支路和正交支路分别可以表示为

$$\begin{aligned} I(n) &= \sum_n g(t-nT)\cos\theta_m \\ Q(n) &= -\sum_n g(t-nT)\sin\theta_m \end{aligned} \tag{12.7}$$

对于 DMPSK(差分相移键控)而言，区别仅仅在于对数字基带信号的编码方式不同，即先对数字信号进行差分编码，把绝对码变换成相对码，再根据相对码进行正交调制，因此正交调制方式和 MPSK 相同。

正交幅度调制(QAM)是一种幅度和相位联合键控(APK)的调制方式。它是 MASK 和 MPSK 调制方式的结合，能够在提高系统可靠性的同时获得较高的信号频带利用率，是目前运用较为广泛的一种数字调制方式。

对于 MQAM 而言，信号的幅度和相位作为两个独立的参量同时进行调制，MQAM 信号的表达式为

$$s_{\text{MQAM}}(t) = A_l\sum_n g(t-nT)\cos(\omega_c t + \theta_m) \tag{12.8}$$

其中，A_l、θ_m 分别可以取多个离散值。采用正交调制方式时，MQAM 信号可表示为

$$\begin{aligned} s_{\text{MQAM}}(t) &= A_l\sum_n g(t-nT)\cos(\omega_c t + \theta_m) \\ &= A_l\sum_n g(t-nT)\cos\theta_m \cos(\omega_c t) - A_l\sum_n g(t-nT)\sin\theta_m \sin(\omega_c t) \end{aligned} \tag{12.9}$$

因此，同相支路和正交支路分别为

$$\begin{aligned} I(n) &= A_l\sum_n g(t-nT)\cos\theta_m \\ Q(n) &= -A_l\sum_n g(t-nT)\sin\theta_m \end{aligned} \tag{12.10}$$

12.3.2 m 随机序列

m 序列是最长线性反馈移存器序列的简称，它是由带线性反馈的移存器产生的周期最

长的序列。一个 n 级线性反馈移存器可能产生的最长周期等于 2^n-1。线性反馈移存器原理框图如图 12-1 所示。

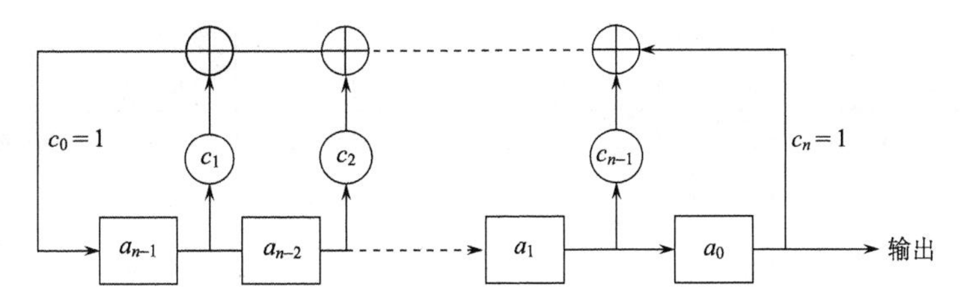

图 12-1 线性反馈移存器原理框图

图中 a_i 表示各种移存器的状态，$a_i=0$ 或 1，i 为整数；c_i 表示反馈线的连接状态，$c_i=0$ 表示此线断开，$c_i=1$ 表示此线接通。按照图中的线路连接关系，可以写出递推方程

$$a_n=c_1a_{n-1}\oplus c_2a_{n-2}\oplus\cdots\oplus c_{n-1}a_1\oplus c_na_0=\sum_{i=1}^{n}c_ia_{n-i}(\bmod 2) \tag{12.11}$$

用特征方程可表示为

$$f(x)=c_0+c_1x+c_2x^2+\cdots+c_nx^n=\sum_{i=0}^{n}c_ix^i \tag{12.12}$$

其中，x^i 仅指明其系数(0 或 1)代表 c_i 的值，x 本身的取值并无实际意义。

在本实验根据拨码开关的不同产生不同频率的 m 序列，在成型滤波时仅使用一个升余弦滤波器即可。

12.3.3 星座映射

星座映射是将比特信息映射为符号，在特制的系统中信号可以分解为一组相对独立的分量：同相 I 量和正交 Q 量。这两个分量是正交的，且互不相干。极坐标图是观察幅度和相位的最好方法，载波是频率和相位的基准，信号表示为对载波的关系。信号可以以幅度和相位表示为极坐标的形式。相位是对基准信号而言的，基准信号一般是载波，幅度为绝对值或相对值。在数字通信中，通常以 I 和 Q 表示，极坐标中 I 轴在相位基准上，而 Q 轴则旋转 90°。矢量信号在 I 轴上的投影为 I 分量，在 Q 轴上的投影为 Q 分量。图 12-2(a)显示了 I 和 Q 的关系，图 12-2(b)显示了极坐标与直角坐标的关系。

从图 12-2(b)可以看出转换关系如下

$$\text{Mag}\quad M=\sqrt{I^2+Q^2} \tag{12.13}$$

$$\text{Phase}\quad j=\arctan(\frac{Q}{I}) \tag{12.14}$$

这样任意一个 I 幅度和任意一个 Q 幅度组合都会在极坐标图上映射一个相应的星座点，各种可能出现过的数据状态组合最后映射到星座图上。常用的星座映射方法主要有 ASK、PSK、QAM 等。

对于 MASK 而言，由式(12.12)～式(12.14)可知，φ_k 可取 0°和 180°，不同的 M 值对应的星座图如图 12-3 所示。

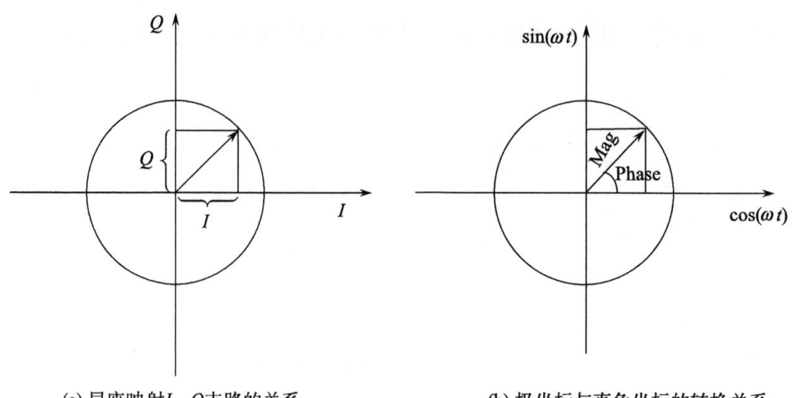

(a) 星座映射I、Q支路的关系　　(b) 极坐标与直角坐标的转换关系

图 12-2　星座映射支路关系

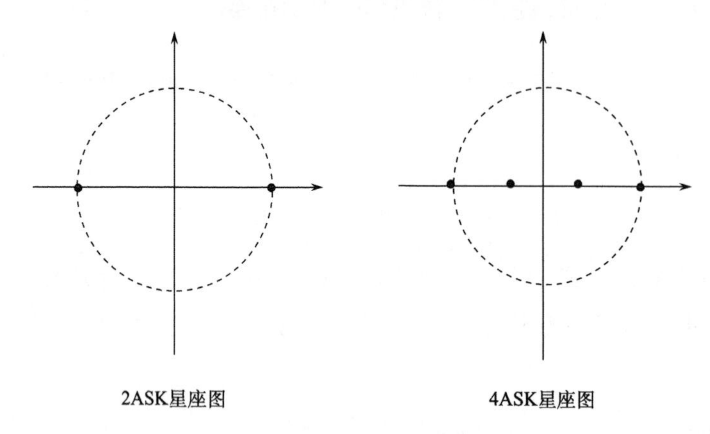

2ASK星座图　　4ASK星座图

图 12-3　ASK 星座图

对于 MPSK，由式(12.7)、式(12.13)、式(12.14)可知，2MPSK 的 φ_k 可取 0°、180°或者 90°、270°。4PSK 的 φ_k 可取 45°、135°、225°、315°。不同的取值对应的星座图如图 12-4 所示。

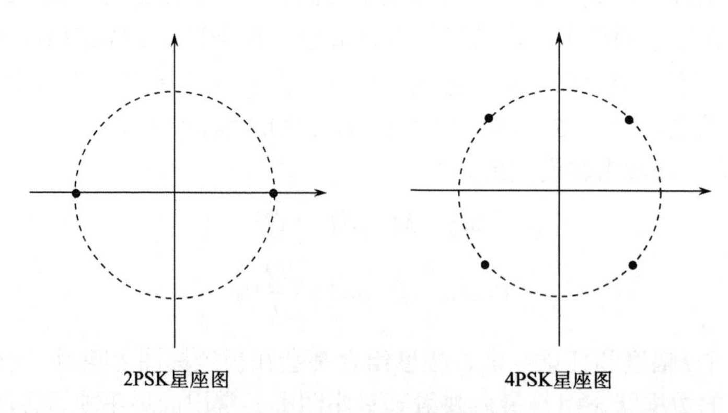

2PSK星座图　　4PSK星座图

图 12-4　PSK 星座映射

同理由式(12.10)、式(12.13)、式(12.14)可得，MQAM 对应的星座映射图如图 12-5 所示。

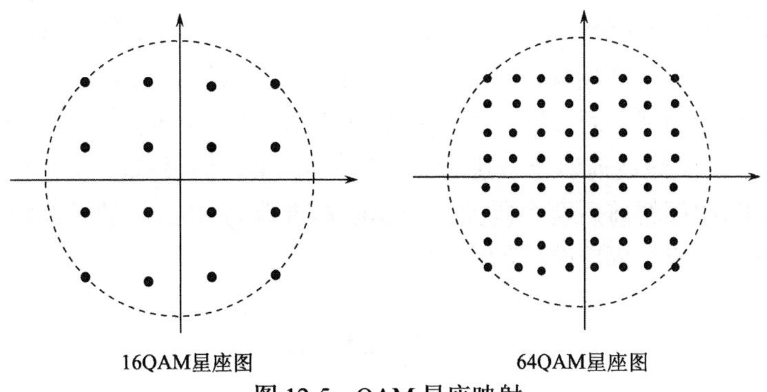

图 12-5　QAM 星座映射

12.3.4　成型滤波

直接利用矩形波成型的数字基带信号的频谱范围比较宽，为了让信号在带限的信道中传输，需要在发送端把信号经过特殊成型滤波器进行带限，但由此会引入码间干扰(ISI)。根据奈奎斯特第一准则，只要求特定时刻的波形幅值无失真传送，而不必要求整个波形无失真。如果信号经传输后整个波形发生了变化，只要其特定点的抽样值保持不变，那么用再次抽样的方法仍然可以准确无误地恢复原始信号。满足奈奎斯特第一准则的成型滤波器有无穷多种，最常用的是升余弦滚降滤波器，它是一种在理论上可以完全消除 ISI 的滤波器，频率响应如下：

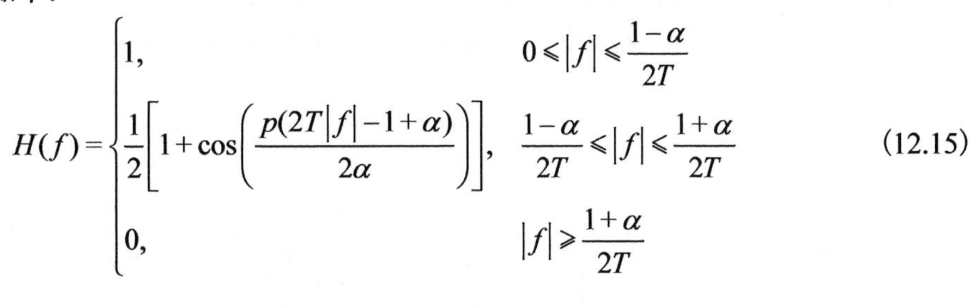

$$H(f)=\begin{cases}1, & 0\leqslant|f|\leqslant\dfrac{1-\alpha}{2T}\\ \dfrac{1}{2}\left[1+\cos\left(\dfrac{p(2T|f|-1+\alpha)}{2\alpha}\right)\right], & \dfrac{1-\alpha}{2T}\leqslant|f|\leqslant\dfrac{1+\alpha}{2T}\\ 0, & |f|\geqslant\dfrac{1+\alpha}{2T}\end{cases}\tag{12.15}$$

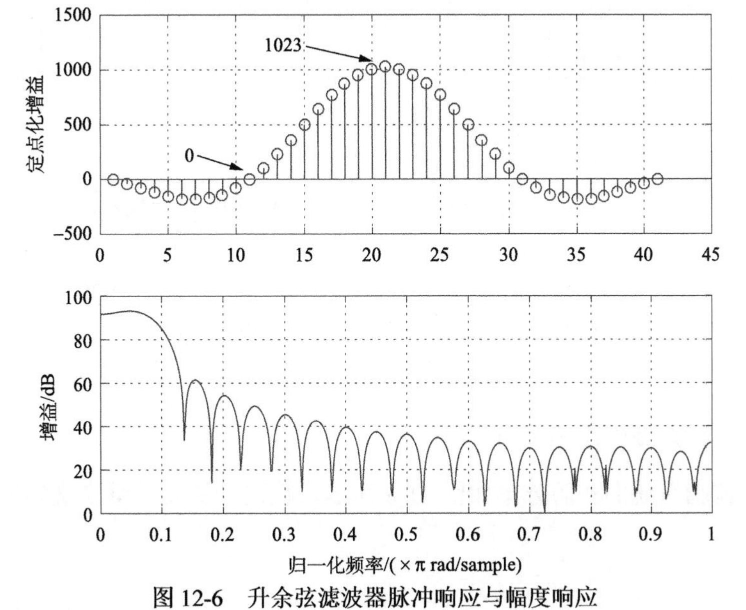

图 12-6　升余弦滤波器脉冲响应与幅度响应

其中，T 为码元周期；α 为滚降系数，它决定着 $H(f)$ 的形状，滚降系数口越大，频谱在截止频率处越光滑，但频带利用率越低。升余弦成型滤波器的系数可根据其冲激响应得到，从而构成一个 FIR 滤波器，对基带信号进行滤波。本实验选取的系统采样率为 40MHz，符号速率为 1MHz，成型滤波前对符号进行 10 倍补零内插，假设滤波器的滚降系数 α 为 0.5，每个码元都能影响相邻的前后两个码元，故滤波器阶数为 40。对滤波器幅值进行 1023 倍定点化，可得脉冲响应与幅度响应如图 12-6 所示。

12.4 实 验 方 案

12.4.1 实验内容

(1) 系统参数：系统时钟为 40MHz，采样率为 120MHz，符号速率为 1MHz，符号采样率为 12MHz。

(2) 根据拨码开关产生不同频率的 m 序列，作为发送端数据源信息。

(3) 对源信号进行数字正交调制。

(4) 通过 ChipScope 和示波器观察不同调制方式下的波形、眼图和星座图。

12.4.2 基本实现方案

数字正交调制实验的实验方案如图 12-7 所示，首先产生 m 序列，星座映射后，产生两路信号 I 支路和 Q 支路，进行插值并成型滤波后分别乘以高频载波后相加得到最后的调制信号。

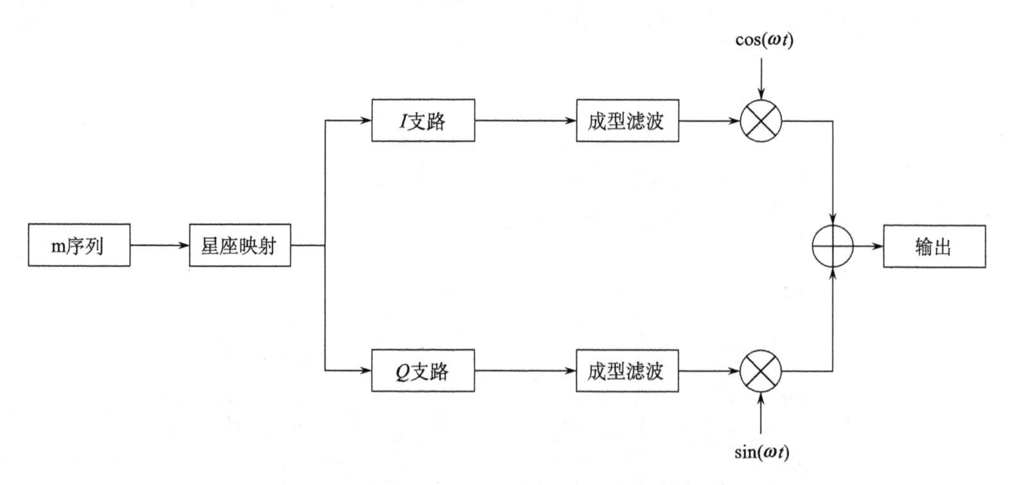

图 12-7　基带信道数字系统影响实验的实验方案

12.4.3 基于 FPGA 硬件实现平台

数字正交调制系统的实验方案如图 11-8 所示，拨码开关及按键定义如表 12-1 所示。

表 12-1　拨码开关及按键定义

拨码开关	取值	调制方式
{S1-4～S1-1}	0000	BPSK
	0001	PI/2_DBPSK
	0010	QPSK
	0011	OQPSK
	0100	PI/4_DBPSK
	0101	PI/4_QPSK
	0110	8PSK
	0111	PI/8_D8PSK
	1000	16QAM
	1001	32QAM
	1010	64QAM
	1011	256QAM
	1100	1024QAM
	1101	2ASK
	1110	4ASK
	1111	8ASK

12.5　实 验 步 骤

1. 新建工程

执行 File→New Project 菜单命令，在打开的界面中输入工程名称和工程路径，设置器件类型和仿真参数，如图 12-8 所示。

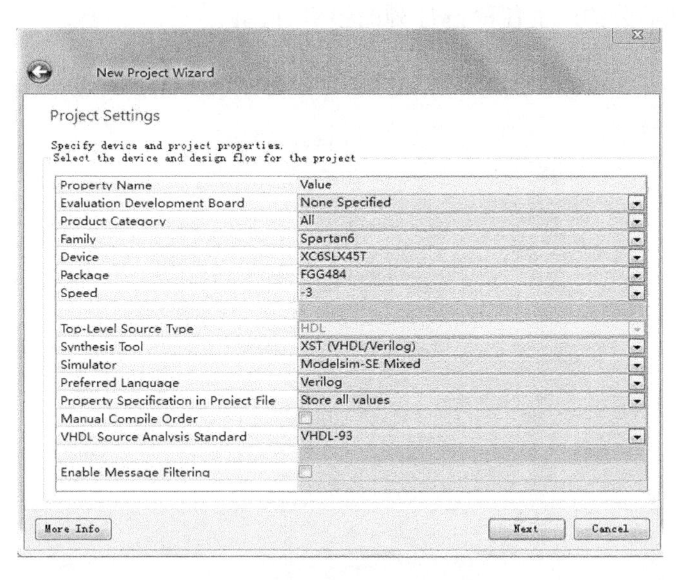

图 12-8　新建工程参数设置

2. 建立顶层文件

如图 12-9 所示，在 Source 工作区右击，在弹出的快捷菜单中选择 New Source 命令，在打开的界面中选择 Verilog Module 文件类型，在 File name 栏中输入文件名，建立顶层文件。

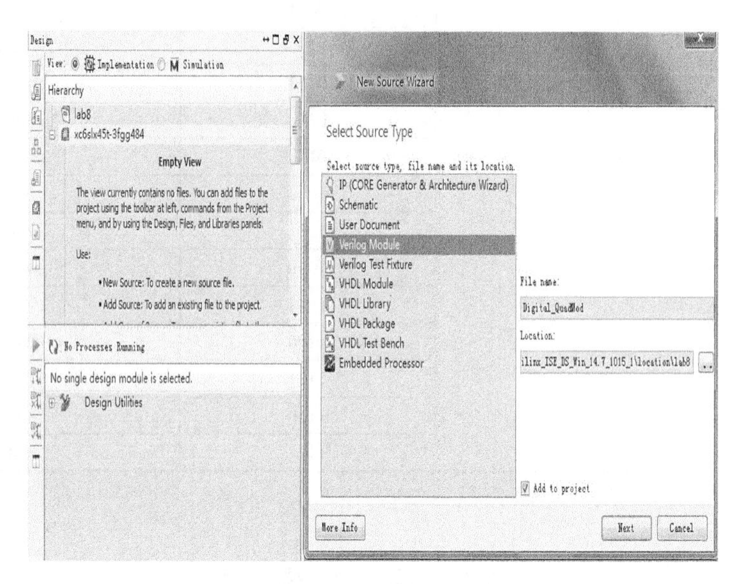

图 12-9　新建顶层文件

3. 配置时钟信号

如图 12-10 所示，利用 Spartan6 自带的 IP 核 Clocking Wizard，配置产生 120M、10M、4M 时钟信号，然后分频产生各种 m 序列的频率 clk_m。

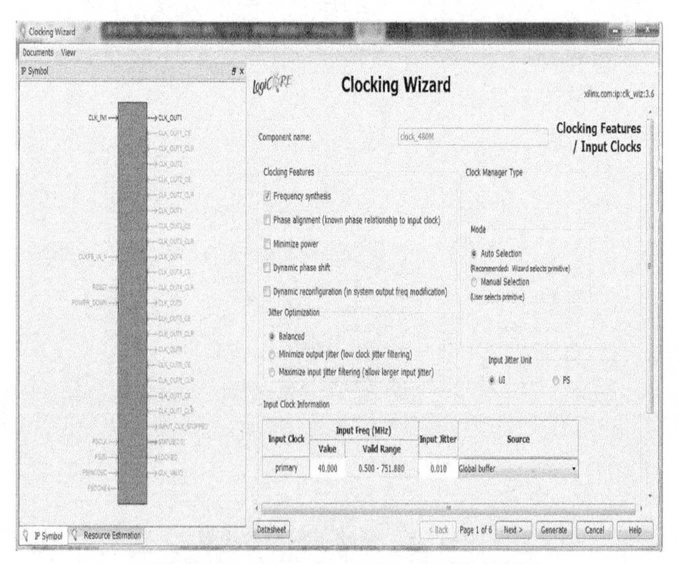

图 12-10　Clocking Wizard IP 核配置

4. 产生 m 序列并进行星座映射

首先 Verilog 模块 m_gen 生成 168 种不同频率的 m 序列对应 16 种调制方式，通过 serial_paralle 进行串—并转化后，利用 mapping 模块得到各种调制方式的地址，利用 mapping_end 模块查找表进行星座映射得到 I 和 Q 两路信号，然后用 insert_zero 进行 10 倍内插。查找表通过 Block Memory IP 核实现，设置存储器类型为 Sing Port Rom，读取位宽为 12 位，读取深度为 256 位，初始化存储器选择 coe 文件，并输入生成的查找表文件位置，配置界面如图 12-11 所示。

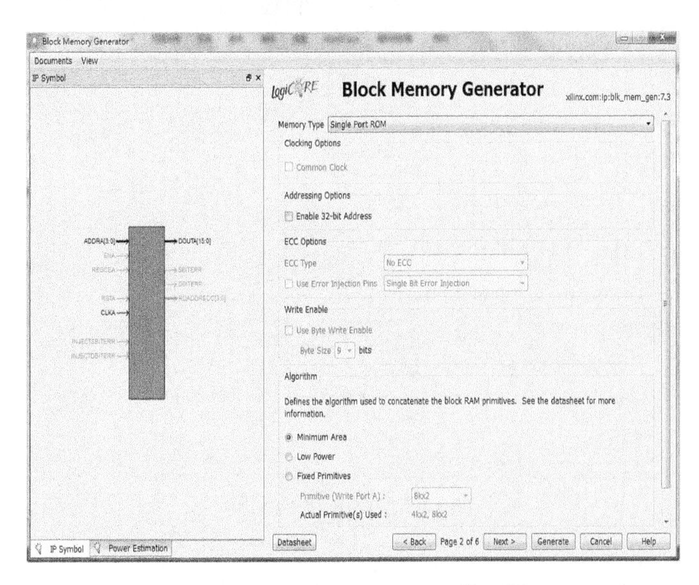

图 12-11　Block Memory IP 核配置

5. 成型滤波

编写 MATLAB 代码生成升余弦滤波器系数，并进行定点量化，生成 coe 文件。MATLAB 代码如下：

```
fs=10;
M=8;
delay=2;
B=rcosine(fs/M, fs, 'fir', 0.5, delay);
coeff=round(B/max(abs(B))*32767);
fid=fopen('e:/Matlab_test/raise_cos/cosfircoe.txt', 'wt');
fprintf(fid, '%16.0f\n', coeff);
fclose(fid)
```

产生 coe 文件，前面的 MATLAB 代码生成的 cosfircoe.txt 的扩展名改为 cosfircoe.coe，打开文件，将每一行之间的空格用文本替换为逗号，并在最后一行添加一个分号“;”，然后在文件的最开始两行添加下面的代码：

```
radix=10;
coefdata=
```

将 cosfircoe.coe 加载到 ISE 的 IP 核 FIR Compiler 中，设置滤波器系统时钟为 12MHz，采样频率为 20MHz，系数宽度为 16 位，输入数据格式为 Signed，宽度为 2 位，输出数据模式为 Truncate LSBs，宽度为 16 位，产生升余弦滤波器，分别对 *I* 和 *Q* 两路信号进行成型滤波，FIR IP 核配置界面如图 12-12 所示。

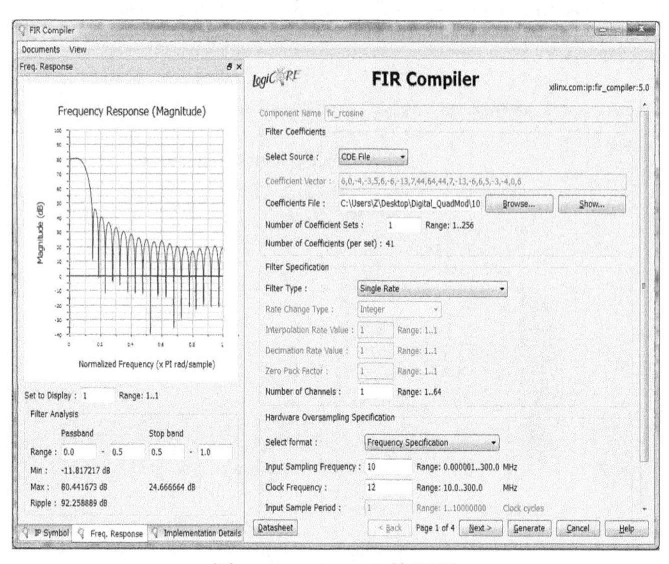

图 12-12　FIR IP 核配置

6. 插值模块

信道模块采样率为 0.5MHz，信号采样率为 20MHz，所以应该调用 IP 核 CIC Compiler 实现对信道的插值处理，其配置界面如图 12-13 所示。

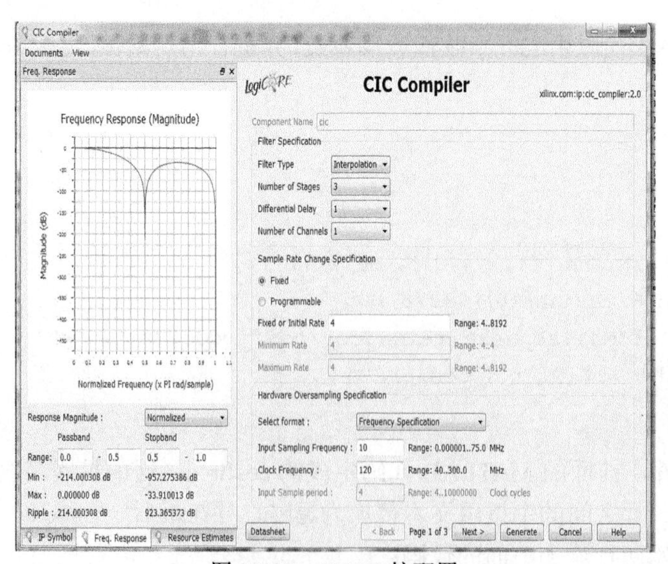

图 12-13　CIC IP 核配置

7. 上变频模块

调用 DDS IP 核生成两路频率为 4MHz 的正交载波 sine 和 cosine。调用 Multiplier IP 核 *I* 和 *Q* 两路信号分别与 sine 和 cosine 相乘。调用 add IP 核将上面的两个乘积相加得到最后的输出信号，配置界面如图 12-14 所示。

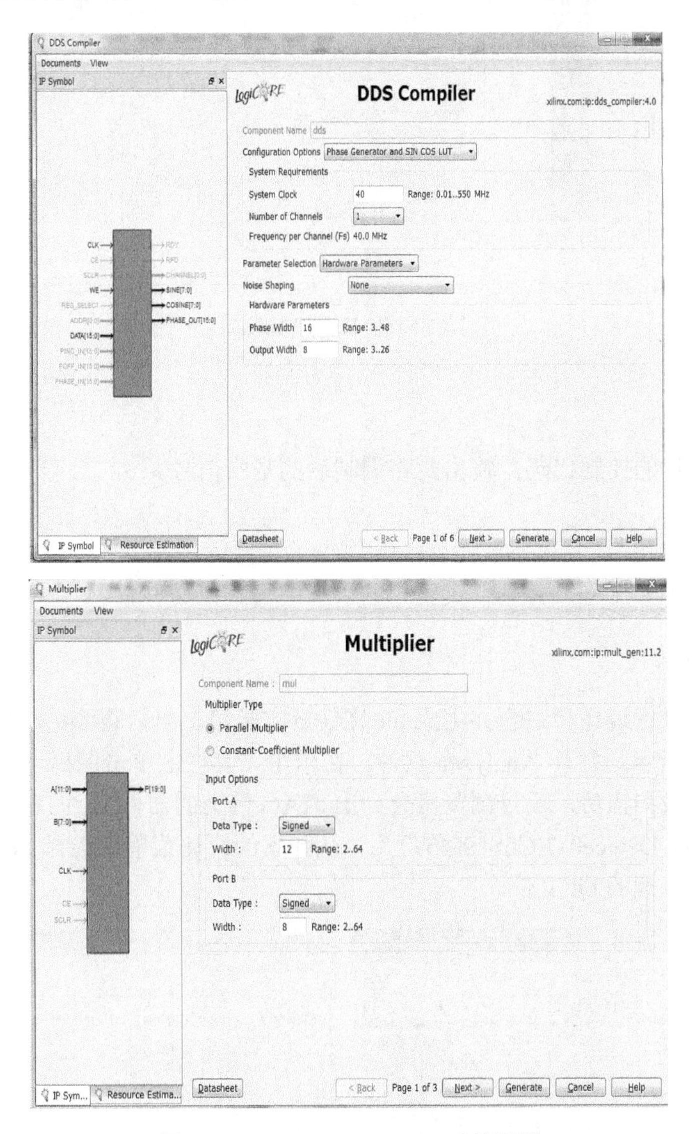

图 12-14 DDS & Multiplier IP 核配置

8. 集成控制核与在线逻辑分析仪

新建 ICON 和 ILA 的 IP 核，其中 ICON 核全部使用默认配置，配置 ILA 核的所需数据宽度(根据输入观测数据位宽设定)，数据深度为 1024，触发器宽度为 1，配置界面如图 12-15 所示。

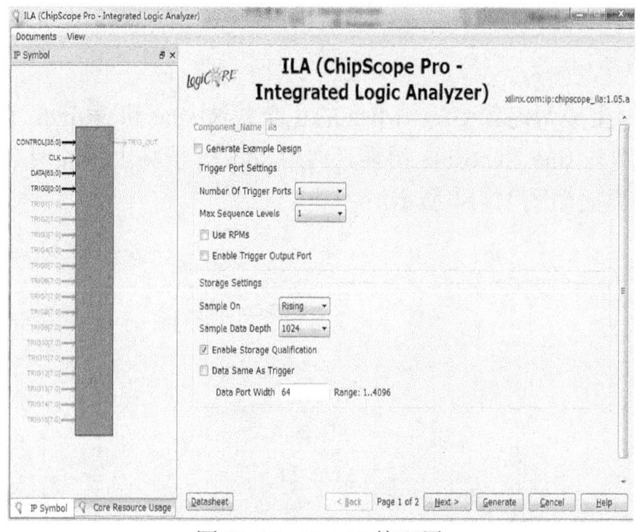

图 12-15　ILA IP 核配置

9. DA 模块

编写 DA 芯片的控制代码，输出两路调制后的基带信号。

10. 加入约束文件

将约束文件加入工程，并结合实验箱的引脚编写约束文件。

11. 下载 bit 文件

将工程文件进行编译和综合并生成 bit 文件，实验箱上电，将 bit 文件下载到硬件平台上。如图 12-16 所示，打开 Analyzer 软件，在常用工具栏上单击图标“”，初始化边界扫描链。成功完成扫描后，项目浏览器会列出 JTAG 链上的器件，当 JTAG 链扫描正确后，右击“DEV：0 MyDevice0(XC6SLX45T)”，从弹出的快捷菜单中选择 Configure 命令进行配置，选择需要下载的 bit 文件。

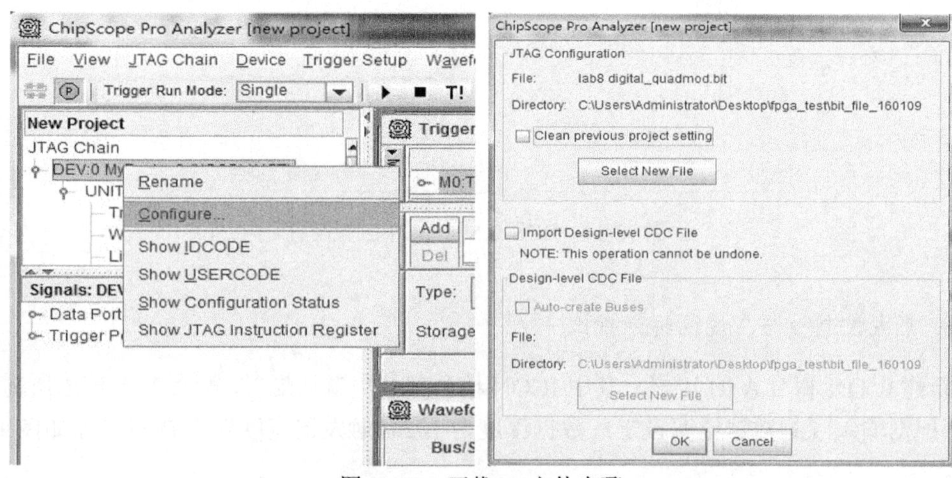

图 12-16　下载 bit 文件步骤

12.6 实验结果

设置系统时钟为 40MHz，DA 采样率为 120MHz，符号速率为 1MHz，符号采样率为 12MHz。根据拨码开关产生不同频率的 m 序列，将此 m 序列作为发送端数据源信息。然后对源信号进行数字正交调制，最后通过 ChipScope 和示波器观察不同调制方式下的波形、眼图和星座图。

(1)在 2ASK、4ASK、BPSK、QPSK、16QAM 下示波器观测到的输出基带信号的星座图和眼图分别如图 12-17～图 12-21 所示。

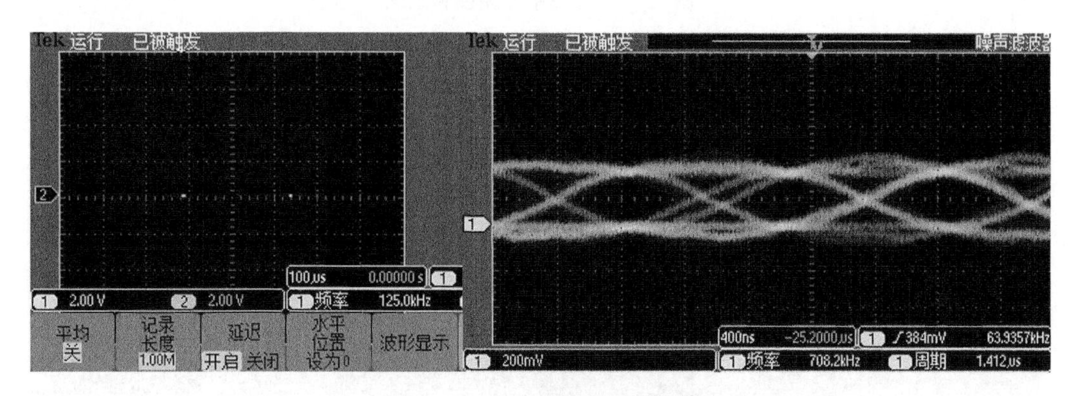

图 12-17　2ASK 星座图和眼图

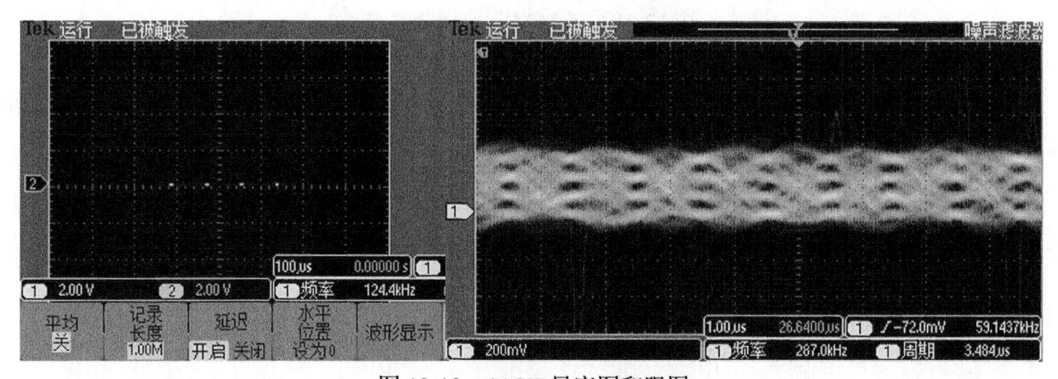

图 12-18　4ASK 星座图和眼图

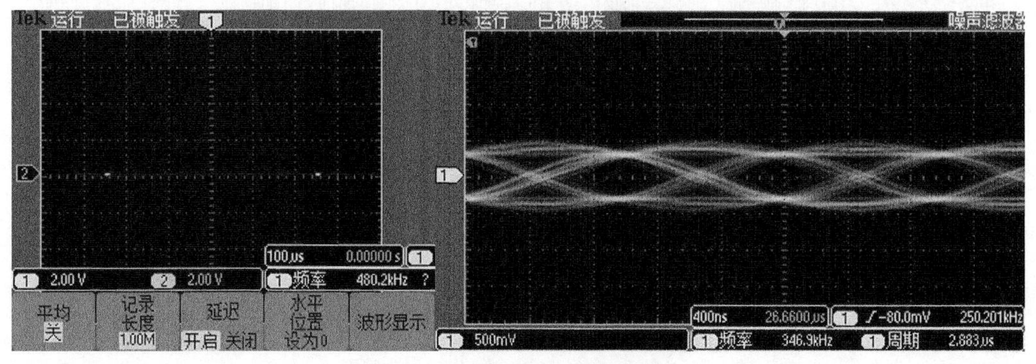

图 12-19　BPSK 星座图和眼图

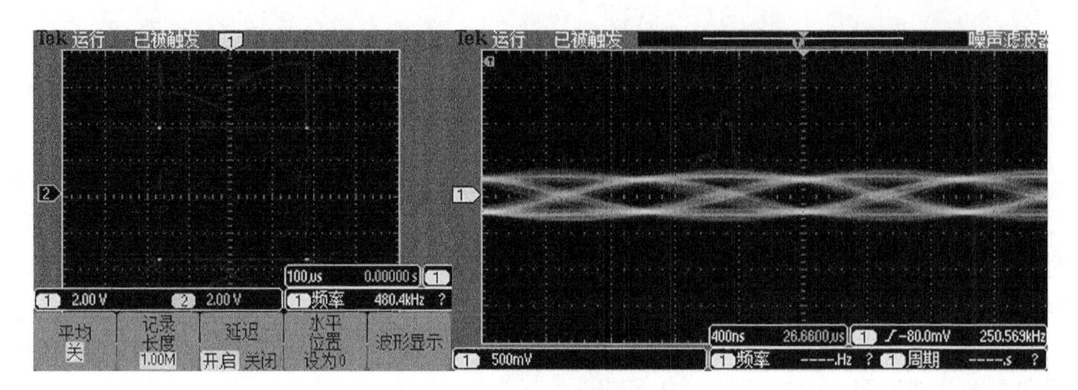

图 12-20 QPSK 星座图和眼图

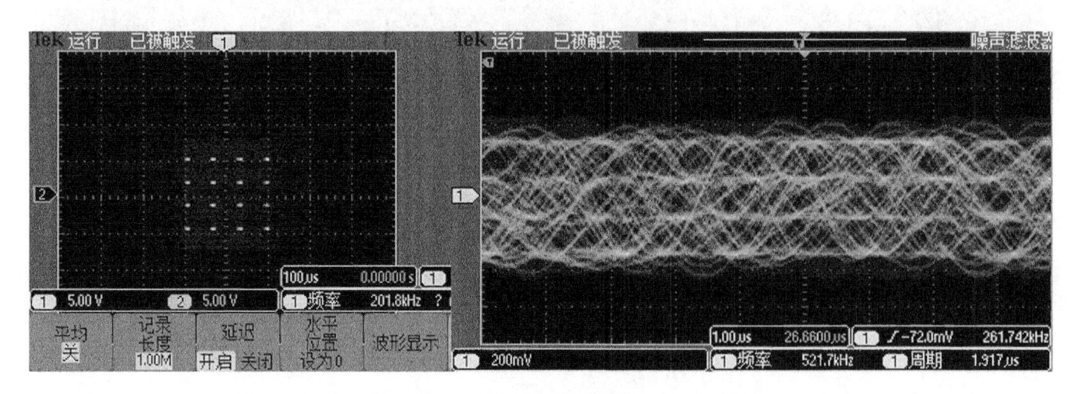

图 12-21 16QAM 星座图和眼图

(2)在 2ASK、4ASK、BPSK、QPSK、16QAM 下 ChipScope 观察已调信号的波形分别如图 12-22～图 12-26 所示。

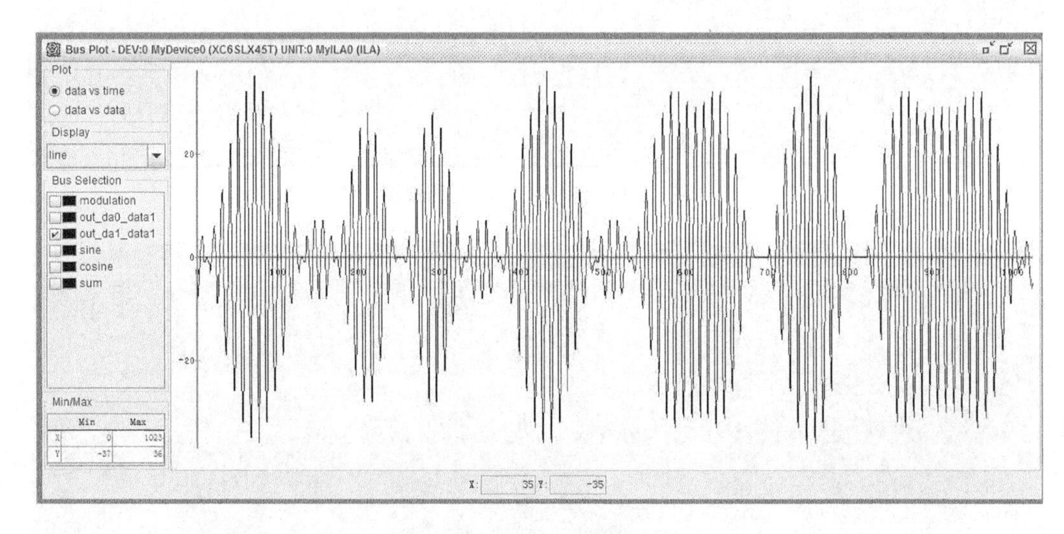

图 12-22 2ASK 已调信号

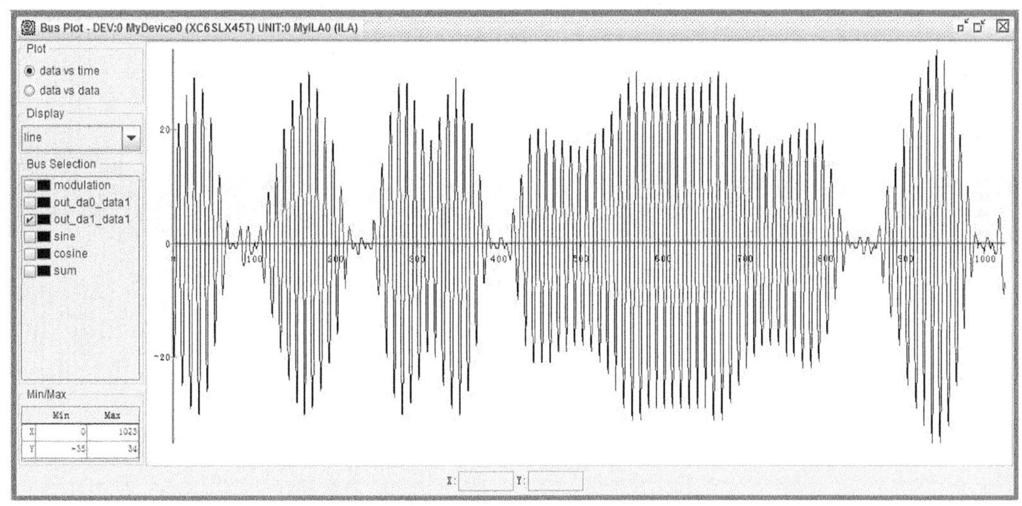

图 12-23　4ASK 已调信号

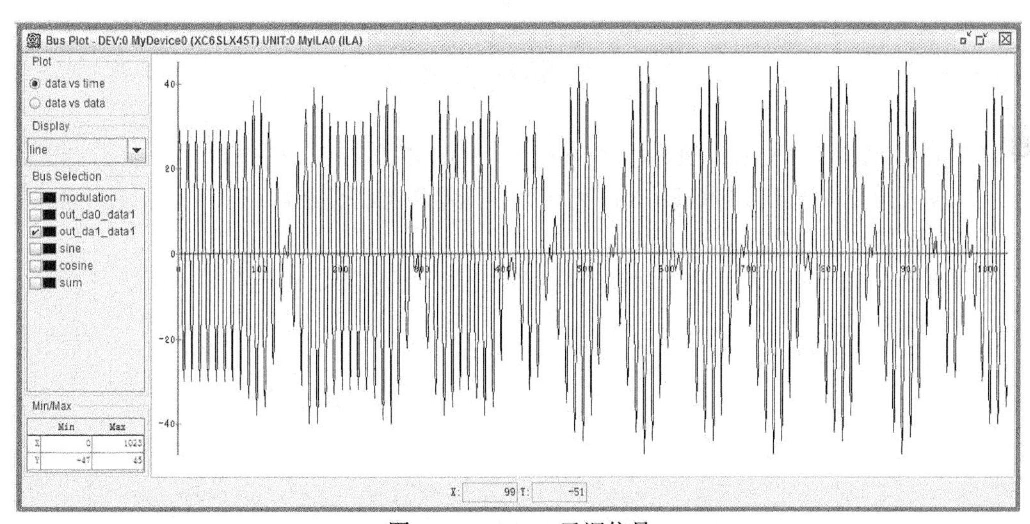

图 12-24　BPSK 已调信号

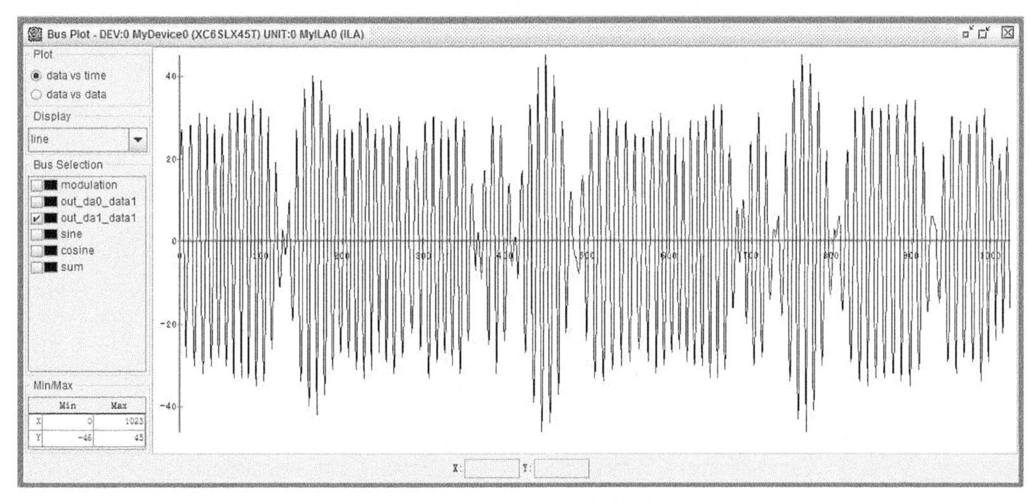

图 12-25　QPSK 已调信号

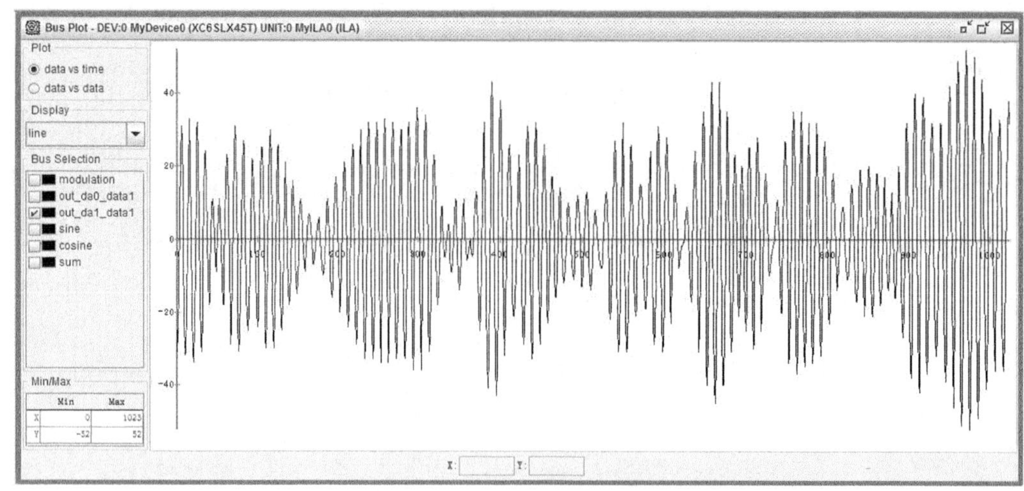

图 12-26　16QAM 已调信号

12.7　实验报告及要求

(1) 完成 2ASK、4ASK、BPSK、QPSK 和 16QAM 的 FPGA 代码设计。

(2) 拨码开关产生不同频率的 m 序列作为发送端数据源信息。

(3) 对源信号进行数字正交调制。

(4) 通过 ChipScope 和示波器观察不同调制方式下的波形、眼图和星座图。

第四篇　综合课程设计

实验 13　衰落信道下 QPSK 系统性能评估及验证

13.1　实 验 目 的

(1)熟悉 Xilinx 公司 FPGA 的 ISE 开发环境。
(2)掌握 m 序列的硬件产生方法。
(3)掌握滤波器的硬件设计与实现方法。
(4)掌握 QPSK 调制/解调的原理及硬件实现方法。
(5)掌握 Modelsim、MATLAB 等辅助工具与 ISE 的联合使用。
(6)掌握利用 ChipScope 辅助设计和调试方法。

13.2　实 验 仪 器

(1)软件无线电实验箱一台。
(2)PC(要求装有 ISE 集成开发环境、Modelsim 软件、MATLAB 软件)一台。
(3)数字滤波器一台。
(4)示波器一台。

13.3　实 验 原 理

QPSK 调制/解调系统的原理框图如图 13-1 所示。

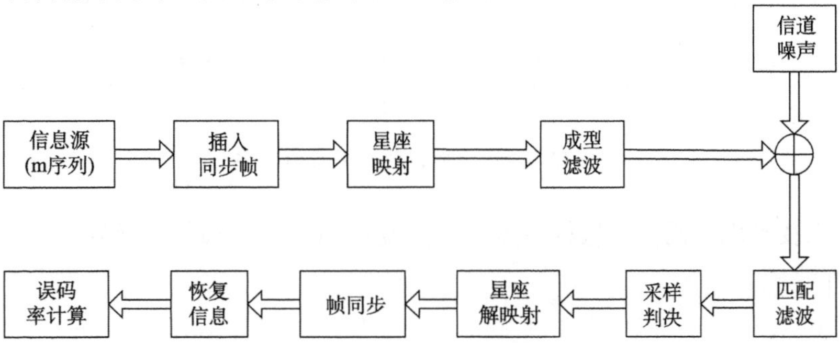

图 13-1　QPSK 调制/解调系统原理

1. 发送信息：m 随机序列

该实验过程中传输的信息序列为 m 序列。

在本实验中产生序列的最长周期为 1024，选择一个 10 级线性反馈移存器，它的基本原理在 12.3.2 节中已有详细说明。令移存器的初始状态为 temp[9:0] = 10'b1，m 序列产生方式为 m_seq = temp[0]，移存器连接状态为 temp [9] = temp [7] ^ temp [0]。

2. 插入和提取同步帧

数字通信时，一般总是以若干码元组成一个字，若干字组成一个句，即组成一个个“群”进行传输。群同步的任务就是在位同步的基础上识别出这些数字信息群的起始位置，使接收设备的群定时与接收到的信号中的群定时处于同步状态。实现群同步的常用方法是插入特殊同步码组法。满足此要求的特殊同步码组有：全 0 码、全 1 码、1 与 0 交替码、巴克码、电话基群帧同步码 0011011。目前常用的群同步码为巴克码。

巴克码是一种有限长的非周期序列。设一个 n 位的巴克码组为 $\{x_1, x_2, \cdots, x_n\}$，则其自相关函数表示为

$$R(j) = \sum_{i=1}^{n-j} x_i x_{i+j} = \begin{cases} n, & j = 0 \\ 0 \pm 1, & 0 < j < n \\ 0, & j \geqslant n \end{cases} \tag{13.1}$$

式(13.1)表明，巴克码的 $R(0) = n$，而其他处的自相关函数 $R(j)$ 的绝对值均不大于 1。以 $n = 5$ 的巴克码为例，在 $j = 0 \sim 4$ 的范围内，求其自相关函数值：$R(0) = 5$，$R(1) = R(3) = 0$，$R(2) = R(4) = 1$。由此可见，其自相关函数绝对值除 $R(0)$ 外均不大于 1。由于自相关函数是偶函数，所以其自相关函数值曲线如图 13-2 所示。

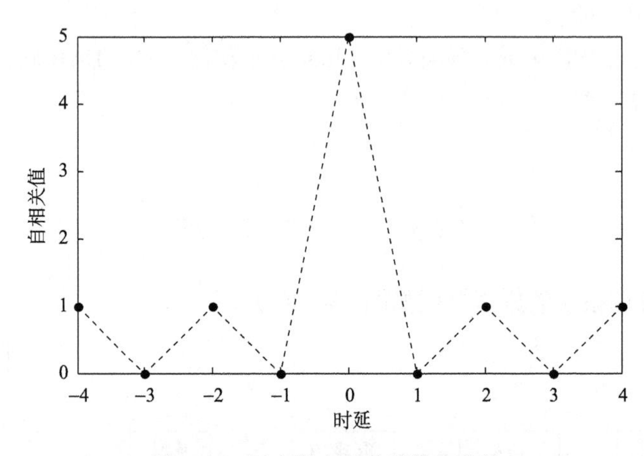

图 13-2　巴克码自相关函数值曲线

目前尚未找到巴克码的一般构造方法，只搜到 10 组巴克码，其码组最大长度为 13，如表 13-1 所示。

表 13-1　巴克码

N	巴克码	*N*	巴克码
1	+	5	+++–+
2	++，+–	7	+++– –+–
3	++–	11	+++– – –+– –+–
4	+++–，++–+	13	+++++– –++–+–+

注：“+”表示+1，“–”表示–1

在本实验中选用的是 13 位巴克码序列“+++++– –++–+–+”。插入巴克码同步序列后的信息序列如图 13-3 所示。

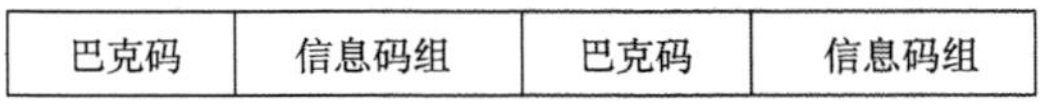

巴克码	信息码组	巴克码	信息码组

图 13-3　插入巴克码同步序列的信息序列

在接收端需要识别巴克码同步序列来判断信息码组的起始位置。巴克码的识别以 7 位巴克码为例，用 7 级移位寄存器、相加器和判决器就可以组成一个巴克码识别器，如图 13-4 所示。只有当 7 位巴克码在某一时刻正好全部进入 7 位寄存器时，7 个移位寄存器输出端全部输出+1，相加后的最大值输出为+7，其余情况相加结果均小于+7。对于数字信息序列，几乎不可能出现与巴克码组相同的信息。故识别器的相加输出也只能小于+7，如图 13-4 所示。

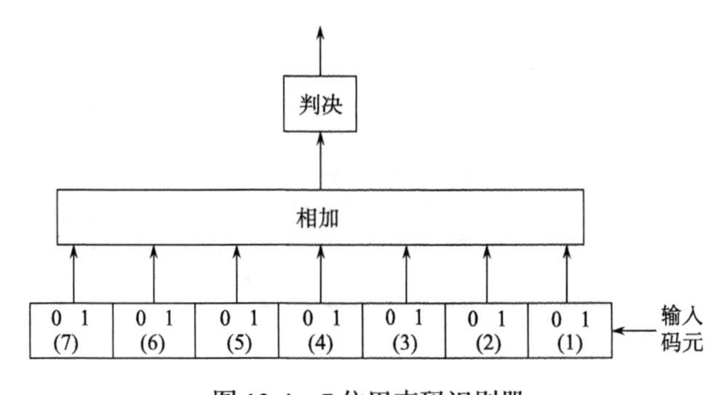

图 13-4　7 位巴克码识别器

3. 星座映射和解映射

在 12.3.3 节中已经详细描述了星座映射中 *I*、*Q* 支路的关系，以及极坐标与直角坐标的转换关系。在本实验中将对 PSK 和 QAM 的映射方法进行详细说明。

对于 2PSK，φ_k 可取 0°、180°或者 90°、270°，对于 4PSK，一般取 45°、135°、225°、315°，8PSK、16PSK 等选取方法类似。对应的星座图如图 13-5 所示。

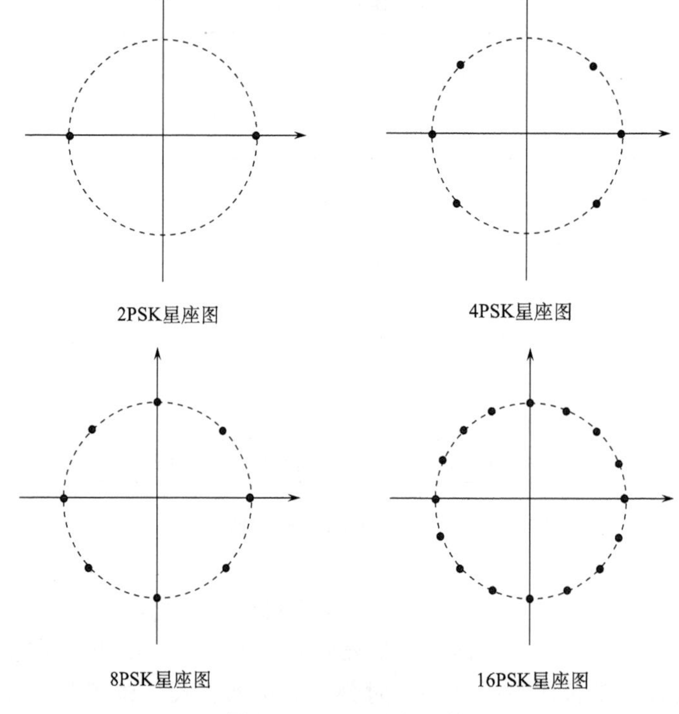

图 13-5　PSK 星座映射

QAM 一般有 4QAM（二进制 QAM）、16QAM（四进制 QAM）、64QAM（八进制 QAM），对应的星座映射图如图 13-6 所示。

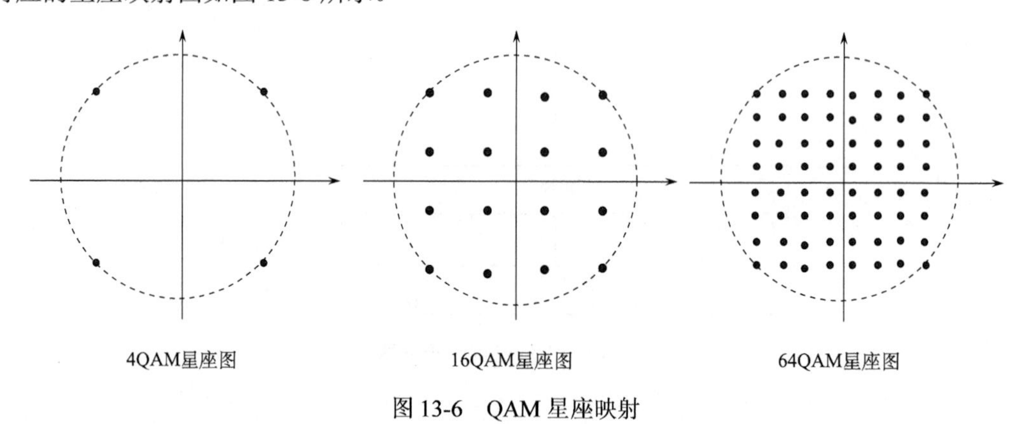

图 13-6　QAM 星座映射

4. 成型和匹配滤波

数字通信系统中，基带信号的频谱一般较宽，因此传递前需对信号进行成型处理，以改善其频谱特性，使得在消除码间干扰与达到最佳检测接收的前提下，提高信道的频带利用率。目前，数字系统中常使用的波形成型滤波器有平方根升余弦滤波器、高斯滤波器等。

Nyquist 准则表明任何滤波器只要其冲激响应满足

$$h_{\text{eff}}(t)=\frac{\sin\left(\pi t/Ts\right)}{\pi t}z(t) \tag{13.2}$$

就可以消除码间串扰。当调制信号在信道中传输时会引入失真，我们可以利用传递函数与信道相反的均衡器来完全消除失真，则整个传递函数 $h_{\text{eff}}(t)$ 可以近似为发射机与接收机滤波器函数的乘积。一个有效的端到端传递函数 $h_{\text{eff}}(t)$ ，通常在接收机和发射机端使用传递函数为 $\sqrt{h_{\text{eff}}(t)}$ 的滤波器来实现。比较常用的成型滤波器在频域上具有平方根升余弦滚降特性，与接收端的匹配滤波器级联后在频域上具有升余弦滚降特性。

平方根升余弦滤波器的传递函数为

$$P(f)=\sqrt{H(f)}=\begin{cases}1, & 0\leqslant|f|\leqslant\dfrac{1-\alpha}{2T}\\ \sqrt{\dfrac{1}{2}\left[1+\cos\left(\dfrac{\pi\left(2T|f|-1+\alpha\right)}{2\alpha}\right)\right]}, & \dfrac{1-\alpha}{2T}\leqslant|f|\leqslant\dfrac{1+\alpha}{2T}\\ 0, & |f|\geqslant\dfrac{1+\alpha}{2T}\end{cases} \tag{13.3}$$

其中，α 称为滚降系数，它决定着 $H(f)$ 的形状；T 为码元周期，滤波器的带宽 $B=(1+\alpha)/T$ 。当符号速率 $f_d=2.5$ ，比特速率 $f_s=10$ ，波特持续符号数 $\text{delay}=2$ 时， α 分别取 0、0.5、1 时的根升余弦滤波器时域响应曲线如图 13-7～图 13-9 所示。

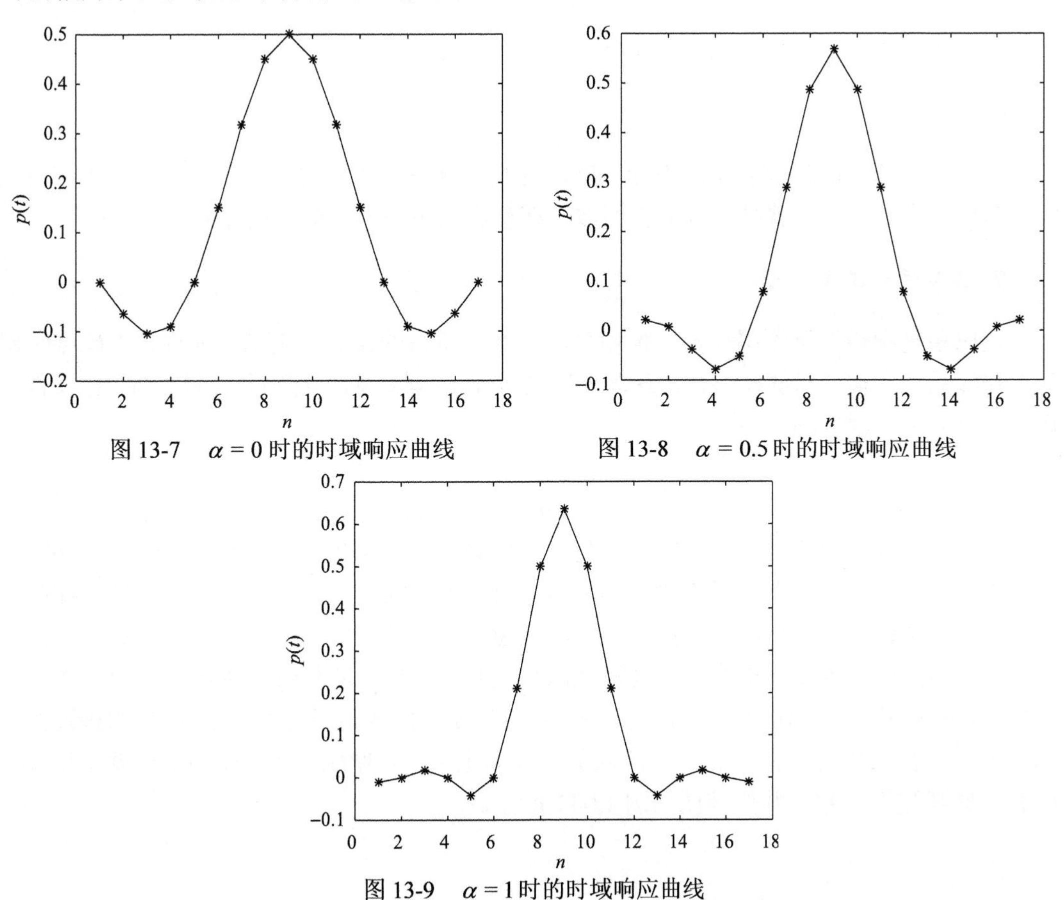

图 13-7　$\alpha=0$ 时的时域响应曲线

图 13-8　$\alpha=0.5$ 时的时域响应曲线

图 13-9　$\alpha=1$ 时的时域响应曲线

在本实验中选用$\alpha = 0.5$的平方根升余弦滤波器，其幅频响应特性如图 13-10 所示。

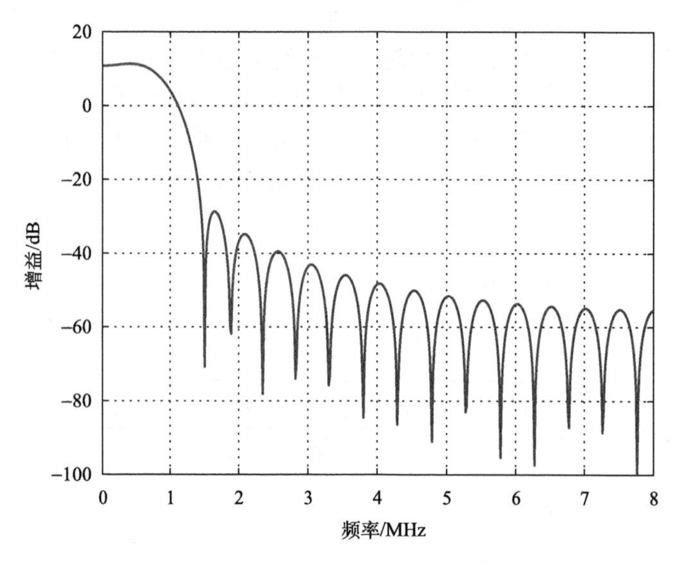

图 13-10　$\alpha = 0.5$ 升余弦滤波器幅频响应特性

5. 眼图

关于眼图的详细介绍可见 12.3.5 节，这里不再赘述。

6. 采样判决

为了降低基带成型滤波器的设计难度，提高时域信号的分辨率，在滤波之前需要对基带信号进行上采样，也就是进行插值滤波，在接收端相应地将信号进行下采样。

7. 误码率计算和显示

误码率是指错误接收码元数在传输总码元数中所占的比例，更确切地说，误码率是码元在传输系统中被传错的概率。设发送数据帧为n，每帧数据含有码元数目为N，错误接收码元数目为m，则误码率为

$$P = \frac{m}{n \times N} \tag{13.4}$$

为了方便观察实验结果，我们选择发送 999 帧数据，每帧数据含有 1024 个 m 序列，在接收端根据发送端产生 m 序列的原理算法产生相同的 m 序列，并与接收到的信息序列进行比较，记录错误码元个数，计算误码率，并通过数码管显示。

八段数码管里有 8 个小发光二极管(LED)，通过控制不同的 LED 的亮灭来显示不同的字形。数码管又分为共阴极和共阳极两种类型，其实共阴极就是将 8 个 LED 的阴极连在一起，让其接地，这样给任何一个 LED 的另一端高电平，它便能点亮。而共阳极就是将 8 个 LED 的阳极连在一起。其原理图如图 13-11 所示。

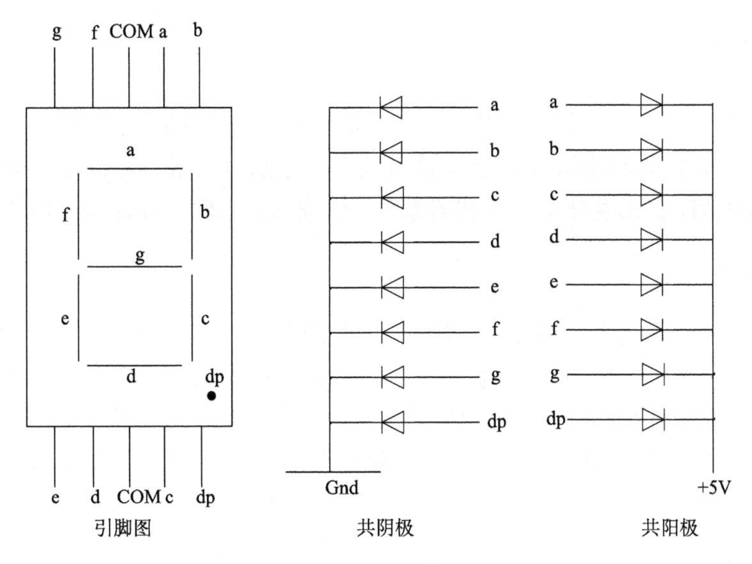

图 13-11　八段数码管原理图

其中引脚图的两个 COM 端连在一起，是公共端，共阴数码管要将其接地，共阳数码管将其接+5 伏电源。一个八段数码管称为一位，多个数码管并列在一起可构成多位数码管，它们的段选线(a、b、c、d、e、f、g、dp)连在一起，而各自的公共端称为位选线。显示时，都从段选线送入字符编码，而选中哪个位选线，那个数码管便会被点亮。数码管的 8 段，对应一字节的 8 位，a 对应最低位，dp 对应最高位。所以如果想让数码管显示数字 0，那么共阴数码管的字符编码为 00111111，即 0x3f；共阳数码管的字符编码为 11000000，即 0xc0。可以看出两个编码的各位正好相反。

8. 信道噪声

无线信号受到加性高斯噪声的干扰到达接收机，接收信号为

$$r(t) = s(t) + n(t) \tag{13.5}$$

其中，$s(t)$ 为发送信号；$n(t)$ 为加性高斯白噪声(AWGN)，双边功率谱密度为 $N_0/2$，信道的加性高斯白噪声的干扰模型如图 13-12 所示。

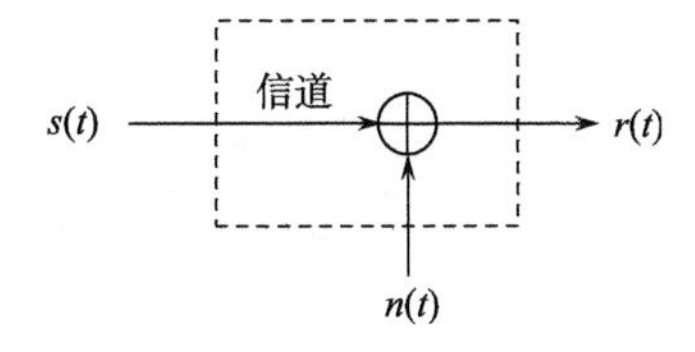

图 13-12　信道模型

13.4 实 验 方 案

系统程序分三个模块实现。

1. 发送模块

在发送模块中产生巴克码序列及 m 序列，时钟基于 rate_bit，然后对其进行星座映射生成 *I*/*Q* 路信号，分别对两路信号进行 4 倍内插，再分别对两路信号进行成型滤波，成型滤波器使用 MATLAB 生成根升余弦滤波器系数，生成 coe 文件，由 IP 核 FIR Compiler 生成。

2. 信道模块

信道模块产生加有不同信噪比的高斯噪声的信道，高斯噪声的产生采用 SOS 模型，用 MATLAB 生成余弦表(15 位深度为 1024)，生成 coe 文件，存到 ROM(Block Memory Generator)里，通过输入的角频率及相位的参数查找余弦表，然后将余弦表输出的 16 路信号叠加，得到高斯噪声；对得到的高斯噪声进行截位，并乘以一定系数，得到满足特定信噪比的高斯噪声，并分别叠加到 *I*/*Q* 路信号上。

3. 接收模块

在接收模块中，首先对两路信号进行匹配滤波，匹配滤波器由 ISE 的 IP 核 FIR Compiler 调用与发送端相同的根升余弦滤波器系数(coe 文件)生成，然后进行采样判决生成两路符号序列，再进行星座解映射，最终得到一路符号序列。通过检测巴克码同步序列提取接收到的 m 序列，在接收端产生相同的 m 序列并与接收到的 m 序列进行对比，计算错误码元个数，并在数码管上显示。信号处理流程图如图 13-13 所示。

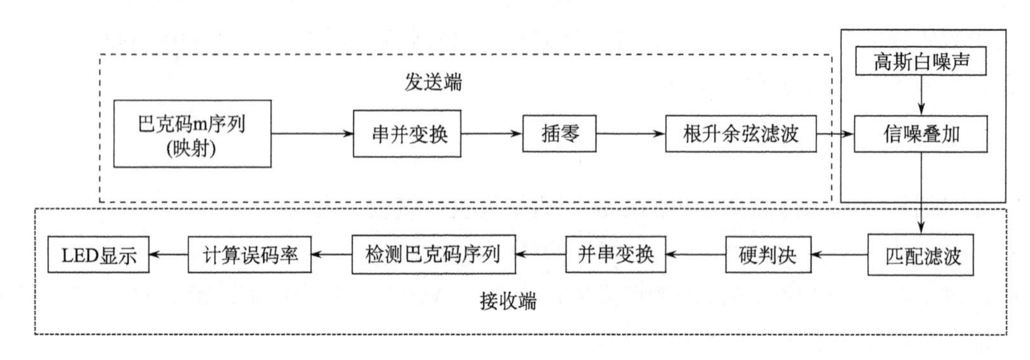

图 13-13　信号处理流程图

13.5　实 验 步 骤

(1)新建工程 QPSK，并设置设备界面参数，如图 13-14 所示。

(2)新建时钟模块 DCM_module，系统时钟频率为 40MHz，产生时钟频率分别为 10MHz、5.0MHz、2.5MHz，时钟波形如图 13-15 所示。

(3)新建 Verilog 模块 TOP_QPSK、bake_m_gen、serial_paralle、insert_zero，编写 Verilog 代码，基于时钟 rate_bit 产生加有巴克码帧同步序列的 m 序列，如图 13-16 所示，实现星座映射，0→+1，1→–1，再基于时钟 fs_bit 进行 4 倍内插，插零序列如图 13-17 所示。

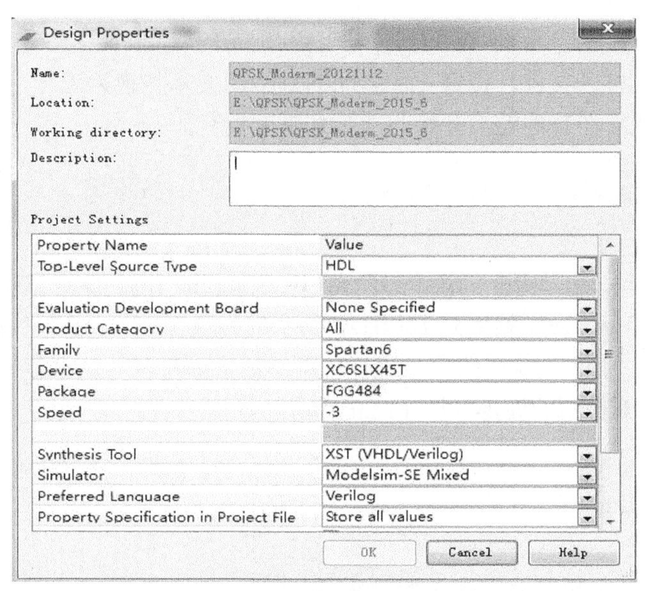

图 13-14　新建工程

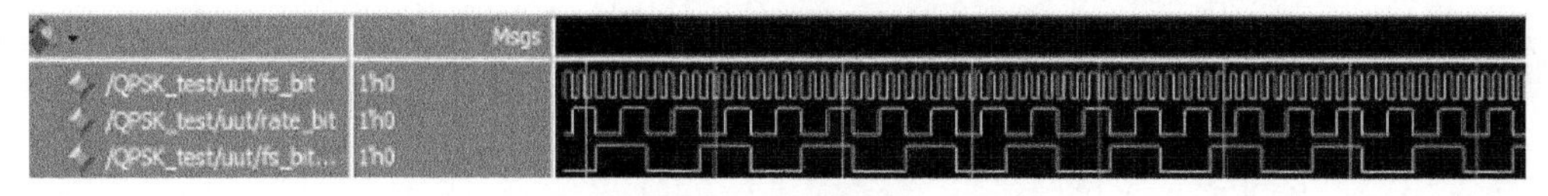

图 13-15　时钟波形

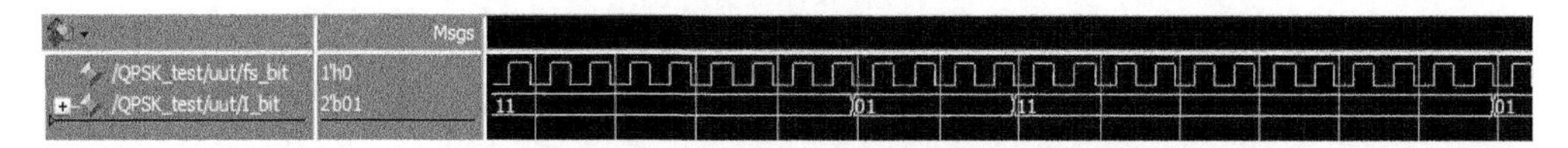

图 13-16　m 序列

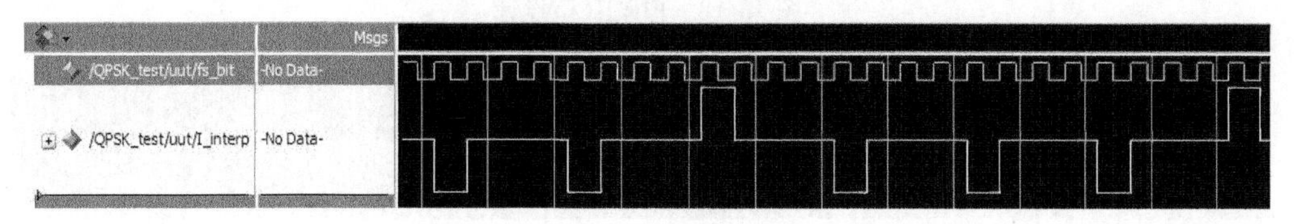

图 13-17　插零序列

(4)编写 MATLAB 代码生成根升余弦滤波器系数，并进行定点量化，生成 coe 文件。MATLAB 代码如下：

```
fs=10;
M=4;
delay=2;
B=rcosine(fs/M, fs, 'fir/sqrt', 0.5, delay);
coeff=round(B/max(abs(B))*32767);
fid=fopen('e:/Matlab_test/root_raise_cos/root_cosfircoe.txt', 'wt');
fprintf(fid, '%16.0f\n', coeff);
fclose(fid)
```

生成 coe 文件，前面的 MATLAB 代码生成的 root_cosfircoe.txt 的扩展名改为 root_cosfircoe.coe，打开文件，将每一行之间的空格用文本替换为逗号，并在最后一行添加一个分号“;”，然后在文件的最开始两行添加下面的代码：

```
radix=10;
coefdata=
```

将 root_cosfircoe.coe 加载到 ISE 的 IP 核 FIR Compiler 中，如图 13-18 所示，设置滤波器系统时钟为 10MHz，采样频率为 10MHz，系数宽度为 16 位，输入数据宽度为 2 位，产生根升余弦滤波器，分别对 *I*/*Q* 路信号进行成型滤波，m 序列 4 倍插零如图 13-19 所示，m 序列经过成型滤波器得到的波形如图 13-20 所示。

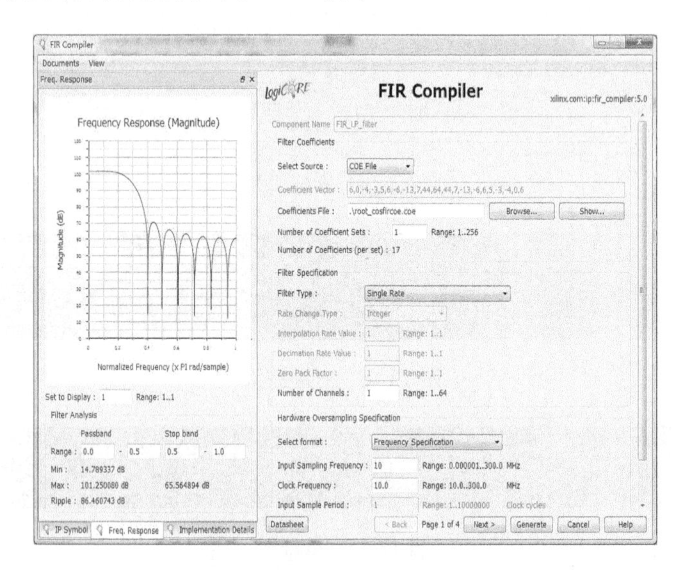

图 13-18　FIR IP 核设计

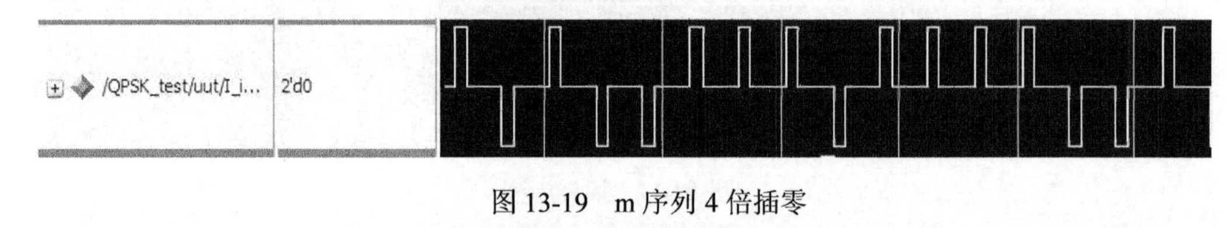

图 13-19　m 序列 4 倍插零

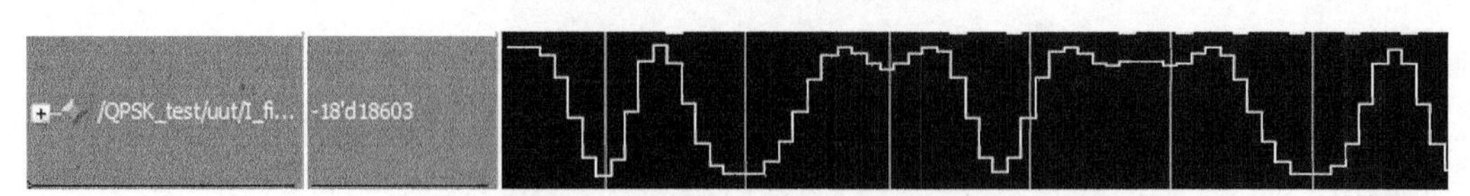

图 13-20　m 序列经过成型滤波器得到的波形

(5) 新建 Verilog 模块 AWGN_module，noise_adder 产生高斯噪声并与传输序列叠加。

编写 MATLAB 代码生成余弦表系数，并进行定点量化，生成 coe 文件。

MATLAB 代码如下：

```
x=linspace(0, 0.5*pi, 1024);
```

```
y=cos(x);
y0=y*32767
fid=fopen('e:/Matlab_test/cos/cos_coe.txt', 'wt');
fprintf(fid, '%15.0f\n', y0);
fclose(fid);
```

生成 coe 文件，前面的 MATLAB 代码生成的 cos_coe.txt 的扩展名改为 cos_coe.coe，打开文件，将每一行之间的空格用文本替换为逗号，并在最后一行添加一个分号“;”，然后在文件的最开始两行添加下面的代码：

```
memory_initialization_radix=10;
memory_initialization_vector=
```

将 cos_coe.coe 加载到 ISE 的 IP 核 Block Memory Generator 中，设置数据宽度为 15 位，深度为 1024 位，产生余弦表。通过输入的角频率及相位的参数查找余弦表，然后将余弦表输出的 16 路信号叠加，得到高斯噪声，并使用 IP 核 Fifo Generator 产生一定的延时。配置输入宽度为 16 位，深度为 1024 位，配置界面如图 13-21 所示。

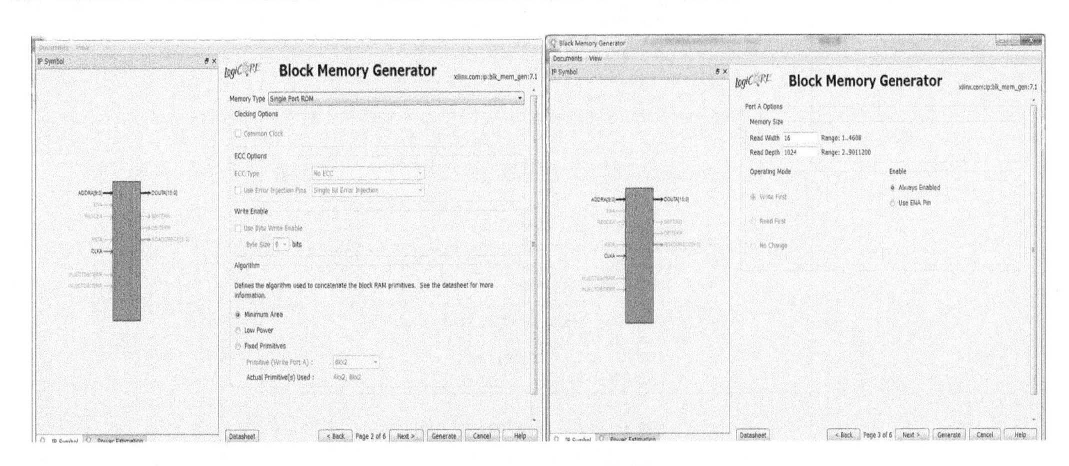

图 13-21　ROM IP 核设计

对高斯噪声进行不同方式截位，通过拨码开关控制特定信噪比的高斯噪声输出，并分别叠加到 *I*/*Q* 路信号上。

(6) 将 root_cosfircoe.coe 加载到 ISE 的 IP 核 FIR Compiler 中，设置滤波器系统时钟为 10MHz，采样频率为 10MHz，系数宽度为 16 位，输入数据宽度为 20 位，产生根升余弦滤波器，分别对接收到的 *I*/*Q* 路信号进行匹配滤波，接收信号经过匹配滤波器波形如图 13-22 所示。

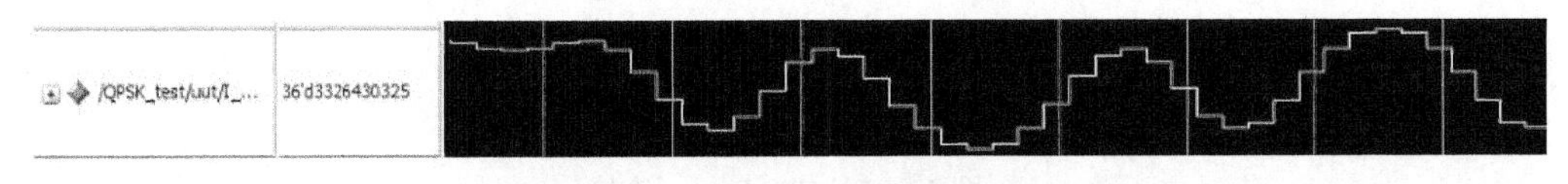

图 13-22　接收信号经过匹配滤波器波形

(7) 新建 Verilog 模块 hard_decision、paralle_serial、bake_m_idfy、error_calculate、LED_display，编写 Verilog 代码对 *I*/*Q* 路信号进行采样判决，采样频率为 2.5MHz，输出两路符号序列，再进行星座解映射，将两路信号合为一路符号序列 bit_rev，在 bake_m_idfy.v 模块编写代码检测巴克码序列，确定接收信息序列的起始位置，在 error_calculate.v 模块中产生本地 m 序列 m_seq，并与接收序列 bit_rev 比较，计算误码个数 error_cnt，编写代码 LED_display.v 模块由数码管动态显示错误码元个数，采样判决序列如图 13-23 所示。

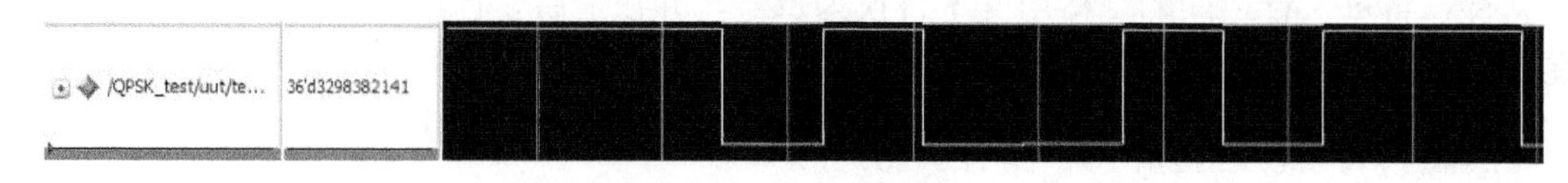

图 13-23 采样判决序列

(8) 将约束文件加入工程，并结合实验箱的引脚编写约束文件 TOP_QPSK.ucf，得到的 Sources 区域文件如图 13-24 所示。

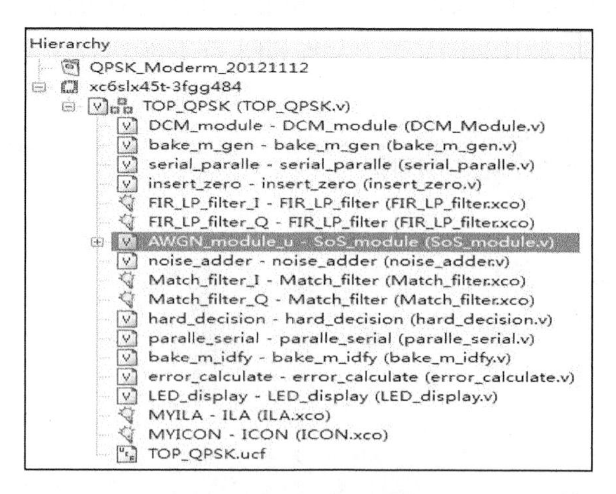

图 13-24 工程管理区图

(9) 综合、实现、硬件编程后，给实验箱上电，将生成的 bit 流文件下载到实验平台上。打开 Analyzer，在常用工具栏上单击图标"▦"，初始化边界扫描链。成功完成扫描后，项目浏览器会列出 JTAG 链上的器件，如图 13-25 所示。

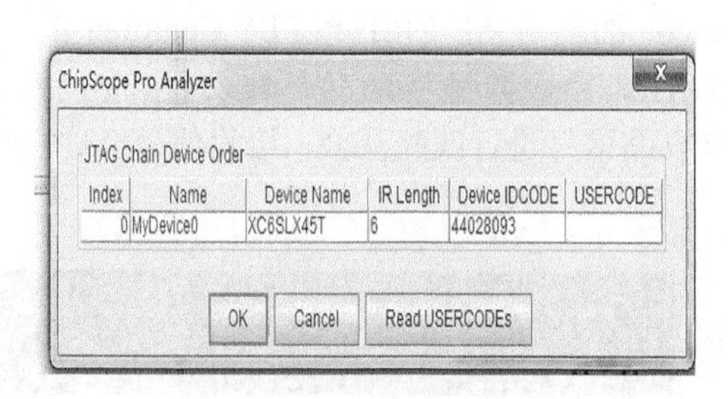

图 13-25 ChipScope 连接

当 JTAG 链扫描正确后，右击“DEV：0 MyDevice0(XC6SLX45T)”，在弹出的快捷菜单中选择 Configure 命令进行配置。配置对话框如图 13-26 所示。

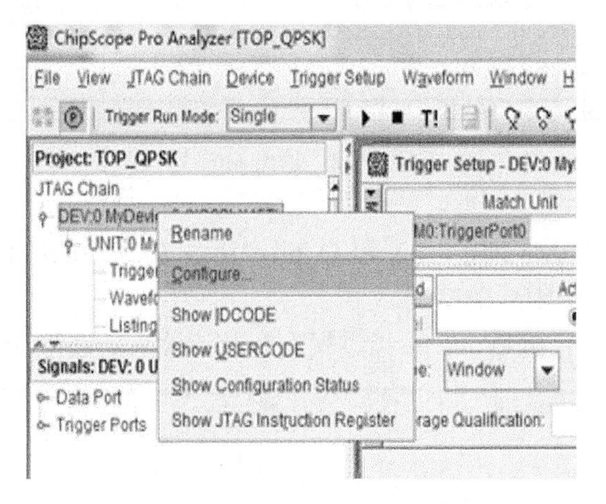

图 13-26　ChipScope 配置

选择需要下载的 bit 文件，如图 13-27 所示。

图 13-27　ChipScope 载入 bit 文件

(10)观察记录数码管显示数据。

13.6　实 验 结 果

1. ChipScope 显示信号

(1)信号产生，串并转换，内插后波形如图 13-28 所示。

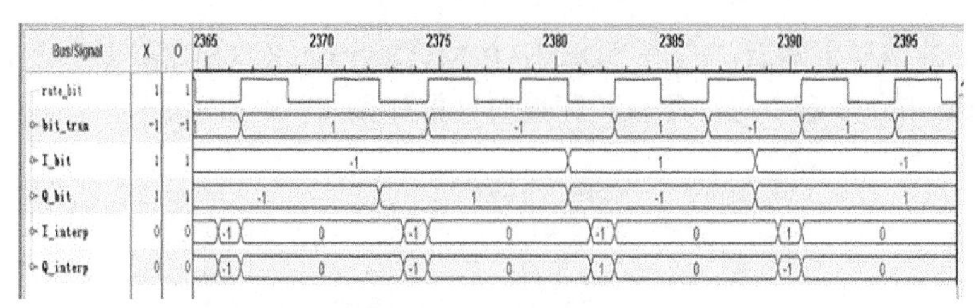

图 13-28 输出 m 序列

图中，bit_tran 为发送序列，I_bit 和 Q_bit 为串并转换后的序列，I_interp 和 Q_interp 是 I 和 Q 路经过内插 4 个零后的序列。

(2)插零序列 I_interp 和 Q_interp 经过根升余弦滤波后的波形如图 13-29 所示。

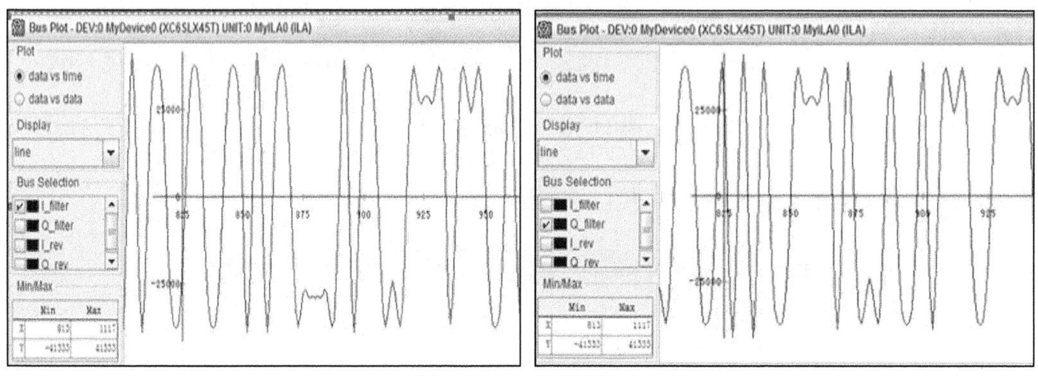

图 13-29 成型滤波

(3)星座映射后的星座图如图 13-30 所示，基带成型后眼图如图 13-31 所示。

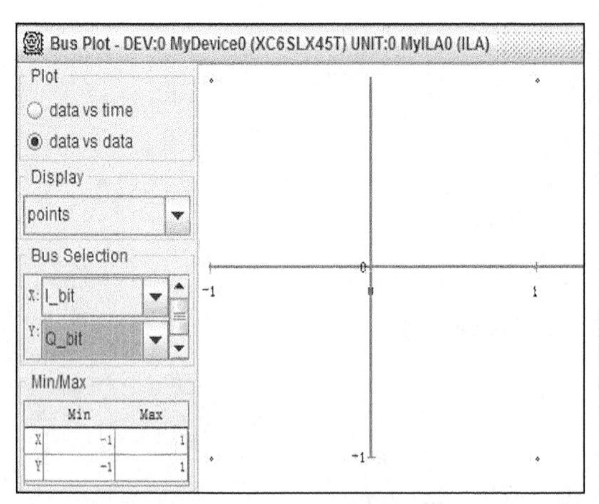

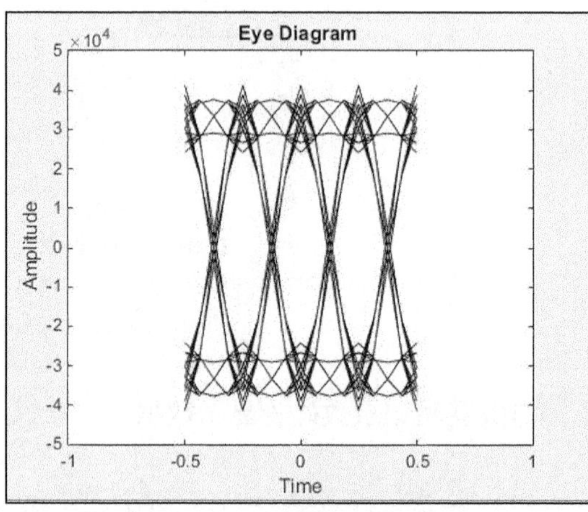

图 13-30 星座映射后星座图

图 13-31 成型滤波眼图

(4)添加信噪比为 12dB 噪声的眼图如图 13-32 所示，匹配滤波抽样后星座图如图 13-33 所示。

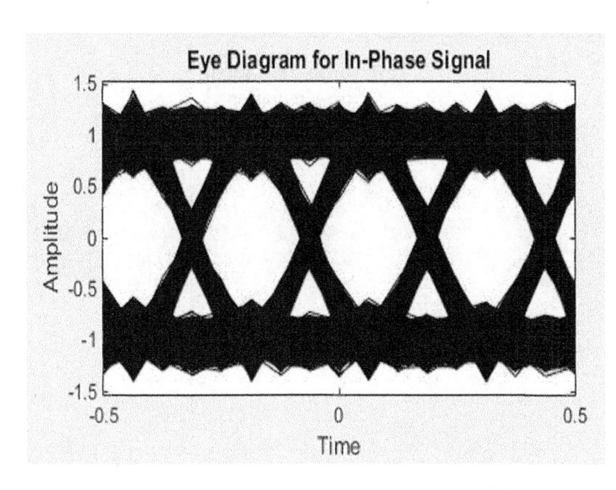

图 13-32　添加噪声后眼图

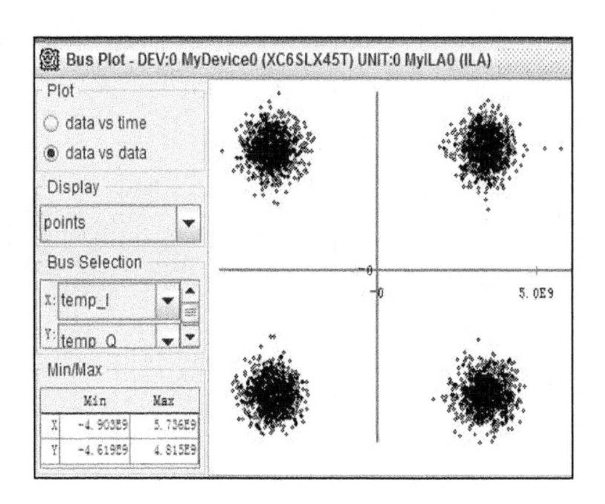

图 13-33　抽样判决星座图

(5) 星座解映射，解映射序列如图 13-34 所示。

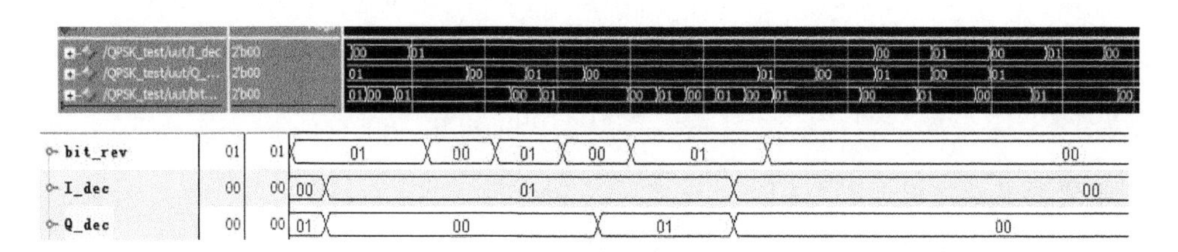

图 13-34　解映射序列

(6) 检测巴克码序列，统计错误码元数目，计算误码率，误码数目如图 13-35 所示。

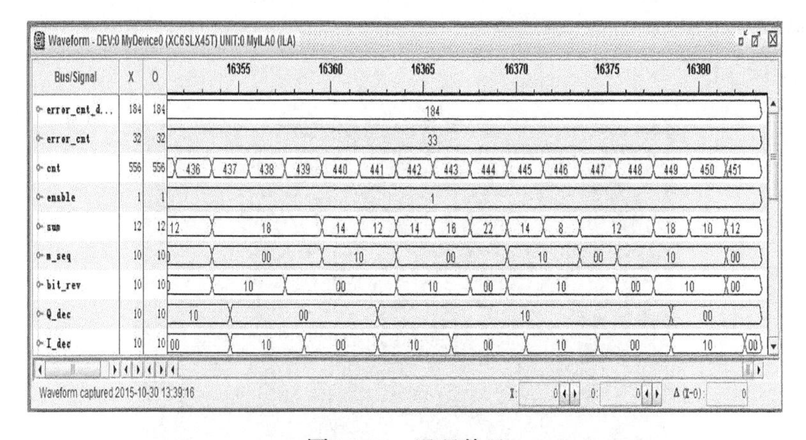

图 13-35　误码数目

信噪比为 11.36dB 时，系统计算显示的 999 帧数据的平均误码数为 122，计算误码率为 122/(999×1024)= 0.000119。通过 MATLAB 对不同信噪比下的误码率进行统计分析得到如图 13-36 所示的结果。

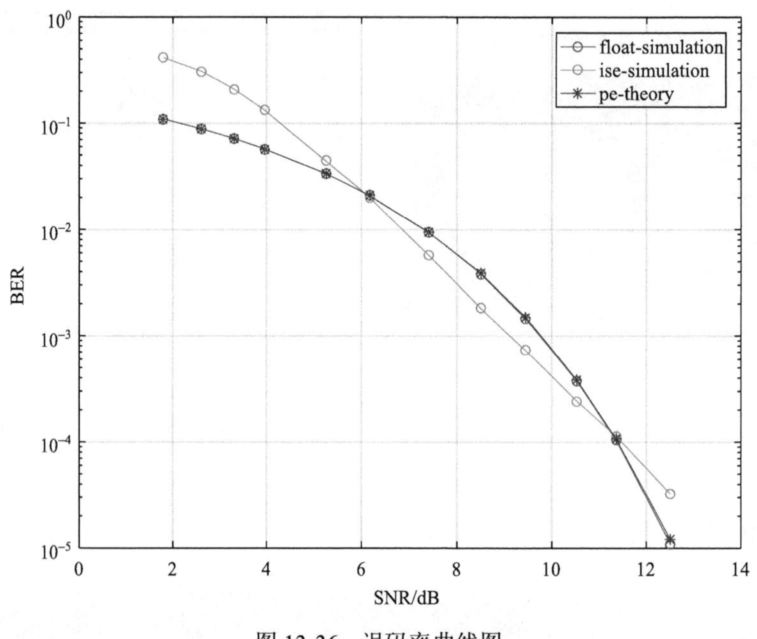

图 13-36　误码率曲线图

2. 示波器显示信号

设置系统输入时钟频率为 40MHz，分频输出时钟频率为 2.5MHz、5MHz、10MHz。编写 Verilog 代码分别实现 m 序列的产生、内插和成型滤波，以及信道噪声叠加，接收信息的帧同步，并计算误码率。实现 QPSK 调制和解调系统的仿真验证，完成 QPSK 调制和解调系统的硬件测试。

1) m 序列波形

m 序列如图 13-37 所示。

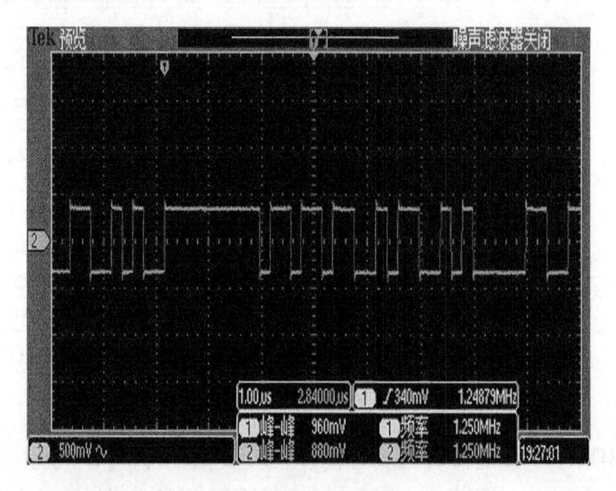

图 13-37　m 序列

2) 星座映射后波形及星座图

星座映射序列如图 13-38 所示，星座映射后星座图如图 13-39 所示。

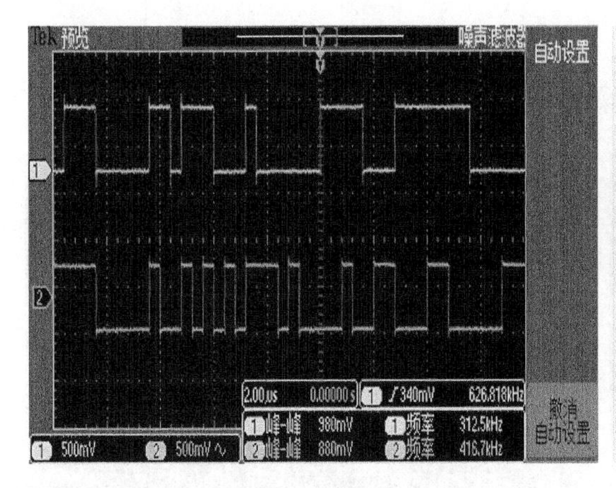

图 13-38　星座映射序列

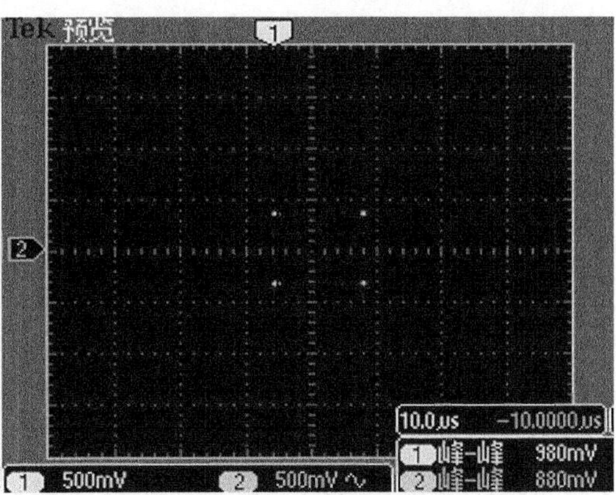

图 13-39　星座映射后星座图

3)插零序列及其星座图

4 倍插零信号如图 13-40 所示，插零后星座图如图 13-41 所示。

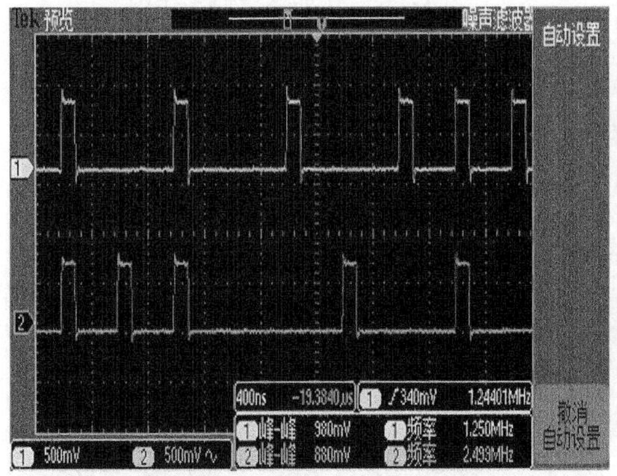

图 13-40　4 倍插零信号

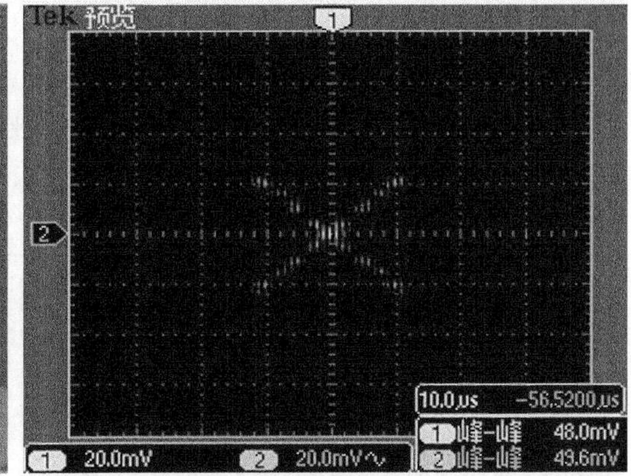

图 13-41　插零后星座图

4)成型滤波眼图及星座图

成型滤波如图 13-42 所示，成型滤波星座图如图 13-43 所示。

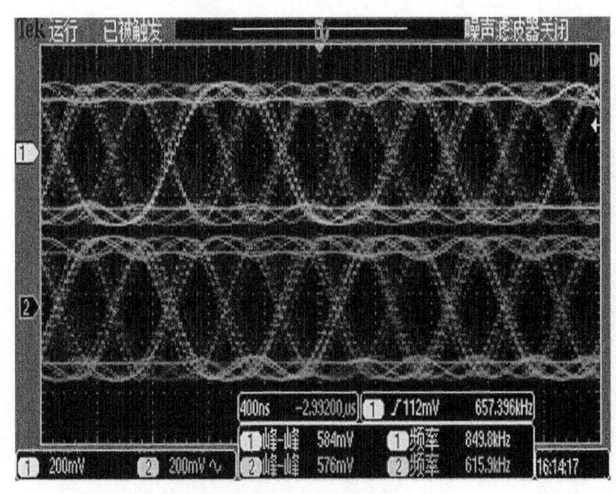

图 13-42　成型滤波

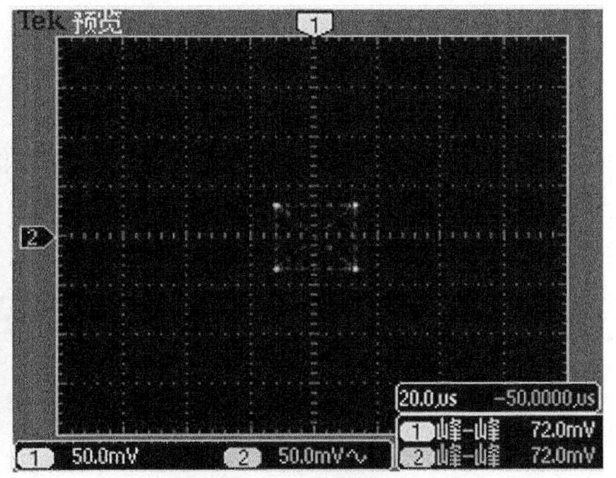

图 13-43　成型滤波星座图

5)添加噪声后眼图及星座图

添加噪声后信号如图 13-44 所示，添加噪声后星座图如图 13-45 所示。

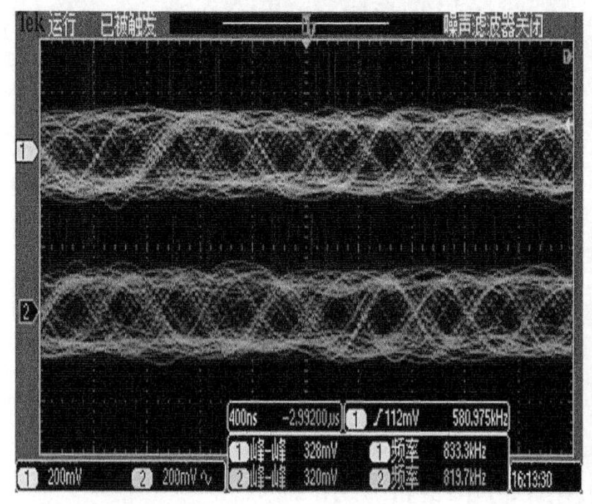

图 13-44　添加噪声后信号

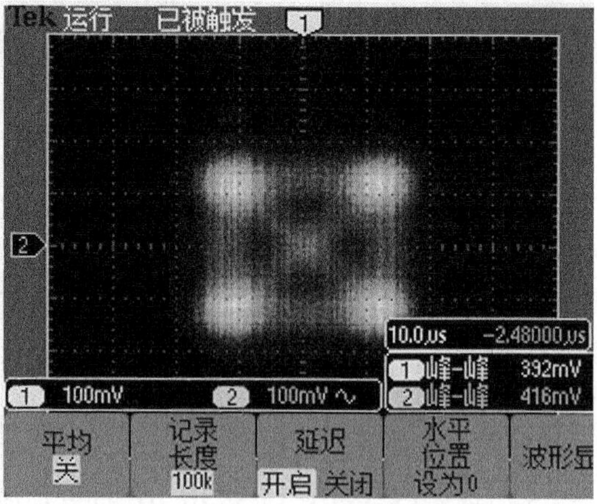

图 13-45　添加噪声后星座图

6)匹配滤波眼图

匹配滤波如图 13-46 所示，匹配滤波星座图如图 13-47 所示。

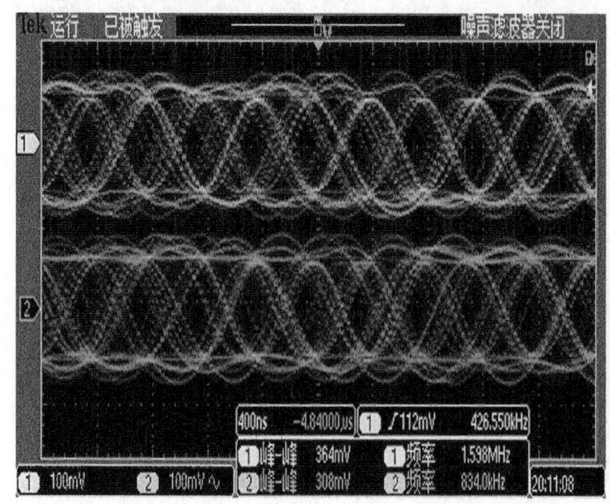

图 13-46　匹配滤波

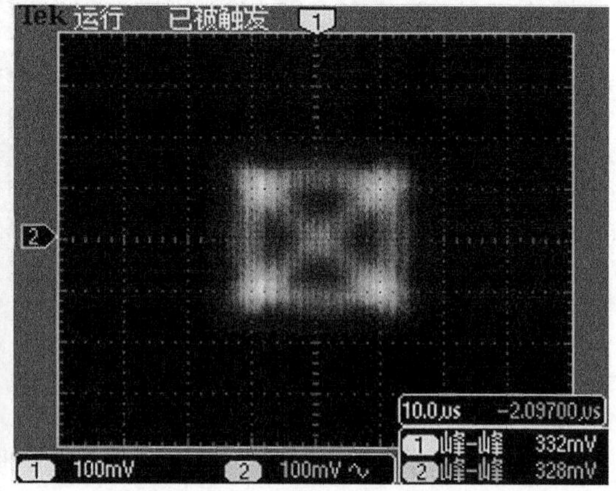

图 13-47　匹配滤波星座图

7)抽样判决星座图

在 SNR 为 48dB 时，抽样判决星座图如图 13-48 所示；在 SNR 为 15dB 时，抽样判决星座图如图 13-49 所示。

8)解映射波形

解映射序列如图 13-50 所示，发送接收信号比较如图 13-51 所示。

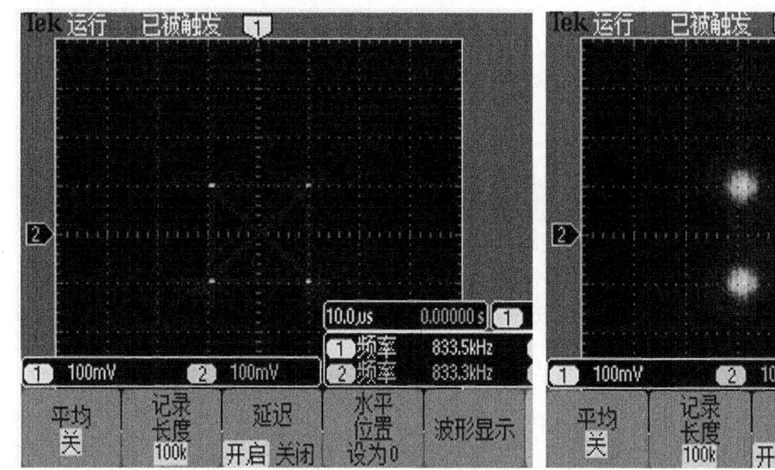

图 13-48 抽样判决星座图(SNR = 48dB)

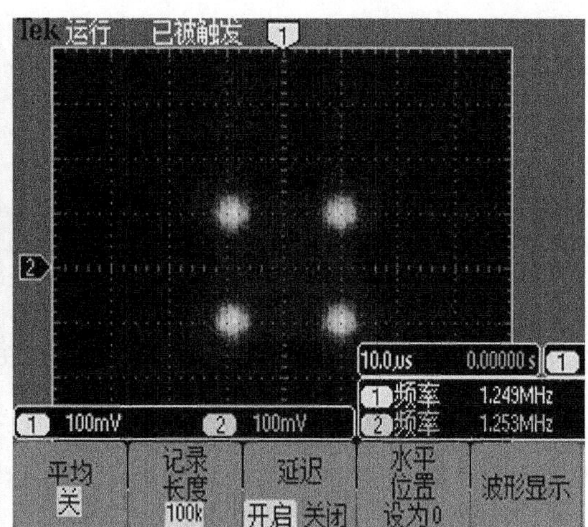

图 13-49 抽样判决星座图(SNR = 15dB)

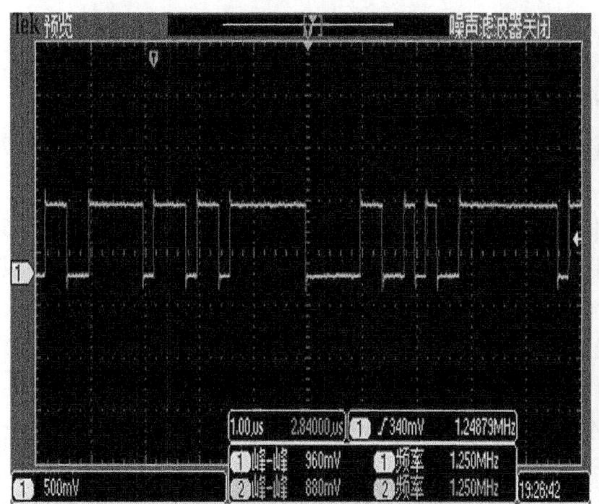

图 13-50 解映射序列

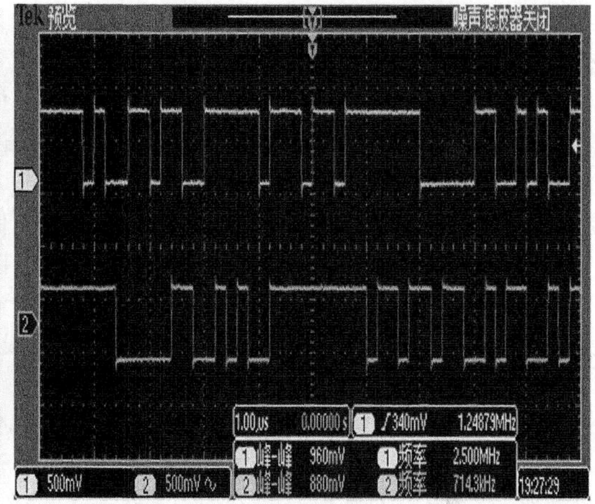

图 13-51 发送接收信号比较(有延迟)

13.7 实验报告及要求

(1)QPSK 调制/解调的 FPGA 代码设计。

(2)编写 Verilog 代码实现 m 序列的产生、内插及成型滤波。

(3)编写 Verilog 代码实现信道噪声叠加。

(4)编写 Verilog 代码实现接收信息的帧同步，并计算误码率。

(5)实现 QPSK 调制和解调系统的仿真验证。

(6)实现 QPSK 调制和解调系统的硬件测试。

参 考 文 献

陈小敏, 朱秋明, 虞湘宾, 等, 2013. 基于FPGA的误码仪设计与实现[J]. 中国现代教育装备, (3): 4-6.
程铃, 徐冬冬, 2010. MATLAB仿真在通信原理教学中的应用[J]. 实验室研究与探索, 29(2): 122-123.
党小宇, 朱秋明, 陈小敏, 等, 2013. DSP Builder 在软件无线电实验平台的应用[J]. 电气电子教学学报, 34(6): 85-87.
邓华, 2003. MATLAB通信仿真及应用实例详解[M]. 北京: 人民邮电出版社.
樊昌信, 曹丽娜, 2015. 通信原理[M]. 6版. 北京: 国防工业出版社.
石英, 李新新, 姜宇柏, 2007. ISE应用与开发技巧[M]. 北京: 机械工业出版社.
孙屹, 2005. MATLAB通信仿真开发手册[M]. 北京: 国防工业出版社.
谈世哲, 李健, 管殿柱, 2009. 基于Xilinx ISE的FPAG/CPLD设计与应用[M]. 北京: 电子工业出版社.
王诚, 薛小刚, 钟信潮, 2005. FPGA/CPLD设计工具: Xilinx ISE使用详解[M]. 北京: 人民邮电出版社.
徐文波, 田耘, 2012. Xilinx FPGA开发实用教程[M]. 北京: 清华大学出版社.
杨建华, 2007. 通信原理实验指导[M]. 北京: 国防工业出版社.
虞湘宾, 陈小敏, 朱秋明, 等, 2012. Nakagam衰落信道下数字基带系统演示平台的设计与研制[J]. 高校实验室工作研究, (4): 89-91.
虞湘宾, 刘岩, 陈小敏, 等, 2013. 基于莱斯无线衰落信道的教学演示平台设计[J]. 中国科技信息, (16): 96.
朱秋明, 陈小敏, 戴秀超, 等, 2014. 无线衰落信道下基带系统性能评估实验平台[J]. 电气电子教学学报, 36(2): 99-101.
朱秋明, 陈小敏, 黄攀, 等, 2013. MATLAB 在无线衰落信道教学中应用[J]. 实验室研究与探索, 32(8): 60-63.
朱秋明, 陈小敏, 江凯丽, 等, 2016. MATLAB 在 MIMO 无线信道教学中的应用[J]. 实验室研究与探索, 35(11): 89-93.
朱秋明, 陈小敏, 刘星麟, 等, 2014. 无线衰落信道模拟系统传输实验教学研究[J]. 实验室研究与探索, 33(12): 108-112.
朱秋明, 陈小敏, 徐大专, 2011. 《通信原理》综合实验教学研究[J]. 高校实验室工作研究, (4): 16-17.
Alfke P, Xilinx Inc., 2014. Xilinx Spartan-6 FPGA user guide lite[J]. Datasheets Com, 8(5): 1-9.
Xilinx Inc., 2018. Spartan-6-Family-Overview[EB/OL]. https://www.xilinx.com/support/documentation/data_sheets/ds160.pdf.